建设工程质量检测人员岗位培训教材

# 建筑材料检测

## （第二版）

贵州省建设工程质量检测协会　组织编写

中国建筑工业出版社

图书在版编目（CIP）数据

建筑材料检测/贵州省建设工程质量检测协会组织编写. —2版. —北京：中国建筑工业出版社，2023.3
建设工程质量检测人员岗位培训教材
ISBN 978-7-112-28431-3

Ⅰ.①建… Ⅱ.①贵… Ⅲ.①建筑材料-检测-岗位培训-教材 Ⅳ.①TU502

中国国家版本馆 CIP 数据核字（2023）第 037231 号

本书是建设工程质量检测人员岗位培训丛书的一个分册，按照国家《建设工程质量检测管理办法》的要求，依据相关国家技术法规、技术规范及标准等编写完成。主要内容有：建设工程质量检测见证取样；数字修约；硅酸盐水泥检测；建筑钢材及连接接头力学性能检测；普通混凝土用砂、石检测；混凝土、砂浆检测；简易土工试验；混凝土外加剂检测；预应力钢绞线、锚夹具检测；沥青、沥青混合料检测；墙体材料检测；防水卷材及防水涂料检测。

本书为建设工程质量检测人员培训教材，也可供从事建设工程设计、施工、质监、监理等工程技术人员参考，还可作为高等职业院校、高等专科院校教学参考用书。

责任编辑：杨　杰
责任校对：党　蕾

建设工程质量检测人员岗位培训教材
**建筑材料检测（第二版）**
贵州省建设工程质量检测协会　组织编写
\*
中国建筑工业出版社出版、发行（北京海淀三里河路9号）
各地新华书店、建筑书店经销
霸州市顺浩图文科技发展有限公司制版
建工社（河北）印刷有限公司印刷
\*
开本：787毫米×1092毫米　1/16　印张：18½　字数：456千字
2023年5月第二版　　2023年5月第一次印刷
定价：62.00元
ISBN 978-7-112-28431-3
（38698）

版权所有　翻印必究
如有印装质量问题，可寄本社图书出版中心退换
（邮政编码100037）

# 建设工程质量检测人员岗位培训教材编写委员会委员名单

**主 任 委 员：** 李泽晖

**副主任委员：** 周平忠　江一舟　蒲名品　宫毓敏　谢雪梅　梁　余
　　　　　　　李雪鹏　王林枫　朱焰煌　田　涌　陈纪山　符祥平
　　　　　　　姚家惠　黎　刚

**委　　　员：**（按姓氏笔画排序）
　　　　　　　王　转　王　霖　龙建旭　卢云祥　冉　群　朱　孜
　　　　　　　李荣巧　李家华　周元敬　黄质宏　詹黔花　潘金和

# 本书编委会

**主　编：** 王　转　李荣巧

**副主编：** 龙建旭

**参　编：** 郭　倩　蔚　琪

# 丛书前言

建设工程质量检测是指依据国家有关法律、法规、工程建设强制性标准和设计文件，对建设工程材料质量、工程实体施工质量以及使用功能等进行检验检测，客观、准确、及时的检测数据是指导、控制和评定工程质量的科学依据。

随着我国城镇化政策的推进和国民经济的快速发展，各类建设规模日益增大，与此同时，建设工程领域内的有关法律、法规和标准规范逐步完善，人们对建筑工程质量的要求也在不断提高，建设工程质量检测随着全社会质量意识的不断提高而日益受到关注。因此，加强建设工程质量的检验检测工作管理，充分发挥其在质量控制、评定中的重要作用，已成为建设工程质量管理的重要手段。

工程质量检测是一项技术性很强的工作，为了满足建设工程检测行业发展的需求，提高工程质量检测技术水平和从业人员的素质，加强检测技术业务培训，规范建设工程质量检测行为，依据《建设工程质量检测管理办法》《建设工程检测试验技术管理规范》JGJ 190—2010 和《房屋建筑和市政基础设施工程质量检测技术管理规范》GB 50618—2011 等相关标准、规范，按照科学性、实用性和可操作性的原则，结合检测行业的特点编写本套教材。

本套教材共分 6 个分册，分别为：《建筑材料检测》（第二版）、《建筑地基基础工程检测》（第二版）、《建筑主体结构工程检测》（第二版）、《建筑钢结构工程检测》《民用建筑工程室内环境污染检测》（第二版）和《建筑幕墙工程检测》（第二版）。全书内容丰富、系统、涵盖面广，每本用书内容相对独立、完整、自成体系，并结合我国目前建设工程质量检测的新技术和相关标准、规范，系统介绍了建设工程质量检测的概论、检测基本知识、基本理论和操作技术，具有较强的实用性和可操作性，基本能够满足建设工程质量检测的实际需求。

本套教材为建设工程质量检测人员岗位培训教材，也可供从事建设工程设计、施工、质监、监理等工程技术人员参考，还可作为高等职业院校、高等专科院校教学参考用书。

本套教材在编写过程中参阅、学习了许多文献和有关资料，但错漏之处在所难免，敬请谅解。关于本教材的错误或不足之处，诚挚希望广大读者在学习使用过程中将发现的问题及时函告我们，以便进一步修改、补充。该培训教材在编写过程中得到了贵州省住房和城乡建设厅、中国建筑工业出版社和有关专家的大力支持，在此一并致谢。

# 前　言

近年来经济蓬勃发展，建筑行业迎来一个春天，各个方面都有了质的飞跃，特别是新材料、新产品不断涌现，与之相关的各种国家标准、行业标准、地方标准、企业标准也相应迅速更新，使得广大建筑材料试验检测人员对建筑材料的试验检测面临一个新的挑战。本培训教材是为解决建筑业广大材料试验检测人员更快适应建筑业发展的新形势，能快速、准确地检测和鉴定建筑材料质量而编写的。

本培训教材收集的资料大部分取自国家和有关部门颁发的最新标准规范。本培训教材共分为十二章，分别介绍了政策法规、数据修约、水泥、骨料、外加剂、混凝土、砂浆、墙体材料、建筑钢材、防水材料、简易土工、沥青及沥青混合料等实用建筑材料，让广大学员从建筑材料的基本概念、施工及材料取样要求、材料基本物理及力学性能、材料各项技术指标、建筑材料的试验方法及质量评定系统地了解掌握建筑材料的检测过程，为试验检测人员和施工管理人员业务学习和技术培训提供方便。

本培训教材在贵州省建设工程质量检测协会的统一策划和指导下，由贵州交通职业技术学院王转、李荣巧、龙建旭、汪迎红、肖志红，贵州道兴建设工程检测有限责任公司魏光等人编写。全书编写理念由浅入深，编排设计适用不同层次人群，基本理论满足专业需求，内容上突出工程实用性。

本培训教材在编写的过程中，参阅了大量的文献资料，在此对各参考文献的作者表示衷心的感谢。但错漏之处在所难免，敬请谅解。关于本教材的错误或不足之处，欢迎专家及同行们指正。

# 目 录

## 第一部分 基 础 知 识

### 第1章 建设工程质量检测见证取样 ·················································· 1
1.1 相关法规政策 ··························································································· 1
1.2 见证取样 ··································································································· 2
    1.2.1 见证取样送样的范围 ········································································ 2
    1.2.2 见证取样送样的程序 ········································································ 3
    1.2.3 见证取样政策要求（GB 50618） ···················································· 3
1.3 见证人员的基本要求和职责 ····································································· 4
    1.3.1 见证人员基本要求 ············································································ 4
    1.3.2 见证人员的职责 ················································································ 4
1.4 见证取样送样的组织和管理 ····································································· 4

### 第2章 数字修约 ······················································································· 5
2.1 修约规则 ··································································································· 5
    2.1.1 修约 ···································································································· 5
    2.1.2 四舍五入规则 ···················································································· 5
    2.1.3 四舍六入五留双规则 ········································································ 6
2.2 修约基本概念 ··························································································· 7
    2.2.1 修约间隔 ···························································································· 7
    2.2.2 极限数值 ···························································································· 7
    2.2.3 0.5修约 ······························································································ 7
    2.2.4 0.2修约 ······························································································ 7
    2.2.5 指定数位 ···························································································· 7
2.3 进舍规则 ··································································································· 8

## 第二部分 专 业 知 识

### 第3章 硅酸盐水泥检测 ············································································ 10
3.1 知识概要 ··································································································· 10
    3.1.1 通用硅酸盐水泥的定义 ···································································· 10
    3.1.2 通用硅酸盐水泥的分类 ···································································· 10

|         |       | 3.1.3 通用硅酸盐水泥的强度等级 | 10 |
|---------|-------|----|----|

- 3.1.3 通用硅酸盐水泥的强度等级 …………………………………………… 10
- 3.1.4 通用硅酸盐水泥的技术标准 …………………………………………… 10
- 3.1.5 取样频率及数量 ………………………………………………………… 12
- 3.2 试验检测 …………………………………………………………………………… 13
  - 3.2.1 水泥细度试验 …………………………………………………………… 13
  - 3.2.2 水泥标准稠度试验 ……………………………………………………… 15
  - 3.2.3 水泥凝结时间试验 ……………………………………………………… 18
  - 3.2.4 水泥安定性试验 ………………………………………………………… 19
  - 3.2.5 水泥胶砂强度（成型、养护）试验 …………………………………… 22
  - 3.2.6 水泥胶砂强度（力学性能）试验 ……………………………………… 28

## 第4章 建筑钢材及连接接头力学性能检测 ………………………………………… 32

- 4.1 知识概要 …………………………………………………………………………… 32
  - 4.1.1 定义 ……………………………………………………………………… 32
  - 4.1.2 建筑钢材的分类 ………………………………………………………… 32
  - 4.1.3 建筑钢材的技术要求 …………………………………………………… 33
  - 4.1.4 钢筋焊接的技术要求 …………………………………………………… 41
  - 4.1.5 钢筋机械连接的技术要求 ……………………………………………… 42
  - 4.1.6 取样频率及数量 ………………………………………………………… 43
- 4.2 钢材性能试验检测 ………………………………………………………………… 44
  - 4.2.1 钢筋重量偏差试验 ……………………………………………………… 44
  - 4.2.2 钢筋力学性能试验 ……………………………………………………… 45
  - 4.2.3 钢筋冷弯性能试验 ……………………………………………………… 48
- 4.3 钢筋焊接接头力学性能检测 ……………………………………………………… 51
- 4.4 钢筋机械连接接头型式试验 ……………………………………………………… 54

## 第5章 普通混凝土用砂、石检测 …………………………………………………… 57

- 5.1 知识概要 …………………………………………………………………………… 57
  - 5.1.1 定义 ……………………………………………………………………… 57
  - 5.1.2 普通混凝土用砂、石的分类 …………………………………………… 58
  - 5.1.3 普通混凝土用砂、石的技术指标 ……………………………………… 58
  - 5.1.4 取样频率及数量 ………………………………………………………… 62
- 5.2 普通混凝土用砂常规性能试验 …………………………………………………… 62
  - 5.2.1 砂的筛分试验 …………………………………………………………… 62
  - 5.2.2 砂的表观密度试验 ……………………………………………………… 64
  - 5.2.3 砂的堆积密度试验 ……………………………………………………… 65
  - 5.2.4 砂泥块含量试验 ………………………………………………………… 67
  - 5.2.5 人工砂及混合砂中石粉含量试验 ……………………………………… 68
- 5.3 普通混凝土用石常规性能试验 …………………………………………………… 69

- 5.3.1 卵石或碎石的筛分试验 ··· 69
- 5.3.2 卵石或碎石的表观密度试验（液体比重天平法） ··· 70
- 5.3.3 卵石或碎石的表观密度试验（广口瓶法） ··· 72
- 5.3.4 卵石或碎石中含泥量试验 ··· 73
- 5.3.5 卵石或碎石中泥块含量试验 ··· 74
- 5.3.6 卵石或碎石中针、片状颗粒的总含量试验 ··· 75
- 5.3.7 卵石或碎石中压碎指标 ··· 76

## 第6章 混凝土、砂浆检测 ··· 78

### 6.1 知识概要 ··· 78
- 6.1.1 定义 ··· 78
- 6.1.2 混凝土、砂浆分类 ··· 78
- 6.1.3 混凝土、砂浆强度等级 ··· 79
- 6.1.4 混凝土、砂浆的技术指标 ··· 79
- 6.1.5 取样频率及数量 ··· 82

### 6.2 混凝土拌合物常规性能 ··· 83
- 6.2.1 混凝土拌合物和易性试验 ··· 83
- 6.2.2 混凝土拌合物表观密度试验 ··· 87
- 6.2.3 混凝土拌合物的成型试验 ··· 88
- 6.2.4 混凝土拌合物的抗压、抗折强度试验 ··· 89
- 6.2.5 混凝土拌合物的抗渗性能试验 ··· 91
- 6.2.6 混凝土的配合比试验 ··· 94

### 6.3 砂浆常规性能试验 ··· 100
- 6.3.1 砂浆工作性测定 ··· 100
- 6.3.2 砂浆的表观密度试验 ··· 102
- 6.3.3 砂浆的力学性能试验 ··· 103
- 6.3.4 砂浆的配合比试验 ··· 105

## 第7章 简易土工试验 ··· 107

### 7.1 知识概要 ··· 107
- 7.1.1 定义 ··· 107
- 7.1.2 土的分类 ··· 107
- 7.1.3 土的技术要求 ··· 108
- 7.1.4 取样频率及数量 ··· 109

### 7.2 土工试验 ··· 110
- 7.2.1 含水率试验 ··· 110
- 7.2.2 环刀法测密度试验 ··· 112
- 7.2.3 灌砂法测密实度试验 ··· 112
- 7.2.4 击实试验 ··· 114

## 第8章 混凝土外加剂检测 ... 118

### 8.1 混凝土外加剂 ... 118
- 8.1.1 外加剂定义 ... 118
- 8.1.2 混凝土外加剂的分类 ... 118
- 8.1.3 混凝土外加剂的技术指标 ... 118
- 8.1.4 外加剂的取样频率及数量 ... 120
- 8.1.5 混凝土外加剂 ... 120

### 8.2 砂浆、混凝土防水剂检验 ... 125
- 8.2.1 定义 ... 125
- 8.2.2 砂浆、混凝土防水剂的技术指标 ... 125
- 8.2.3 取样频率及数量 ... 127
- 8.2.4 砂浆、混凝土防水剂 ... 127

### 8.3 混凝土防冻剂 ... 131
- 8.3.1 定义 ... 131
- 8.3.2 防冻剂的技术指标 ... 131
- 8.3.3 取样频率及数量 ... 132
- 8.3.4 混凝土防冻剂检验试验 ... 133

### 8.4 混凝土膨胀剂检验 ... 136
- 8.4.1 定义 ... 136
- 8.4.2 膨胀剂的技术指标 ... 136
- 8.4.3 取样频率及数量 ... 137
- 8.4.4 混凝土膨胀剂检验 ... 137

### 8.5 外加剂均匀性检验 ... 139
- 8.5.1 试验概述 ... 139
- 8.5.2 固体含量试验 ... 140
- 8.5.3 密度试验（比重瓶法）... 141
- 8.5.4 细度试验 ... 142
- 8.5.5 pH值试验 ... 142
- 8.5.6 氯离子含量试验 ... 143
- 8.5.7 硫酸钠含量试验 ... 144
- 8.5.8 水泥净浆流动度试验 ... 145
- 8.5.9 总碱含量试验 ... 146

## 第9章 预应力钢绞线、锚夹具检测 ... 148

### 9.1 预应力钢绞线 ... 148
- 9.1.1 知识概要 ... 148
- 9.1.2 预应力钢绞线的分类 ... 148
- 9.1.3 预应力钢绞线的技术指标 ... 148

| | | |
|---|---|---|
| 9.1.4 | 取样频率及数量 | 152 |
| 9.1.5 | 预应力钢绞线试验 | 153 |

**9.2 锚夹具** ······ 154

| | | |
|---|---|---|
| 9.2.1 | 知识概要 | 154 |
| 9.2.2 | 锚夹具的分类 | 155 |
| 9.2.3 | 锚夹具的技术指标 | 155 |
| 9.2.4 | 取样频率及数量 | 157 |
| 9.2.5 | 静载锚固性能试验 | 157 |
| 9.2.6 | 锚具的洛氏硬度试验 | 160 |

## 第10章 沥青、沥青混合料检测 ······ 163

**10.1 沥青** ······ 163

| | | |
|---|---|---|
| 10.1.1 | 定义 | 163 |
| 10.1.2 | 沥青的分类 | 163 |
| 10.1.3 | 沥青的技术指标 | 163 |
| 10.1.4 | 取样频率及数量 | 166 |
| 10.1.5 | 沥青试验 | 166 |

**10.2 沥青混合料** ······ 172

| | | |
|---|---|---|
| 10.2.1 | 定义 | 172 |
| 10.2.2 | 沥青混合料的分类 | 173 |
| 10.2.3 | 沥青混合料的技术指标 | 173 |
| 10.2.4 | 取样频率及数量 | 176 |
| 10.2.5 | 沥青混合料试验 | 176 |

## 第11章 墙体材料检测 ······ 203

**11.1 知识概要** ······ 203

| | | |
|---|---|---|
| 11.1.1 | 定义 | 203 |
| 11.1.2 | 墙体材料的分类 | 203 |
| 11.1.3 | 墙体材料的技术指标 | 204 |
| 11.1.4 | 墙体材料的取样 | 214 |

**11.2 墙体材料的检测试验** ······ 216

| | | |
|---|---|---|
| 11.2.1 | 砖试验 | 216 |
| 11.2.2 | 墙用砌块实验 | 225 |

## 第12章 防水卷材及防水涂料检测 ······ 237

**12.1 知识概要** ······ 237

| | | |
|---|---|---|
| 12.1.1 | 定义 | 237 |
| 12.1.2 | 防水材料的分类 | 237 |
| 12.1.3 | 防水卷材技术指标 | 240 |

12.1.4　防水涂料技术指标 ································································· 250
　　12.1.5　防水材料取样频率 ································································· 258
12.2　防水材料试验检测 ············································································ 263
　　12.2.1　卷材吸水性能检测 ································································· 263
　　12.2.2　卷材撕裂强度检测 ································································· 265
　　12.2.3　卷材低温柔性性能检测 ·························································· 266
　　12.2.4　卷材耐热性性能检测 ····························································· 267
　　12.2.5　卷材不透水性性能检测 ·························································· 269
　　12.2.6　卷材耐热度检测 ···································································· 270
　　12.2.7　卷材拉力检测 ······································································· 270
　　12.2.8　高分子防水卷材尺寸稳定性检测 ·············································· 271
　　12.2.9　卷材吸水性检测 ···································································· 272
　　12.2.10　高分子防水卷材厚度、单位面积质量 ······································ 273
　　12.2.11　高分子防水卷材长度、宽度、平直度和平整度 ························· 274
　　12.2.12　防水涂料固体含量测定 ························································· 275
　　12.2.13　防水涂料干燥时间测定 ························································· 276
　　12.2.14　防水涂料拉伸性能的测定 ······················································ 277
　　12.2.15　防水涂料低温柔性的测定 ······················································ 279
　　12.2.16　防水涂料不透水性的测定 ······················································ 279
　　12.2.17　高分子防水涂料潮湿基面粘结强度 ········································· 279
　　12.2.18　防水涂料抗渗性测定 ···························································· 280

# 第一部分 基础知识

## 第1章 建设工程质量检测见证取样

取样是按有关技术标准、规范的规定，从检验（测）对象中抽取试验样品的过程；送样是指取样后将试样从现场移交给有检测资格的单位承检的全过程。取样和送样是工程质量检测的首要环节，其真实性和代表性直接影响检测数据的公正性。

### 1.1 相关法规政策

（1）根据建设部建监［1996］208号《关于加强工程质量检测工作的若干意见》在建设工程质量检测中实行见证取样和送样制度，即在建设单位或监理单位人员见证下，由施工人员在现场取样，送至试验室进行试验。

（2）根据《建设工程质量管理条例》第三十一条：施工人员对涉及结构安全的试块、试件以及有关材料，应当在建设单位或者工程监理单位监督下现场取样，并送具有相应资质等级的质量检测单位进行检测。

（3）建设工程质量检测管理办法（建设部141号部令）

第三十五条：水利工程、铁道工程、公路工程等工程中涉及结构安全的试块、试件及有关材料的检测按照有关规定，可以参照本办法执行。

见证取样检测的内容：

1）水泥物理力学性能检验；
2）钢筋（含焊接与机械连接）力学性能检验；
3）砂、石常规检验；
4）混凝土、砂浆强度检验；
5）简易土工试验；
6）混凝土掺加剂检验；
7）预应力钢绞线、锚夹具检验；
8）沥青、沥青混合料检验。

（4）建［2000］211号

第一条 为规范房屋建筑工程和市政基础设施工程中涉及结构安全的试块、试件和材料的见证取样和送检工作，保证工程质量，根据《建设工程质量管理条例》，制定本规定。

第二条 凡从事房屋建筑工程和市政基础设施工程的新建、扩建、改建等有关活动，应当遵守本规定。

第三条 本规定所称见证取样和送检是指在建设单位或工程监理单位人员的见证下，

由施工单位的现场试验人员对工程中涉及结构安全的试块、试件和材料在现场取样，并送至经过省级以上建设行政主管部门对其资质认可和质量技术监督部门对其计量认证的质量检测单位（以下称"检测单位"）进行检测。

第四条　国务院建设行政主管部门对全国房屋建筑工程和市政基础设施工程的见证取样和送检工作实施统一监督管理。

县级以上地方人民政府建设行政主管部门对本行政区域内的房屋和市政基础设施工程的见证取样和送检工作实施监督管理。

第五条　涉及结构安全的试块、试件和材料见证取样和送检的比例不得低于有关技术标准中规定应取样数量的30%。

第六条　下列试块、试件和材料必须实施见证取样和送检：

（一）用于承重结构的混凝土试块；

（二）用于承重墙体的砌筑砂浆试块；

（三）用于承重结构的钢筋及连接接头试件；

（四）用于承重墙的砖和混凝土小型砌块；

（五）用于拌制混凝土和砌筑砂浆的水泥；

（六）用于承重结构的混凝土中使用的掺加剂；

（七）地下、屋面、厕浴间使用的防水材料；

（八）国家规定必须实行见证取样和送检的试块、试件和材料。

第七条　见证人员应由建设单位或该工程的监理单位具备施工试验知识的专业技术人员担任，并应由建设单位或该工程的监理单位书面通知施工单位、检测单位和负责该项工程的质量监督机构。

第八条　在施工过程中，见证人员应按照见证取样和送检计划，对施工现场的取样和送检进行见证，取样人员应在试样或其包装上作出标识、封志。标识和封志应标明工程名称、取样部位、取样日期、样品名称和样品数量，并由见证人员和取样人员签字。见证人员应制作见证记录，并将见证记录归入施工技术档案。

见证人员和取样人员应对试样的代表性和真实性负责。

第九条　见证取样的试块，试件和材料送检时，应由送检单位填写委托单，委托单应有见证人员和送检人员签字。检测单位应检查委托单及试样上的标识和封志，确认无误后方可进行检测。

第十条　检测单位应严格按照有关管理规定和技术标准进行检测，出具公正、真实、准确的检测报告。见证取样和送检的检测报告必须加盖见证取样检测的专用章。

第十一条　本规定由国务院建设行政主管部门负责。

第十二条　本规定自发布之日起施行。

## 1.2　见　证　取　样

### 1.2.1　见证取样送样的范围

对建设工程中结构用钢筋及焊接试件、混凝土试块、砌筑砂浆试块、水泥、墙体材料、骨料及防水材料等项目,实行见证取样送样制度。各区、县建设主管部门和建设单位也可根据具体情况确定须见证取样的试验项目。

## 1.2.2 见证取样送样的程序

1. 建设单位应向工程受监质量监督站和工程检测单位递交"见证单位和见证人授权书"。授权书应写明本工程现场委托的见证单位和见证人姓名及"见证员证"编号,以便质监机构和检测单位检查核对。
2. 施工企业取样人员在现场进行原材料取样和试块制作时,见证人员必须在旁见证。
3. 见证人员应对试样进行监护,并和施工企业取样人员一起将试样送至检测单位或采取有效的封样措施送样。
4. 检测单位在接受检验任务时,须由送检单位填写委托单,见证人员应在检验委托单上签字。
5. 检测单位应在检验报告单备注栏中注明见证单位和见证人员姓名,发生试样不合格情况,首先要通知工程受监质量监督站和见证单位。

## 1.2.3 见证取样政策要求 (GB 50618)

1. 建筑材料的检测取样应由施工单位、见证单位和供应单位根据采购合同或有关技术标准的要求共同对样品的取样、制样过程、样品的留置、养护情况等进行确认,并应做好试件标识。
2. 建筑材料本身带有标识的,抽取的试件应选择有标识的部分。
3. 检测试件应有清晰的、不易脱落的唯一性标识。标识应包括制作日期、工程部位、设计要求和组号等信息。
4. 施工过程有关建筑材料、工程实体检测的抽样方法、检测程序及要求等应符合国家现行有关工程质量验收规范的规定。
5. 既有房屋、市政基础设施现场工程实体检测的抽样方法、检测程序及要求等应符合国家现行有关标准的规定。
6. 现场工程实体检测的构件、部位、检测点确定后,应绘制测点图,并应经技术负责人批准。
7. 实行见证取样的检测项目,建设单位或监理单位确定的见证人员每个工程项目不得少于2人,并应按规定通知检测机构。
8. 见证人员应对取样的过程进行旁站见证,做好见证记录。见证记录应包括下列主要内容:
1) 取样人员持证上岗情况;
2) 取样用的方法及工具模具情况;
3) 取样、试件制作操作的情况;
4) 取样各方对样品的确认情况及送检情况;
5) 施工单位养护室的建立和管理情况;
6) 检测试件标识情况。
9. 检测收样人员应对检测委托单的填写内容、试件的状况以及封样、标识等情况进行检查，确认无误后，在检测委托单上签收。

10. 试件接受应按年度建立台账，试件流转单应采取盲样形式，有条件的可使用条形码技术等。

11. 检测机构自行取样的检测项目应做好取样记录。

12. 检测机构对接收的检测试件应有符合条件的存放设施，确保样品的正确存放、养护。

13. 需要现场养护的试件，施工单位应建立相应的管理制度，配备取样、制样人员，以及取样、制样设备、养护设施。

## 1.3　见证人员的基本要求和职责

### 1.3.1　见证人员基本要求

1. 必须具备见证人员资格。

见证人员应是本工程建设单位或监理单位人员：

（1）必须具备初级以上技术职称或具有建筑施工专业知识。

（2）经培训考核合格，取得"见证员证"。

2. 必须具有建设单位的见证人书面授权书。

3. 必须向质监站和检测单位递交见证人书面授权书。

### 1.3.2　见证人员的职责

1. 单位工程施工前，见证人员应会同施工项目负责人共同制定送检计划。

2. 取样时，见证人员必须在现场进行见证。

3. 见证人员必须对试样进行监护。

4. 见证人员必须和施工人员一起将试样送至检测单位。

5. 有专用送样工具的工地，见证人员必须亲自封样。

6. 见证人员必须在检验委托单上签字，并出示"见证员证"。

7. 见证人员对试样的代表性和真实性负有法定责任。

8. 发现见证人员有违规行为，发证单位有权吊销其"见证员证"。

## 1.4　见证取样送样的组织和管理

1. 建设行政主管部门是建设工程质量检测见证取样工作的主管部门。

2. 各测机构试验室在承接送检试样时应核验见证人员证书。对无证人员签名的检验委托一律拒收；未注明见证单位和见证人员姓名及编号的检验报告无效，不得作为质量保证资料和竣工验收资料，由质监站指定法定检测单位重新检测，其检测费用由责任方承担。

3. 建设、施工、监理和检测单位凡以任何形式弄虚作假，或者玩忽职守者，将按有关法规、规章严肃查处，情节严重者，依法追究刑事责任。

# 第 2 章  数 字 修 约

在进行具体的数字运算前，通过省略原数值的最后若干位数字，调整保留的末位数字，使最后所得到的值最接近原数值的过程称为数值修约（rounding off for values）。指导数字修约的具体规则被称为数值修约规则。数值修约时应首先确定"修约间隔"和"进舍规则"。一经确定，修约值必须是"修约间隔"的整数倍。然后指定表达方式，即选择根据"修约间隔"保留到指定位数。科技工作中测定和计算得到的各种数值，除另有规定者外，修约时应按照国家标准文件《数值修约规则》进行。

## 2.1 修约规则

### 2.1.1 修约

使用以下"进舍规则"进行修约：

1. 拟舍弃数字的最左一位数字小于 5 时则舍去，即保留的各位数字不变。
2. 拟舍弃数字的最左一位数字大于或等于 5，而其后跟有并非全部为 0 的数字时则进一，即保留的末位数字加 1。（指定"修约间隔"明确时，以指定位数为准。）
3. 拟舍弃数字的最左一位数字等于 5，而右面无数字或皆为 0 时，若所保留的末位数字为奇数则进一，为偶数（包含 0）则舍弃。
4. 负数修约时，取绝对值按照上述 1~3 规定进行修约，再加上负号。

不允许连续修约。

数值修约简明口诀：4 舍 6 入 5 看右，5 后有数进上去，尾数为 0 向左看，左数奇进偶舍弃。

现代被广泛使用的数值修约规则主要有四舍五入规则和四舍六入五留双规则。

### 2.1.2 四舍五入规则

四舍五入规则是人们习惯采用的一种数值修约规则。

四舍五入规则的具体使用方法是：

在需要保留数字的位次后一位，逢五就进，逢四就舍。

例如：将数字 2.1875 精确保留到千分位（小数点后第三位），因小数点后第四位数字为 5，按照此规则应向前一位进一，所以结果为 2.188。同理，将下列数字全部修约到两位小数，结果为：

10.2750——10.28
18.06501——18.07
16.4050——16.41

27.1850——27.19

按照四舍五入规则进行数值修约时,应一次修约到指定的位数,不可以进行数次修约,否则将有可能得到错误的结果。例如将数字 15.4565 修约到个位时,应一步到位:15.4565——15(正确)。

如果分步修约将得到错误的结果:

15.4565——15.457——15.46——15.5——16(错误)。

四舍五入修约规则,逢五就进,必然会造成结果的系统偏高、误差偏大,为了避免这样的状况出现,尽量减小因修约而产生的误差,在某些时候需要使用四舍六入五留双的修约规则。

### 2.1.3 四舍六入五留双规则

为了避免四舍五入规则造成的结果偏高、误差偏大的现象出现,一般采用四舍六入五留双规则。

本规则适用于科学技术与生产活动中试验测定和计算得出的各种数值。需要修约时,除另有规定者外,应按本规则给出的进行。

1. 当尾数小于或等于 4 时,直接将尾数舍去

例如将下列数字全部修约到两位小数,结果为:

10.2731——10.27

18.5049——18.50

16.4005——16.40

27.1829——27.18

2. 当尾数大于或等于 6 时将尾数舍去向前一位进位

例如将下列数字全部修约到两位小数,结果为:

16.7777——16.78

10.29701——10.30

21.0191——21.02

3. 当尾数为 5,而尾数后面的数字均为 0 时,应看尾数"5"的前一位:若前一位数字此时为奇数,就应向前进一位;若前一位数字此时为偶数,则应将尾数舍去。数字"0"在此时应被视为偶数。

例如将下列数字全部修约到两位小数,结果为:

12.6450——12.64

18.2750——18.28

12.7350——12.74

21.845000——21.84

4. 当尾数为 5,而尾数"5"的后面还有任何不是 0 的数字时,无论前一位在此时为奇数还是偶数,也无论"5"后面不为 0 的数字在哪一位上,都应向前进一位。

例如将下列数字全部修约到两位小数,结果为:

12.73507——12.74

21.84502——21.85

12.64501——12.65
18.27509——18.28
38.305000001——38.31

按照四舍六入五留双规则进行数字修约时，也应像四舍五入规则那样，一次性修约到指定的位数，不可以进行数次修约，否则得到的结果也有可能是错误的。

例如将数字 10.2749945001 修约到两位小数时，应一步到位：10.2749945001——10.27（正确）。

如果按照四舍六入五留双规则分步修约将得到错误结果：

10.2749945001——10.274995——10.275——10.28（错误）。

## 2.2 修约基本概念

### 2.2.1 修约间隔

系修约值的最小数值单位。修约间隔的数值一经确定，修约值即应为该数值的整数倍。

例1：如指定修约间隔为 0.1，修约值即应在 0.1 的整数倍中选取，相当于将数值修约到一位小数。

例2：如指定修约间隔为 100，修约值即应在 100 的整数倍中选取，相当于将数值修约到"百"数位。

### 2.2.2 极限数值

按中华人民共和国国家标准《数值修约规则与极限数值的表示和判定》GB/T 8170—2008 规定考核的以数量形式给出且符合该标准（或技术规范）要求的指标数值范围的界限值。

### 2.2.3 0.5 修约

又称半个单位修约，指修约间隔为指定数位的 0.5 单位，即修约到指定数位的 0.5 单位。

例如，将 60.28 修约到个数位的 0.5 单位，得 60.5。

### 2.2.4 0.2 修约

指修约间隔为指定数位的 0.2 单位，即修约到指定数位的 0.2 单位。

例如，将 832 修约到"百"数位的 0.2 单位，得 840。

### 2.2.5 指定数位

1. 指定修约间隔为 0.1（$n$ 为正整数），或指明将数值修约到 $n$ 位小数；
2. 指定修约间隔为 1，或指明将数值修约到个数位；
3. 指定修约间隔为 $10n$，或指明将数值修约到 $10n$ 数位（$n$ 为正整数），或指明将数值修约到"十""百""千"……数位。

## 2.3 进舍规则

1. 拟舍弃数字的最左一位数字小于 5 时,则舍去,即保留的各位数字不变。

例 1:将 12.1498 修约到一位小数,得 12.1。

例 2:将 12.1498 修约到"个"位,得 12。

2. 拟舍弃数字的最左一位数字大于 5;或者是 5,而其后跟有并非全部为 0 的数字时,则进一,即保留的末位数字加 1。

例 1:将 1268 修约到"百"数位,得 $13 \times 10^2$(特定时可写为 1300)。

例 2:将 1268 修约到"十"位,得 $127 \times 10$(特定时可写为 1270)。

例 3:将 10.502 修约到个数位,得 11。

注:本示例中,"特定时"的含义系指修约间隔明确时。

3. 拟舍弃数字的最左一位数字为 5,而右面无数字或皆为 0 时,若所保留的末位数字为奇数(1,3,5,7,9)则进一,为偶数(2,4,6,8,0)则舍弃。

例 1:修约间隔为 0.1(或 $10^{-1}$)

拟修约数值　　修约值
1.050　　　　1.0
0.350　　　　0.4

例 2:修约间隔为 1000(或 $10^3$)

拟修约数值　　　　修约值
2500　　　　　　$2 \times 10^3$(特定时可写为 2000)
3500　　　　　　$4 \times 10^3$(特定时可写为 4000)

4. 负数修约时,先将它的绝对值按上述规定进行修约,然后在修约值前面加上负号。

例 1:将下列数字修约到"十"数位

拟修约数值　　　　修约值
−355　　　　　　$-36 \times 10$(特定时可写为−360)
−325　　　　　　$-32 \times 10$(特定时可写为−320)

5. 不许连续修约

拟修约数字应在确定修约位数后一次修约获得结果,而不得多次按前面的规则连续修约。

例如:修约 15.4546,修约间隔为 1

正确的做法:15.4546→15

不正确的做法:15.4546→15.455→15.46→15.5→16

6. 在具体实施中,有时测试与计算部门先将获得数值按指定的修约位数多一位或几位报出,而后由其他部门判定。为避免产生连续修约的错误,应按下述步骤进行。

报出数值最右的非零数字为 5 时,应在数值后面加"(+)"或"(−)"或不加符号,以分别表明已进行过舍、进或未舍、未进。

如:16.50(+)表示实际值大于 16.50,经修约舍弃成为 16.50;16.50(−)表示实际值小于 16.50,经修约进一成为 16.50。如果判定报出值需要进行修约,当拟舍弃数字的最左一位数字为 5 而后面无数字或皆为零时,数值后面有(+)号者进一,数值后面有（一）号者舍去，其他仍按上述规则进行。

例如：将下列数字修约到个数位后进行判定（报出值多留一位到一位小数）。

| 实测值 | 报出值 | 修约值 |
|---|---|---|
| 15.4546 | 15.5（—） | 15 |
| 16.5203 | 16.5（+） | 17 |
| 17.5000 | 17.5 | 18 |
| −15.4546 | −[15.5（—）] | −15 |

7. 单位修约

必要时，可采用0.5单位修约和0.2单位修约。

（1）0.5单位修约

将拟修约数值乘以2，按指定数位依规则修约，所得数值再除以2。

例如：将下列数字修约到个数位的0.5单位（或修约间隔为0.5）

| 拟修约数值<br>（A） | 乘2<br>（2A） | 2A修约值<br>（修约间隔为1） | A修约值<br>（修约间隔为0.5） |
|---|---|---|---|
| 60.25 | 120.50 | 120 | 60.0 |
| 60.38 | 120.76 | 121 | 60.5 |
| −60.75 | −121.50 | −122 | −61.0 |

（2）0.2单位修约

将拟修约数值乘以5，按指定数位依规则修约，所得数值再除以5。

例如：将下列数字修约到"百"数位的0.2单位（或修约间隔为20）

| 拟修约数值<br>（A） | 乘5<br>（5A） | 5A修约值<br>（修约间隔为100） | A修约值<br>（修约间隔为20） |
|---|---|---|---|
| 830 | 4150 | $4.2\times10^3$ | $8.4\times10^2$ |
| 842 | 4210 | $4.2\times10^3$ | $8.4\times10^2$ |
| −930 | −4650 | $-4.6\times10^3$ | $-9.2\times10^2$ |

# 第二部分 专业知识

## 第3章 硅酸盐水泥检测

### 3.1 知识概要

#### 3.1.1 通用硅酸盐水泥的定义

以硅酸盐水泥熟料和适量的石膏，以规定的混合材料制成的水硬性胶凝材料。

#### 3.1.2 通用硅酸盐水泥的分类

通用硅酸盐水泥按混合材料的品种和掺量分为硅酸盐水泥（P·Ⅰ、P·Ⅱ）、普通硅酸盐水泥（P·O）、矿渣硅酸盐水泥（P·S）、火山灰质硅酸盐水泥（P·P）、粉煤灰硅酸盐水泥（P·F）、复合硅酸盐水泥（P·C）。

#### 3.1.3 通用硅酸盐水泥的强度等级

通用硅酸盐水泥的强度等级见表3-1。

通用硅酸盐水泥强度等级  表3-1

| 水泥名称 | 代号 | 强度等级 |
| --- | --- | --- |
| 硅酸盐水泥 | P·Ⅰ,P·Ⅱ | 42.5、42.5R、52.5、52.5R、62.5、62.5R |
| 普通硅酸盐水泥 | P·O A,P·O B | 42.5、42.5R、52.5、52.5R |
| 矿渣硅酸盐水泥 | P·S | 32.5、32.5R、42.5、42.5R、52.5、52.5R |
| 火山灰质硅酸盐水泥 | P·P | |
| 粉煤灰硅酸盐水泥 | P·F | |
| 复合硅酸盐水泥 | P·C | 42.5、42.5R、52.5、52.5R |

#### 3.1.4 通用硅酸盐水泥的技术标准

通用硅酸盐水泥的技术标准可分为：化学指标、碱含量（选择性指标）、物理指标三项；其中物理指标又分为凝结时间、安定性、强度、细度（选择性指标）四项。

**1. 化学指标**

通用硅酸盐水泥的化学指标见表3-2。

## 第3章 硅酸盐水泥检测

**通用硅酸盐水泥化学指标（GB175）**　　　　表 3-2

| 品种 | 代号 | 不溶物质（质量分数） | 烧失量（质量分数） | 三氧化硫（质量分数） | 氧化镁（质量分数） | 氯离子（质量分数） |
|---|---|---|---|---|---|---|
| 硅酸盐水泥 | P·Ⅰ | ≤0.75 | ≤3.0 | ≤3.5 | ≤5.0① | ≤0.06③ |
|  | P·Ⅱ | ≤1.50 | ≤3.5 |  |  |  |
| 普通硅酸盐水泥 | P·O | — | ≤5.0 | ≤3.5 | ≤5.0① |  |
| 矿渣硅酸盐水泥 | P·O·A | — | — | ≤4.0 | ≤6.0② | ≤0.06③ |
|  | P·O·B | — | — |  | — |  |
| 火山灰质硅酸盐水泥 | P·P | — | — | ≤3.5 | ≤6.0② |  |
| 粉煤灰硅酸盐水泥 | P·F | — | — |  |  |  |
| 复合硅酸盐水泥 | P·C | — | — |  |  |  |

注：① 如果水泥压蒸安定性合格，则水泥中氧化镁的含量（质量分数）允许放宽至 6.0%。
② 如果水泥中氧化镁的含量（质量分数）大于 6.0%，需进行水泥压蒸安定性试验并合格。
③ 当有更低要求时，该指标由买卖双方协商确定。

**2. 物理指标**

（1）凝结时间

水泥的凝结时间有初凝与终凝之分。自加水起至水泥浆开始失去塑性、流动性减小所需的时间，称为初凝时间。自加水时起至水泥浆完全失去塑性、开始有一定结构强度所需的时间，称为终凝时间。

硅酸盐水泥初凝时间不小于 45min，终凝时间不大于 390min。

普通硅酸盐水泥、矿渣硅酸盐水泥、火山灰质硅酸盐水泥、粉煤灰硅酸盐水泥和复合硅酸盐水泥初凝不小于 45min，终凝不大于 600min。

（2）安定性

水泥的安定性是反应水泥浆体在硬化过程中或硬化后体积是否均匀的性能。安定性不良的水泥，在浆体硬化过程中或硬化后产生不均的体积膨胀并引起开裂。国家规定用沸煮法检验水泥的体积安定性。具体测试时可用试饼法、雷氏法，当实验结果有争议时以雷氏法为准。

（3）强度

水泥的强度是指水泥胶砂硬化试体所能承受外力破坏的能力，用 MPa（兆帕）表示。

不同品种不同强度等级的通用硅酸盐水泥，其不同龄期的强度应符合表 3-3 的规定。

**通用硅酸盐水泥的强度等级（GB 175）**　　　　表 3-3

| 品种 | 强度等级 | 抗压强度 | | 抗折强度 | |
|---|---|---|---|---|---|
|  |  | 3d | 28d | 3d | 28d |
| 硅酸盐水泥 | 42.5 | ≥17.0 | ≥42.5 | ≥3.5 | ≥6.5 |
|  | 42.5R | ≥22.0 |  | ≥4.0 |  |
|  | 52.5 | ≥23.0 | ≥52.5 | ≥4.0 | ≥7.0 |
|  | 52.5R | ≥27.0 |  | ≥5.0 |  |

续表

| 品种 | 强度等级 | 抗压强度 | | 抗折强度 | |
|---|---|---|---|---|---|
| | | 3d | 28d | 3d | 28d |
| 硅酸盐水泥 | 62.5 | ≥28.0 | ≥62.5 | ≥5.0 | ≥8.0 |
| | 62.5R | ≥32.0 | | ≥5.5 | |
| 普通硅酸盐水泥 | 42.5 | ≥17.0 | ≥42.5 | ≥3.5 | ≥6.5 |
| | 42.5R | ≥22.0 | | ≥4.0 | |
| | 52.5 | ≥23.0 | ≥52.5 | ≥4.0 | ≥7.0 |
| | 52.5R | ≥27.0 | | ≥5.0 | |
| 矿渣硅酸盐水泥 火山灰质硅酸盐水泥 粉煤灰硅酸盐水泥 | 32.5 | ≥10.0 | ≥32.5 | ≥2.5 | ≥5.5 |
| | 32.5R | ≥15.0 | | ≥3.5 | |
| | 42.5 | ≥15.0 | ≥42.5 | ≥3.5 | ≥6.5 |
| | 42.5R | ≥19.0 | | ≥4.0 | |
| | 52.5 | ≥21.0 | ≥52.5 | ≥4.0 | ≥7.0 |
| | 52.5R | ≥23.0 | | ≥4.5 | |
| 复合硅酸盐水泥 | 42.5 | ≥15.0 | ≥42.5 | ≥3.5 | ≥6.5 |
| | 42.5R | ≥19.0 | | ≥4.0 | |
| | 52.5 | ≥21.0 | ≥52.5 | ≥4.0 | ≥7.0 |
| | 52.5R | ≥23.0 | | ≥4.5 | |

**(4) 细度（选择性指标）**

细度是指水泥颗粒总体的粗细程度。

硅酸盐水泥和普通硅酸盐水泥的细度以比表面积表示，其比表面积不小于 $300m^2/kg$ 矿渣硅酸盐水泥、火山灰质硅酸盐水泥、粉煤灰硅酸盐水泥和复合硅酸盐水泥的细度以筛余质量百分数表示，其80m方孔筛筛余不大于10%或45m方孔筛筛余不大于30%。

### 3.1.5 取样频率及数量

通用硅酸盐水泥取样见表3-4。

**通用硅酸盐水泥取样** 表3-4

| 项目 | 检验或验收依据 | 检测内容 | 组批原则或取样频率 | 取样方法及数量 | 送样时应提供的信息 |
|---|---|---|---|---|---|
| 水泥 | 《通用硅酸盐水泥》 GB 175 《水泥取样方法》 GB/T 12573 《混凝土结构验收规范》 GB 50204 | 凝结时间 安定性 强度 | 按同一生产厂家、同一等级、同一品种、同一批号且连续进场的水泥,袋装不超过200t为一批,散装不超过500t为一批,每批抽样不少于一次。当使用中对水泥质量有怀疑或水泥出厂超过三个月（快硬硅酸盐水泥超过一个月）时,应进行复验,并按复验结果使用 | 应从同一批的20袋或20个不同部位的水泥中尽量取等量,总量至少为12kg | 生产单位; 品种和强度等级; 牌号; 生产日期; 批号; 使用部位 |

## 3.2 试验检测

### 3.2.1 水泥细度试验

**1. 试验目的**

水泥的物理力学性能都与细度有关，因此必须进行细度测定。水泥细度常用筛余百分数和比表面积两种方法表示。

采用 45μm 方孔筛和 80μm 方孔筛对水泥试样进行筛析试验，用筛上筛余物的质量百分数来表示水泥样品的细度。

**2. 试验方法**

水泥细度试验主要方法有负压筛析法、水筛析法、手工筛析法。当三种方法测定的结果发生争议时，以负压筛析法为准。

**3. 主要仪器设备**

（1）试验筛

试验筛由圆形框和筛网组成，筛网符合 GB/T 6005 R20/3 80μm，GB/T 6005 R20/3 45μm 的要求，分负压筛、水筛和手工筛三种，负压筛和水筛结构尺寸见图 3-1 和图 3-2。

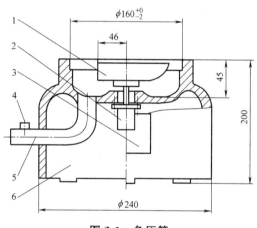

**图 3-1 负压筛**

1—喷气嘴；2—微电机；3—控制板开口；4—负压表接口；5—负压源及收尘器接口；6—壳体

负压筛析仪由筛座、负压筛、负压源及收尘器组成，其中筛座由转速为（30±2）r/min 的喷气嘴、负压表、控制板、微电机及壳体构成。筛析仪负压可调范围为 －4000～6000Pa。负压筛应有透明筛盖，筛盖与筛上口应具有良好的密封性。

手工筛结构符合 GB/T 6003.1，其中筛框高度为 50mm，筛子的直径为 150mm。

（2）水筛架、喷头和天平等。

**4. 试验步骤**

（1）试验准备

试验前所用的试验筛应保持清洁，负压筛和手工筛应保持干燥，试验时，80μm 筛析

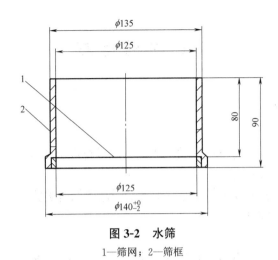

图 3-2 水筛
1—筛网；2—筛框

试验称取试样 25g，45μm 筛析试验称取试样 10g。

(2) 负压筛析法

1) 筛析试验前应把负压筛发在筛座上，盖上筛盖，接通电源，检查控制系统，调节负压至 4000～6000Pa 范围内。

2) 称取试样 25g，精确至 0.01g，置于洁净的负压筛中，放在筛座上，盖上筛盖，接通电源，开动筛析仪连续筛析 2min，在此期间如有试样附着在筛盖上，可轻轻地敲击筛盖使试样落下。筛毕，用天平称量全部筛余物。

(3) 水筛法

1) 筛析试验前，应检查水中无泥、砂，调整好水压及水筛架的位置，使其能正常运转，并控制喷头底面和筛网之间距离为 35～75mm。

2) 称取试样 50g，精确至 0.01g，置于洁净的水筛中，立即用淡水洗至大部分细粉通过后，放在水筛架上，用水压为 (0.05±0.02) MPa 的喷头连续冲洗 3min。筛毕，用少量水把筛余物冲至蒸发皿中，等水泥颗粒全部沉底后，小心倒出清水，烘干并用天平称量全部筛余物。

(4) 手工筛析法

1) 称取水泥试样 50g，精确至 0.01g，倒入手工筛内。

2) 用一只手持筛往复摇动，另一只手轻轻拍打，往复摇动和拍打的过程应保持近于水平。拍打速度每分钟 120 次，每 40 次向同一方向转动 60°，使试样均匀分布在筛网上，直至每分钟通过的试样量不超过 0.03g 为止，称量全部筛余物。

(5) 试验筛清洗

试验筛必须经常保持清洁，筛孔通畅，使用 10 次后要进行清洗。金属筛框、铜丝网筛清洗时应用专门的清洗剂，不可用弱酸浸泡。

**5. 试验数据处理及判定**

(1) 计算

水泥试样筛余百分数按下式计算：

$$F = \frac{R_S}{W} \times 100 \qquad 式（3-1）$$

式中 $F$——水泥试样的筛余百分数，%；
$W$——水泥试样的质量，g；
$R_S$——水泥筛余物的质量，g。

结果计算至 0.1%。

筛余结果修正：试验筛的筛网会在试验中磨损，筛析结果应进行修正，修正的方法是将水泥样的筛余百分数乘上试验筛的标定修正系数。

合格评定时，每个样品应称取两个试样分别筛析，取筛余平均值为筛析结果。若两次筛余结果绝对误差大于 0.5%时（筛余值大于 5.0%时可放至 1.0%），应再做一次试验，取两次相近结果的算术平均值，作为最终结果。

(2) 筛余结果的修正

试验筛的筛网会在试验中磨损，因此筛余结果应进行修正。修正方法是将下式计算结果乘以修正系数。

$$C=\frac{F_S}{F_T} \quad \text{式（3-2）}$$

式中 $F_S$——标准样品的筛余标准字，%；
$F_T$——标准样品在试验筛上的筛余值，%；
$C$——试验筛修正系数。

计算至 0.01。

当 $C$ 值在 0.80~1.20 范围内时，试验筛可继续使用，$C$ 可作为结果修正系数。

当 $C$ 值超出 0.80~1.20 范围内时，试验筛应予淘汰。

### 3.2.2 水泥标准稠度试验

**1. 试验目的**

水泥标准稠度净浆对标准试杆（或试锥）的沉入具有一定阻力。通过试验不同含水量水泥净浆的穿透性，以确定水泥标准稠度净浆中所需加入的水量。

水泥的凝结时间和安定性都与用水量有关，为了消除试验条件的差异而有利于比较，水泥净浆必须有一个标准的稠度。本试验的目的就是测定水泥净浆达到标准稠度时的用水量，以便为进行凝结时间和安定性试验做好准备。

**2. 主要仪器设备**

水泥净浆搅拌机、标准法维卡仪、量筒和天平等。

(1) 水泥净浆搅拌机

应符合 JC/T 729 的要求。

(2) 标准法维卡仪

图 3-3 测定水泥标准稠度和凝结时间用维卡仪及配件示意图中包括：

1) 为测定初凝时间维卡仪和试模示意图；
2) 为测定终凝时间反转试模示意图；
3) 为标准稠度试杆；
4) 为初凝用试针；

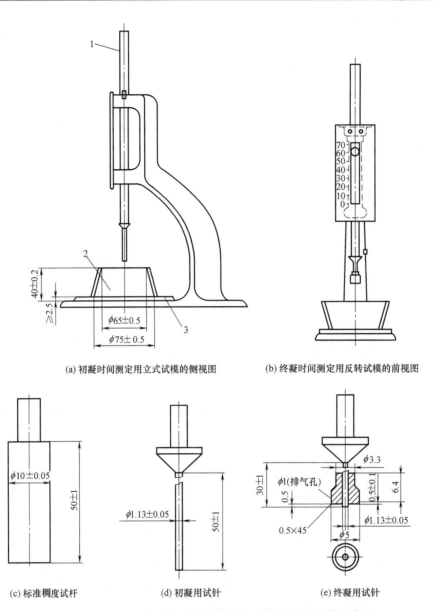

(a) 初凝时间测定用立式试模的侧视图　　(b) 终凝时间测定用反转试模的前视图

(c) 标准稠度试杆　　(d) 初凝用试针　　(e) 终凝用试针

**图 3-3　测定水泥标准稠度和凝结时间用维卡仪及配件示意图**
1—滑动杆；2—试模；3—玻璃板

5) 为终凝用试针等。

标准稠度试杆由有效长度为（50±1）mm，直径为（10±0.05）mm 的圆柱形耐腐蚀金属制成。初凝用试针由钢制成，其有效长度初凝针为（50±1）mm、终凝针为（30±1）mm，直径为（1.13±0.05）mm。滑动部分的总质量为（300±1）g。与试杆、试针联结的滑动杆表面应光滑，能靠重力自由下落，不得有紧涩和旷动现象。

盛装水泥净浆的试模由耐腐蚀、有足够硬度的金属制成。试模为深（40±0.2）mm、顶内径（65±0.5）mm、底内径（75±0.5）mm 的截顶圆锥体。每个试模应配备一个边长或直径约 100mm、厚度 4～5mm 的平板玻璃底板或金属底板。

(3) 代用法维卡仪、量筒和天平等

**3. 试样材料和试验条件**

(1) 材料

试验用水应是洁净的饮用水，如有争议时应以蒸馏水为准。

(2) 试验条件

试验室温度应为（20±2）℃，相对湿度应不低于50%；水泥试样、拌合水、仪器和用具的温度应与试验室一致。

湿气养护箱的温度为（20±1）℃，相对湿度不低于90%。

**4. 试验步骤**

(1) 标准法

1) 试验准备

① 维卡仪的滑动杆能自由滑动。试模和玻璃底板用湿布擦拭，将试模放在底板上。

② 调整至试杆接触玻璃时指针对准零点。

③ 搅拌运行正常。

2) 水泥净浆的拌制

用水泥净浆搅拌机搅拌，搅拌锅和搅拌叶片用湿布擦过，将拌合水倒入搅拌锅内，然后在5~10s内小心将称好的500g水泥加入水中，防止水和水泥溅出；拌合时，先将锅放在搅拌机的锅座上，升至搅拌位置，启动搅拌机，低速搅拌120s，同时将叶片和锅壁上的水泥刮入锅中间，接着高速搅拌120s停机。

3) 标准稠度用水量的测定步骤

拌合结束后，立即取适量水泥净浆一次性将其装入以至于玻璃底板上的试模中，浆体超过试模上端，用宽约25mm的直边刀轻轻拍打超出试模部分的浆体5次以排除浆体中的空隙，然后在试模上表面约1/3处，略倾斜于试模分别向外轻轻锯掉多余净浆，再从试模边沿轻抹顶部一次，使净浆表面光滑。在锯掉多余净浆和抹平的操作过程中，注意不要压实净浆；抹平后迅速将试模和底板移到维卡仪上，并将其中心定在试杆下，降低试杆直至与水泥净浆表面接触，拧紧螺丝1~2s后，突然放松，使试杆垂直自由地沉入水泥净浆中。在试杆停止沉入或释放试杆30s时记录试杆距底板之间的距离，升起试杆后，立即擦净；整个操作应在搅拌后1.5min内完成。以试杆沉入净浆并距底板（6±1）mm的水泥净浆为标准稠度净浆。其拌合水量为该水泥的稠度用水量（$P$），按水泥质量的百分比计。

(2) 代用法

1) 试验前准备

① 维卡仪的金属棒能自由滑动。

② 调整至试锥接触锥模顶面时指针对准零点。

③ 搅拌机运行正常。

2) 水泥净浆的拌制同标准法。

3) 标准稠度用水量的测定步骤

① 采用代用法测定水泥标准稠度用水量可用调整水量和不变水量两种方法的任一种测定。采用调整水量的方法时拌合水量按经验找水，采用不变水量方法时拌合水量取142.5mL。

② 拌合结束后，立即将拌制好的水泥净浆装入锥模中，用宽约 25mm 的直边刀在浆体表面轻轻插捣 5 次，再轻振 5 次，刮去多余的净浆；抹平后迅速放到试锥下面固定的位置上，将试锥降至净浆表面，拧紧螺丝 1～2s 后，突然放松，让试锥垂直自由地沉入水泥净浆中。到试锥停止下沉或释放试锥 30s 时记录试锥下沉深度。整个操作应在搅拌后 1.5min 内完成。

③ 用调整水量方法测定时，以试锥下沉深度（30±1）mm 时的净浆为标准稠度净浆。其拌合水量为该水泥的标准稠度用水量（P），按水泥质量的百分比计。如下沉深度超出范围需另称试样，调整水量，重新试验，直至达到（30±1）mm 为止。

④ 用不变水量方法测定时，根据下式（或仪器上对应标尺）计算得到标准稠度用水量 P。当试锥下沉深度小于 13mm 时，应改用调整水量法测定。

$$P = 33.4 - 0.185S \qquad 式（3-3）$$

式中  $P$——标准稠度用水量，%；
　　　$S$——试锥下沉深度，mm。

**5. 试验数据处理及判定**

其拌合水量为水泥标准稠度用水量，按水泥质量的百分比计。

### 3.2.3　水泥凝结时间试验

**1. 试验目的**

本试验依据《水泥标准稠度用水量、凝结时间、安定性检验方法》GB/T 1346 制定。试针沉入水泥标准稠度净浆至一定深度所需的时间称为凝结时间。

测定水泥加水后至开始凝结（初凝）以及凝结终了（终凝）所用的时间，用以评定水泥性质。

**2. 主要仪器设备**

（1）标准维卡仪：与测定标准稠度用水量时的测定仪相同，只是将试锥换成试针，装水泥净浆的锥模换成圆模。

（2）水泥净浆搅拌机、人工拌合圆形钵、拌合铲、量水器及天平等。

**3. 试验步骤**

（1）试验准备

调整凝结时间测定仪的试针接触玻璃板时指针对准零点。

（2）试件的制备

以标准稠度用水量制成标准稠度净浆，装模和刮平后，立即放入湿气养护箱中。记录水泥全部加入水中的时间作为凝结时间的起始时间。

（3）初凝时间的测定

试件在湿气养护箱中养护至加水后 30min 时进行第一次测定。测定时，从湿气养护箱中取出试模放到试针下，降低试针与水泥净浆表面接触。拧紧螺丝 1～2s 后，突然放松，试针垂直自由地沉入水泥净浆。观察试针停止下沉或释放试针 30s 时指针的读数。临近初凝时间时每隔 5min（或更短时间）测定一次，当试针沉至底板（4±1）mm 时，为水泥达到初凝状态；由水泥全部加入水中至初凝状态的时间为水泥的初凝时间，用 min 来表示。

(4) 终凝时间的测定

为了准确观测试针沉入的状况，在终凝针上安装了一个环形的附件。在完成初凝时间测定后，立即将试模连同浆体以平移的方式从玻璃板取下，翻转180°，直径大端向上，小端向下放在玻璃板上，再放入湿气养护箱中继续养护。临近终凝时间时每隔15min（或更短时间）测定一次，当试针沉入试体0.5mm时，即环形附件开始不能在试体上留下痕迹时，为水泥达到终凝状态。由水泥全部加入水中至终凝状态的时间为水泥的终凝时间，用min来表示。

(5) 测定注意事项

测定时应注意，在最初测定的操作时应轻轻扶持金属柱，使其徐徐下降，以防止试针撞弯，但结果以自由下落为准；在整个测试过程中试针沉入的位置至少要距试模内壁10mm。临近初凝时间时，每隔5min（或更短时间）测定一次，临近终凝时每隔15min（或更短时间）测定一次，达到初凝时应立即重复测一次，当两次结论相同时才能确定达到初凝状态；达到终凝时，需要在试体另外两个不同点测试，确认结论相同才能确定达到终凝状态。每次测定不能让试针落入原针孔，每次测试完毕须将试针擦净并将试模放回湿气养护箱内，整个测试过程要防止试模受振。

**4. 试验数据处理及判定**

标准《通用硅酸盐水泥》GB 175中规定：

硅酸盐水泥初凝不小于45min，终凝不大于390min；

普通硅酸盐水泥、矿渣硅酸盐水泥、火山灰质硅酸盐水泥、粉煤灰硅酸盐水泥和复合硅酸盐水泥初凝不小于45min，终凝不大于600min。

### 3.2.4 水泥安定性试验

**1. 试验目的**

检验水泥硬化后体积变化是否均匀，是否因体积变化而引起膨胀、裂缝或翘曲。

雷氏法是通过测定水泥标准稠度净浆在雷氏夹中煮沸后试针的相对位移表征其体积膨胀的程度。

试饼法是通过观测水泥标准稠度净浆试饼煮沸后的外形变化情况表征其体积安定性。

两种方法均可用，有争议时以雷氏夹法为准。

**2. 试验依据**

本试验依据《水泥标准稠度用水量、凝结时间、安定性检验方法》GB/T 1346制定。

**3. 主要仪器设备**

(1) 雷氏夹

由铜质材料制成，其结构见图3-4。当一根指针的根部先悬挂在一根金属丝或尼龙丝上，另一根指针的根部再挂上300g质量的砝码时，两根指针针尖的距离增加应在（17.5±2.5）mm范围内，即$2x=(17.5±2.5)$mm（图3-5），当去掉砝码后针尖的距离能恢复至挂砝码前的状态。

(2) 雷氏夹膨胀测定仪

如图3-6所示，标尺最小刻度为0.5mm。

(3) 水泥净浆搅拌机、煮沸箱、直尺、小刀等。

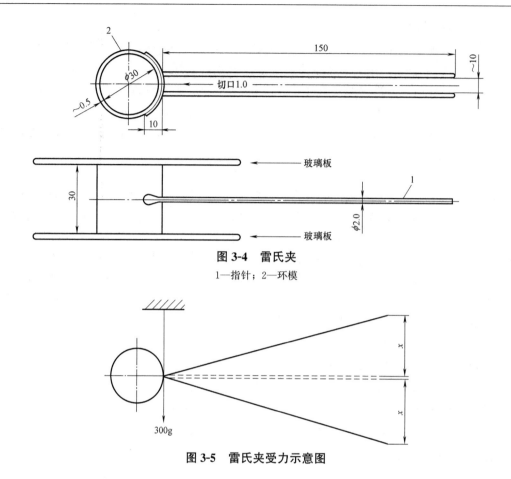

图 3-4 雷氏夹
1—指针；2—环模

图 3-5 雷氏夹受力示意图

**4. 试验步骤**

(1) 标准法（雷氏法）

1) 试验前准备

每个试样需成型两个试件，每个雷氏夹配备两个边长或直径约 80mm、厚度 4~5mm 的玻璃板，凡与水泥净浆接触的玻璃板和雷氏夹表面都要稍稍涂上一层油。

2) 雷氏夹试件的成型

将预先准备好的雷氏夹放在已稍擦油的玻璃板上，并立即将已制好的标准稠度净浆一次装满雷氏夹，装浆时一只手轻轻扶持雷氏夹，另一只手用宽约 25mm 的直边刀在浆体表面轻轻插捣 3 次，然后抹平，盖上稍涂油的玻璃板，接着立即将试件移至湿气养护箱内养护（24±2）h。

3) 煮沸

① 调整好煮沸箱内的水位，使能保证在整个煮沸过程中都不超过试件，不需中途添补试验用水，同时又能保证在（30±5）min 内升至沸腾。

② 脱去玻璃板取下试件，先测量雷氏夹指针尖端间的距离（$A$），精确到 0.5mm，接着将试件放入煮沸箱水中的试件架上，指针朝上，然后在（30±5）min 内加热至恒沸（180±5）min。

4) 试验结果判别

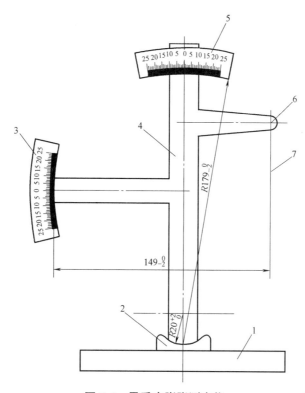

**图 3-6 雷氏夹膨胀测定仪**
1—底座；2—模子座；3—测弹性标尺；4—立柱；5—测膨胀值标尺；6—悬臂；7—悬丝

煮沸结束后，立即放掉沸煮箱中的热水，打开箱盖，待箱体冷却至室温，取出试件进行判别。测量雷氏夹指针尖端的距离（$C$），精确至 0.5mm，当两个试件煮后增加距离（$C-A$）的平均值不大于 5.0mm 时，即认为该水泥安定性合格；当两个试件煮后增加距离（$C-A$）的平均值大于 5.0mm 时，应用同一样品立即重做一次试验，以复检结果为准。

(2) 代用法（试饼法）

① 测定前的准备工作

每个试件准备两块约 100mm×100mm 的玻璃板，并将与水泥净浆接触的玻璃板面稍稍涂上一层油。

将已制好的标准稠度净浆取出一部分，分成两等份，使之呈球形，并放在玻璃板上；轻轻振动玻璃板并用湿布擦过的小刀由边缘向中间抹，做成直径 70~80mm、中心厚约 10mm、边缘渐薄、表面光滑的试饼，然后将试饼移至湿气养护箱中养护（24±2）h。

② 沸煮

将养护好的试饼，从玻璃板上取下并编号，在试饼无缺陷的情况下将试饼放在煮沸箱水中的箅板上，然后在（30±5）min 内加热至沸并恒沸（180±5）min。

③ 判别

沸煮结束后，立即放掉沸煮箱中的热水，打开箱盖，待箱体冷却到室温，取出试件进行判别。目测试饼未发现裂缝，用钢直尺检查也没有弯曲（使钢直尺和试饼底部紧靠，以两者间不透光为不弯曲），则认为该水泥安定性合格，反之为不合格。当两个试饼判别结果有矛盾时，该水泥的安定性为不合格。

### 3.2.5 水泥胶砂强度（成型、养护）试验

**1. 试验目的**

根据《水泥胶砂强度检验方法（ISO法）》GB/T 17671规定的方法来制成试样，为检验并确定水泥的强度等级做准备。

**2. 试验室和设备**

（1）试验室

试体成型试验室的温度应保持在（20±2）℃，相对湿度应不低于50%。

试体带模养护的养护箱或雾室温度保持在（20±1）℃，相对湿度不低于90%。

试体养护池水温度应在（20±1）℃范围内。

试验室空气温度和相对湿度及养护池水温在工作期间每天至少记录一次。

养护箱或雾室的温度与相对湿度至少每4h记录一次，在自动控制的情况下记录次数可以酌减至一天记录二次。在温度给定范围内，控制所设定的温度应为此范围中值。

水养用养护水池（带箅子）的材料不应与水泥发生反应。试体养护池水温度应保持在20℃±1℃。试体养护池的水温度在工作期间每天至少记录1次。

（2）主要仪器设备

用于制备和测试用的设备应该与实验室温度相同。在给定温度范围内，控制系统所设定的温度应为给定温度范围的中值。

设备公差，试验时对设备的正确操作很重要。本节图中给出的近似尺寸供生产者或使用者参考，带有公差的尺寸为强制尺寸。当定期计量检测或校准发现公差不符时，应替换该设备或及时进行调整和修理。计量检测或校准记录应予保存。

对新设备的接收检验应按照JC/T 681、JC/T 682、JC/T 683、JC/T 723、JC/T 724、JC/T 726、JC/T 960的要求进行。在某些情况下设备材质会影响试验结果，这些材质也应符合要求。

1）试验筛

金属丝网实验筛应符合《试验筛 技术要求和检验 第1部分：金属丝编织网试验筛》GB/T 6003.1要求，其筛网孔尺寸如表3-5所示。

试验筛 表3-5

| 系列 | 网眼尺寸(mm) | 系列 | 网眼尺寸(mm) |
| --- | --- | --- | --- |
| R20 | 2.0<br>1.6<br>1.0 | R20 | 0.50<br>0.16<br>0.080 |

2）搅拌机

搅拌机（图3-7）属行星式，应符合《行星式水泥胶砂搅拌机》JC/T 681要求。

用多台搅拌机工作时，搅拌锅和搅拌叶片应保持配对使用。叶片与锅之间的间隙，是指叶片与锅壁最近距离，应每月检查一次。

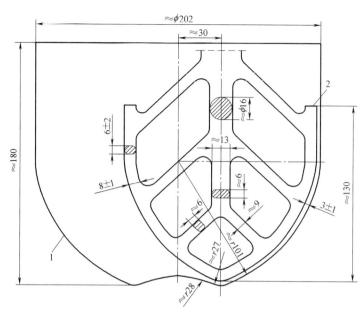

标引序号说明：1—搅拌锅；2—搅拌叶片。

**图 3-7　行星式搅拌机的典型锅和叶片**

3）试模

试模由三个水平的模槽组成（图 3-8），可同时成型三条截面为 40mm×40mm，长 160mm 的棱形试体，其材质和制造尺寸应符合《水泥胶砂试模》JC/T 726 要求。

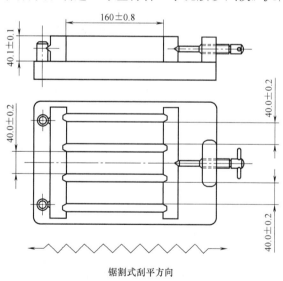

锯割式刮平方向

**图 3-8　典型的试模**

当试模的任何一个公差超过规定的要求时，应更换。在组装备用的干净模型时，应用黄油等密封材料涂覆模型的外接缝。试模的内表面应涂上一薄层模型油或机油。

成型操作时，应在试模上面加有一个壁高 20mm 的金属模套，当从上往下看时，模套壁与模型内壁应该重叠，超过内壁不应大于 1mm。

为控制料层厚度和刮平胶砂，应备有如图 3-9 所示的两个播料器和一金属刮平直尺。

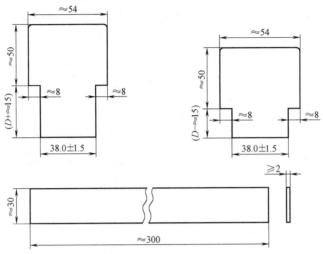

图 3-9 典型的播料器和金属刮平尺

4）振实台

振动台（图 3-10）应符合《水泥胶砂试体成型振实台》JC/T 682 要求。振动台应安

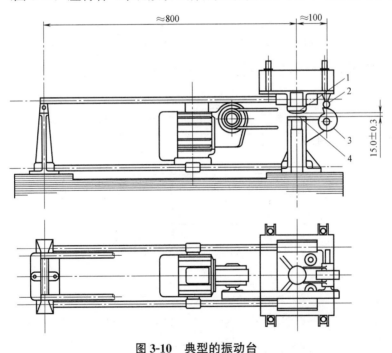

图 3-10 典型的振动台

1—突头；2—随动轮；3—凸轮；4—止动器

装在高度约 400mm 的混凝土基座上。混凝土体积约为 0.25m³ 时，重约 600kg。需防外部振动影响振实效果时，可在整个混凝土基座下放一层厚约 5mm 天然橡胶弹性衬垫。

将仪器用地脚螺栓固定在基座上，安装后设备成水平状态，仪器底座与基座之间要铺一层砂浆以保证它们的完全接触。

5）代用成型设备

代用成型设备为全波振幅 0.75mm＋0.02mm，频率为 2800 次/min～3000 次/min 的振动台，其结构和配套漏斗见图 3-11 和图 3-12。振动台应符合 JC/T 723 的要求。代用成型设备的验收按 GB/T 1767 的 12.3 进行。

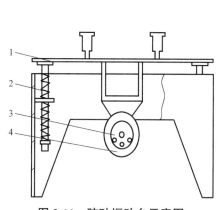

图 3-11　胶砂振动台示意图
1—台板；2—弹簧；3—偏重轮；4—电机

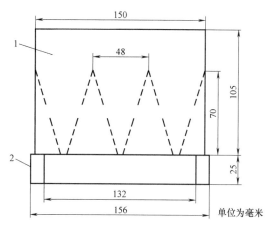

图 3-12　下料漏斗
1—漏斗；2—模套

**3. 胶砂组成**

(1) 砂

各国生产的 ISO 标准砂都可以用来按本标准测定水泥强度。中国 ISO 标准砂符合 ISO679 中 5.1.3 的要求。中国 ISO 标准砂的质量控制按本标准进行。对标准砂作全面地和明确地规定是困难的，因此在鉴定和质量控制时使砂子与 ISO 基准砂比对标准化是必要的。

1) ISO 基准砂

ISO 基准砂是由德国标准砂公司制备的 $SiO_2$ 含量不低于 98% 的天然的圆形硅质砂组成，其颗粒分布在表 3-6 规定的范围内。

ISO 基准砂颗粒分布　　　　表 3-6

| 方孔边长(mm) | 累计筛余(%) | 方孔边长(mm) | 累计筛余(%) |
| --- | --- | --- | --- |
| 2.0 | 0 | 0.5 | 67±5 |
| 1.6 | 7±5 | 0.16 | 87±5 |
| 1.0 | 33±5 | 0.08 | 99±1 |

砂的筛析试验应用有代表性的样品来进行，每个筛子的筛析试验应进行至每分钟通过量小于 0.5g 为止。

砂的湿含量是在 105～110℃ 下用代表性砂样烘 2h 的质量损失来测定，以干基的质量百分数表示，应小于 0.2%。

2) 中国 ISO 标准砂

中国 ISO 标准砂完全符合上述 1) 颗粒分布和湿含量的规定，砂的筛析试验应用有代表性的样品来进行，每个筛子的筛析试验应进行至每分钟通过量小于 0.5g 为止。砂的湿含量是在 105～110℃ 下用代表性砂样烘 2h 的质量损失来测定，以干基的质量百分数表示,应小于 0.2%。

生产期间这种测定每天应至少进行一次。这些要求不足以保证标准砂与基准砂等同。这种等效性是通过标准砂和基准砂比对检验程序来保持的。

中国 ISO 标准砂可以单级分包装,也可以各级预配合以(1350±5)g 量的塑料袋混合包装,但所用塑料袋材料不得影响强度试验结果。

(2) 水泥

水泥样品应贮存在气密的容器里,这个容器不应与水泥发生反应。试验前混合均匀。

(3) 水

验收试验或有争议时应使用符合 GB/T 6682 规定的三级水,其他试验可用饮用水。

**4. 胶砂的制备**

(1) 配合比

胶砂的质量配合比应为一份水泥三份标准砂和半份水(水灰比为 0.5)。

一锅胶砂成三条试体,每锅材料需要量见表 3-7。

**每锅胶砂的材料数量(g)** 表 3-7

| 材料量<br>水泥品种 | 水泥 | 标准砂 | 水 |
| --- | --- | --- | --- |
| 硅酸盐水泥 | 450±2 | 1350±5 | 225±1 |
| 普通硅酸盐水泥 | | | |
| 矿渣硅酸盐水泥 | | | |
| 粉煤灰硅酸盐水泥 | | | |
| 复合硅酸盐水泥 | | | |
| 石灰石硅酸盐水泥 | | | |

(2) 配料

水泥、砂、水和试验用具的温度与试验室相同,称量用的天平精度应为±1g。当用自动滴管加 225mL 水时,滴管精度应达到±1mL。

(3) 搅拌

每锅胶砂用搅拌机进行机械搅拌。先使搅拌机处于待工作状态,然后按以下的程序进行操作:

把水加入锅里,再加入水泥,把锅放在固定架上,上升至固定位置。

然后立即开动机器,低速搅拌 30s 后,在第二个 30s 开始的同时均匀地将砂子加入。当各级砂石分装时,从最粗料级开始,依次将所需的每级砂量加完。把机器转至高速再拌 30s。停拌 90s,在第 1 个 15s 内用一胶皮刮具将叶片和锅壁上的胶砂,刮入锅中间。在高速下继续搅拌 60s。各个搅拌阶段,时间误差应在±1s 以内。

**5. 试件的制备**

(1) 尺寸应是 40mm×40mm×160mm 的棱柱体。

(2) 成型

1) 用振实台成型

胶砂制备后立即进行成型。将空试模和模套固定在振实台上,用料勺将锅壁上的胶砂清理到锅内并翻转搅拌胶砂使其更加均匀，成型时将胶砂分两层装入试模。装第一层时，每个槽里约放 300g 胶砂，先用料勺沿试模长度方向划动胶砂以布满模槽，再用大布料器垂直架在模套顶部沿每个模槽来回一次将料层布平，接着振实 60 次。再装入第二层胶砂，用料勺沿试模长度方向划动胶砂以布满模槽，但不能接触已振实胶砂，再用小布料器布平，振实 60 次。每次振实时可将一块用水湿过拧干、比模套尺寸稍大的棉纱布盖在模套上以防止振实时胶砂飞溅。移走模套，从振实台上取下试模，用一金属直边尺以近似 90°的角度（但向刮平方向稍斜）架在试模模顶的一端，然后沿试模长度方向以横向锯割动作慢慢向另一端移动，将超过试模部分的胶砂刮去。锯割动作的多少和直尺角度的大小取决于胶砂的稀稠程度，较稠的胶砂需要多次锯割、锯割动作要慢以防止拉动已振实的胶砂。用拧干的湿毛巾将试模端板顶部的胶砂擦拭干净，再用同一直边尺以近乎水平的角度将试体表面抹平。抹平的次数要尽量少，总次数不应超过 3 次。最后将试模周边的胶砂擦除干净。用毛笔或其他方法对试体进行编号。两个龄期以上的试体，在编号时应将同一试模中的 3 条试体分在两个以上龄期内。

2）用振动台成型

当使用代用的振动台成型时，操作如下：

在搅拌胶砂的同时将试模和下料漏斗卡紧在振动台的中心。将搅拌好的全部胶砂均匀地装入下料漏斗中，开动振动台，胶砂通过漏斗流入试模。振动（120±5）s 停车。振动完毕，取下试模，用刮平尺按上述规定的刮平手法刮去其高出试模的胶砂并抹平，接着在试模上做标记或用字条表明试件编号。

**6. 试件的养护**

(1) 脱模前的处理和养护

在试模上盖一块玻璃板，也可用相似尺寸的钢板或不渗水的、和水泥没有反应的材料制成的板。盖板不应与水泥胶砂接触，盖板与试模之间的距离应控制在 2～3mm 之间。为了安全，玻璃板应有磨边。立即将作好标记的试模放入雾室或湿箱的水平架子上养护，湿空气应能与试模各边接触。养护时不应将试模放在其他试模上，一直养护到规定的脱模时间时取出脱模。脱模前，用防水墨汁或颜料笔对试体进行编号和做其他标记。二个龄期以上的试体，在编号时应将同一试模中的三条试体分在两个以上龄期内。

(2) 脱模

脱模应非常小心。对于 24h 龄期的，应在破型试验前 20min 内脱模；对于 24h 以上龄期的，应在成型后 20～24h 之间脱模。如经 24h 养护，会因脱模对强度造成损害时，可以延迟到 24h 以后脱模，但在试验报告中应予说明。

已确定作为 24h 龄期试验（或其他不下水直接做试验）的已脱模试体，应用湿布覆盖至做试验时为止。对于胶砂搅拌或振实台的对比，建议称量每个模型中试体的总量。

(3) 水中养护

将做好标记的试件立即水平或竖直放在（20±1）℃水中养护，水平放置时刮平面应朝上。

试件放在不易腐烂的篦子上，并彼此间保持一定间距，以让水与试件的六个面接触。养护期间试件之间间隔或试体上表面的水深不得小于 5mm。

每个养护池只养护同类型的水泥试件。

最初用自来水装满养护池（或容器），随后随时加水保持适当的水位。在养护期间，可以更换不超过50%的水。

除24h龄期或延迟至48h脱模的试体外，任何到龄期的试体应在试验（破型）前15min从水中取出。揩去试体表面沉积物，并用湿布覆盖至试验为止。

(4) 强度试验试体的龄期

除24h龄期或延迟至48h脱模的试体外，任何到龄期的试体应在试验（破型）前15min从水中取出。揩去试体表面沉积物，并用湿布覆盖至试验为止。

试体龄期是从水泥加水搅拌开始试验时算起，至强度测定所经历的时间。不同龄期的试件，必须相应地在24h±15min、48h±30min、72h±45min、7d±2h、>28d±8h 的试件内进行强度试验。

### 3.2.6 水泥胶砂强度（力学性能）试验

**1. 试验目的**

本试验通过规范规定的检验程序来检验并确定水泥的强度等级。

本试验为 40mm×40mm×160mm 棱柱试体的水泥抗压强度和抗折强度测定。

**2. 编制依据**

本试验根据《水泥胶砂强度检验方法（ISO法）》GB/T 17671 制定。

**3. 试验设备**

主要仪器设备：抗折强度试验机、抗压强度试验机和抗压强度试验机用夹具等。

(1) 抗折强度试验机

抗折强度试验机应符合《水泥胶砂电动抗折试验机》JC/T 724 的要求。试件在夹具中受力状态见图3-13。

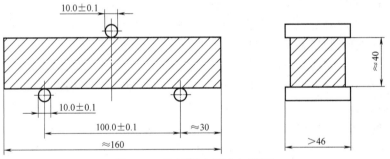

**图 3-13 抗折强度测定加荷图**

通过三根圆柱轴的三个竖向平面应该平行，并在试验时继续保持平行和等距离垂直试体的方向，其中一根支撑圆柱和加荷圆柱能轻微地倾斜使圆柱与试体完全接触，以便荷载沿试体宽度方向均匀分布，同时不产生任何扭转应力。

抗折强度也可用抗压强度试验机来测定，此时应使用符合上述规定的夹具。

(2) 抗压强度试验机

抗压强度试验机，在较大的五分之四量程范围内使用时记录的荷载应有±1%精度，并具有按（2400±200）N/s速率的加荷能力，应有一个能指示试件破坏时荷载并把它保持到试验机卸荷以后的指示器，可以用表盘里的峰值指针或显示器来达到。人工操纵的试验机应配有一个速度动态装置以便于控制荷载增加。

压力机的活塞竖向轴应与压力机的竖向轴重合,在加荷时也不例外,而且活塞作用的合力要通过试件中心。压力机的下压板表面应与该机的轴线垂直并在加荷过程中一直保持不变。

压力机上压板球座中心应在该机竖向轴线与上压板下表面相交点上,其公差为±1mm。上压板在与试体接触时能自动调整,但在加荷期间上下压板的位置应固定不变。

试验机压板应由维氏硬度不低于HV600硬质钢制成,最好为碳化钨,厚度不小于10mm,宽为（40±0.1）mm,长不小于40mm。压板和试件接触的表面平面度公差应为0.01mm,表面粗糙度（$Ra$）应在0.1~0.8之间。

当试验机没有球座,或球座已不灵活或直径大于120mm时,应采用（3）规定的夹具。

注意事项：

1）试验机的最大荷载以200~300kN为佳,可以有两个以上的荷载范围,其中最低荷载范围的最高值大致为最高范围里的最大值的五分之一。

2）采用具有加荷速度自动调节方法和具有记录结果装置的压力机是合适的。

3）可以润滑球座以便使其与试件接触更好,但在加荷期间不致因此而发生压板的位移。在高压下有效的润滑剂不适宜使用,以免导致压板的移动。

4）"竖向""上""下"等术语是对传统的试验机而言。此外,轴线不呈竖向的压力机也可以使用,只要按规定和其他要求接受为代用试验方法时。

(3) 抗压强度试验机用夹具

当需要使用夹具时,应把它放在压力机的上下压板之间并与压力机处于同一轴线,以便将压力机的荷载传递至胶砂试件表面。夹具应符合《40mm×40mm水泥抗压夹具》JC/T 683的要求,受压面积为40mm×40mm。夹具在压力机上位置见图3-14,夹具要保持清洁,球座应能转动以使其上压板能从一开始就适应试体的形状并在试验中保持不变。使用中夹具应满足JC/T 683的全部要求。

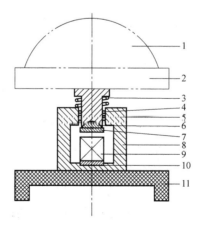

**图3-14 典型的抗压强度试验夹具**

1—压力机球座；2—压力机上压板；3—复位弹簧；4—滚珠轴承；5—滑块；
6—夹具球座；7—夹具上压板；8—夹具框架；9—试体；10—夹具下压板；11—压力机下压板

**4. 试验步骤**

用抗折强度试验机以中心加荷法测定抗折强度。

在折断后的棱柱体上进行抗压试验，受压面是试体成型时的两个侧面，面积为40mm×40mm。

当不需要抗折强度数值时，抗折强度试验可以省去。但抗压强度试验应在不使试件受有害应力情况下折断的两截棱柱体上进行。

(1) 抗折强度测定

将试体一个侧面放在试验机支撑圆柱上，试体长轴垂直于支撑圆柱，通过加荷圆柱以(50±10)N/s的速率均匀地将荷载垂直地加在棱柱体相对侧面上，直至折断。

保持两个半截棱柱体处于潮湿状态直至抗压试验。

抗折强度$R_f$以牛顿每平方毫米（MPa）表示，按式（3-4）进行计算：

$$R_f = \frac{1.5F_f L}{b^3} \qquad 式（3-4）$$

式中  $F_f$——折断时施加于棱柱体中部的荷载，N；
　　　$L$——支撑圆柱之间的距离，mm；
　　　$b$——棱柱体正方形截面的边长，mm。

(2) 抗压强度测定

抗压强度试验通过抗压强度试验机和抗压强度试验机用夹具，在半截棱柱体的侧面上进行。半截棱柱体中心与压力机压板受压中心差应在±0.5mm内，棱柱体露在压板外的部分约有10mm。在整个加荷过程中以（2400±200）N/s的速率均匀地加荷直至破坏。

抗压强度$R_c$以（MPa）为单位，按式（3-5）进行计算：

$$R_c = \frac{F_c}{A} \qquad 式（3-5）$$

式中  $F_c$——破坏时的最大荷载，N；
　　　$A$——受压部分面积，mm$^2$（40mm×40mm＝1600mm$^2$）。

**5. 水泥的合格检验**

强度测定方法有两种主要用途，即合格检验和验收检验。本条叙述了合格检验，即用它确定水泥是否符合规定的强度要求。

(1) 抗折强度

以一组三个棱柱体抗折结果的平均值作为试验结果。当三个强度值中有一个超出平均值的±10%时，应剔除后再取平均值作为抗折强度试验结果；当三个强度值中有两个超出平均值±10%时，则以剩余一个作为抗折强度结果。

(2) 抗压强度

以一组三个棱柱体上得到的六个抗压强度测定值的平均值为试验结果。当六个测定值中有一个超出六个平均值的±10%时，剔除这个结果，再以剩下五个的平均值为结果。当五个测定值中再有超过它们平均值的±10%时，则此组结果作废。当六个测定值中同时有两个或两个以上超出平均值的±10%时，则此组结果作废。

(3) 试验结果的计算

单个抗折强度结果精确至 0.1MPa，算术平均值精确至 0.1MPa。

单个抗压强度结果精确至 0.1MPa，算术平均值精确至 0.1MPa。

(4) 再现性

抗压强度测量方法的再现性，是同一个水泥样品在不同试验室工作的不同操作人员，在不同的时间，用不同来源的标准砂和不同套设备所获得试验结果误差的定量表达。

对于 28d 抗压强度的测定，在合格试验室之间的再现性，用变异系数表示，可要求不超过 6%。这意味着不同试验室之间获得的两个相应试验结果的差可要求（概率 95%）小于约 15%。

# 第4章 建筑钢材及连接接头力学性能检测

## 4.1 知识概要

### 4.1.1 定义

建筑钢材是指所有用于建筑的钢材，如钢管、型钢、钢筋、钢丝、钢绞线等，是目前工程建设的重要材料。

钢材连接接头分焊接接头及机械连接接头。

钢材焊接是指用加热或加压等工艺措施，使两分离表面产生原子间的结合与扩散作用，从而形成不可拆卸接头材料成形方法。钢材焊接方式主要有电弧焊、电渣压力焊等。

钢筋机械连接是指通过连接件的机械咬合作用或钢筋端面的承压作用，将一根钢筋中的力传递至另一根钢筋的连接方法。主要连接方法有：钢筋套筒挤压连接、钢筋锥螺纹套筒连接、钢筋镦粗直螺纹套筒连接、钢筋滚压直螺纹连接（直接滚压、挤肋滚压、剥肋滚压）。

### 4.1.2 建筑钢材的分类

1. 钢材按化学成分分为碳素钢和合金钢两大类。碳素钢的化学成分主要是铁和碳，碳含量为 0.02%～2.06%，另外含有少量的硅、锰及微量的硫、磷。

通常按碳的含量将碳素钢分为：低碳钢（含碳量小于 0.25%）、中碳钢（含碳量 0.25%～0.6%）和高碳钢（含碳量大于 0.6%）。

合金钢化学成分除铁和碳外还有一种或多种能够改善钢性能的合金元素，常用的合金元素有锰、硅、铬、铌、钛、钒等。合金钢按合金元素的总含量分为低合金钢（合金元素总含量小于 5%）、中合金钢（合金元素总含量 5%～10%）和高合金钢（合金元素总含量大于 10%）。

2. 钢材中硫、磷为有害元素，按其含量将钢分为普通钢、优质钢和高级优质钢。
3. 按照脱氧程度，可分为沸腾钢、镇静钢、半镇静钢。
4. 按照钢材的外形可分为钢筋和型钢，钢筋主要品种有钢筋混凝土用热轧光圆钢筋、钢筋混凝土用热轧带肋钢筋、冷轧带肋钢筋、预应力混凝土热处理钢筋、预应力混凝土用钢丝和钢绞线，型钢主要品种有热轧型钢、冷弯薄壁型钢、钢板和压型钢板。
5. 按照加工工艺可分为热轧、冷轧、冷拉、冷扭等钢材。
6. 按照冶炼方式分为氧气转炉、平炉或电炉冶炼。

## 4.1.3 建筑钢材的技术要求

**1. 碳素结构钢的技术要求**

(1) 碳素结构钢的牌号及其表示方法

碳素结构钢的牌号由四个部分组成：屈服点的字母（Q）、屈服点数值（$N/mm^2$）、质量等级符号（A、B、C、D）、脱氧程度符号（F、B、Z、TZ）。碳素结构钢的质量等级是按钢中硫、磷含量由多至少划分的，随 A、B、C、D 的顺序质量等级逐级提高。当为镇静钢或特殊镇静钢时，则牌号表示"Z"与"TZ"符号可予以省略。

按标准规定，我国碳素结构钢分五个牌号，即 Q195、Q215、Q235 和 Q275。例如 Q235—A·F，它表示：屈服点为 $235N/mm^2$ 的平炉或氧气转炉冶炼的 A 级沸腾碳素结构钢。

(2) 碳素结构钢的技术要求

按照《碳素结构钢》GB/T 700 的规定，碳素结构钢的技术要求包括化学成分、力学性能、冶炼方法、交货状态、表面质量五个方面。各牌号碳素结构钢的化学成分及力学性能应分别符合表 4-1、表 4-2、表 4-3 的要求。

碳素结构钢的化学成分（GB/T 700） 表 4-1

| 牌号 | 统一数字代号[a] | 等级 | 厚度（或直径）(mm) | 脱氧方法 | 化学成分(质量分数)(%)，不大于 | | | | |
|---|---|---|---|---|---|---|---|---|---|
| | | | | | C | Si | Mn | P | S |
| Q195 | U11952 | — | — | F、Z | 0.12 | 0.30 | 0.50 | 0.035 | 0.040 |
| Q215 | U12152 | A | | F、Z | 0.15 | 0.35 | 1.20 | 0.045 | 0.050 |
| | U12155 | B | | | | | | | 0.045 |
| Q235 | U12352 | A | | F、Z | 0.22 | 0.35 | 1.40 | 0.045 | 0.050 |
| | U12355 | B | | | 0.20[b] | | | 0.045 | 0.045 |
| | U12358 | C | | Z | 0.17 | | | 0.040 | 0.040 |
| | U12359 | D | | TZ | | | | 0.035 | 0.035 |
| Q275 | U12752 | A | — | F、Z | 0.24 | 0.35 | 1.50 | 0.045 | 0.050 |
| | U12755 | B | ≤40 | Z | 0.21 | | | 0.045 | 0.045 |
| | | | >40 | | 0.22 | | | | |
| | U12758 | C | | Z | 0.20 | | | 0.040 | 0.040 |
| | U12759 | D | | TZ | | | | 0.035 | 0.035 |

注：a 表中为镇静钢、特殊镇静钢牌号的统一数字，沸腾钢牌号的统一数字代号如下：
Q195F——U11950；　Q215AF——U12150；　Q215BF——U12153；　Q235AF——U12350；　Q235BF——U12353；
Q275AF——U12750。
b 经需方同意，Q235B 的含碳量可不大于 0.22%。

**2. 低合金结构钢的技术要求**

(1) 低合金结构钢的牌号及其表示方法

根据国家标准（GB/T 1591）规定，低合金钢高强度结构钢可分为 8 个牌号，即 Q345、Q390、Q420、Q460、Q500、Q550、Q620 和 Q690。其牌号的表示由屈服点字母 Q、屈服点数值、质量等级（A、B、C、D、E 五级）三部分组成。

**碳素结构钢拉伸和冲击试验规定**　　　　　表 4-2

| 牌号 | 等级 | 屈服强度[a] $R_{eL}$/(N/mm²),不小于 | | | | | 抗拉强度[b] $R_m$/(N/mm²) | 断后伸长率 A(%),不小于 | | | | | 冲击试验(V形缺口) | |
|---|---|---|---|---|---|---|---|---|---|---|---|---|---|---|
| | | 厚度(或直径)(mm) | | | | | | 厚度(或直径)(mm) | | | | | 温度(℃) | 冲击吸收功(纵向)(J)不小于 |
| | | ≤16 | >16~40 | >40~60 | >60~100 | >100~150 | >150~200 | | ≤40 | >40~50 | >60~100 | >100~150 | >150~200 | | |
| Q195 | — | 195 | 185 | | | | | 315~430 | 33 | | | | | | |
| Q215 | A | 215 | 205 | 195 | 185 | 175 | 165 | 335~450 | 31 | 30 | 29 | 27 | 26 | — | — |
| | B | | | | | | | | | | | | | +20 | 27 |
| Q235 | A | 235 | 225 | 215 | 215 | 195 | 185 | 370~500 | 26 | 25 | 24 | 22 | 21 | — | — |
| | B | | | | | | | | | | | | | +20 | 27[c] |
| | C | | | | | | | | | | | | | 0 | |
| | D | | | | | | | | | | | | | −20 | |
| Q275 | A | 275 | 265 | 255 | 245 | 225 | 215 | 410~540 | 22 | 21 | 20 | 18 | 17 | — | — |
| | B | | | | | | | | | | | | | +20 | 27 |
| | C | | | | | | | | | | | | | 0 | |
| | D | | | | | | | | | | | | | −20 | |

注：a　Q195 的屈服强度值仅供参考，不做交货条件。
　　b　厚度大于 100mm 的钢材，抗拉强度下限允许降低 20N/mm²。宽带钢（包括剪切钢板）抗拉强度上限不做交货条件。
　　c　厚度小于 25mm 的 Q235B 级钢材，如供方能保证冲击吸收功值合格，经需方同意，可不作检验。

**碳素结构钢弯曲试验规定**　　　　　表 4-3

| 牌号 | 试样方向 | 冷弯试验 180°　B=2a | |
|---|---|---|---|
| | | 钢材厚度(或直径)b(mm) | |
| | | ≤60 | >60~100 |
| | | 弯心直径 d | |
| Q195 | 纵 | 0 | — |
| | 横 | 0.5a | |
| Q215 | 纵 | 0.5a | 1.5a |
| | 横 | a | 2a |
| Q235 | 纵 | a | 2a |
| | 横 | 1.5a | 2.5a |
| Q275 | 纵 | 1.5a | 2.5a |
| | 横 | 2a | 3a |

注：① B 为试样宽度，a 为试样厚度（直径）。
　　② 钢材厚度（或直径）大于 100mm 时，弯曲试验由双方协商确定。

(2) 低合金结构钢化学成分（熔炼分析）

低合金结构钢化学成分（熔炼分析）应符合表 4-4 的规定。

**低合金结构钢化学成分** 表4-4

| 牌号 | 质量等级 | 化学成分[a,b]（质量分数）(%) | | | | | | | | | | | | | |
|---|---|---|---|---|---|---|---|---|---|---|---|---|---|---|---|
| | | C | Si | Mn | P | S | Nb | V | Ti | Cr | Nl | Cu | N | Mb | B | Al |
| | | | | | 不大于 | | | | | | | | | | | 不小于 |
| Q345 | A | ≤0.20 | ≤0.50 | ≤1.70 | 0.035 | 0.035 | 0.07 | 0.15 | 0.20 | 0.30 | 0.50 | 0.30 | 0.012 | 0.10 | — | — |
| | B | | | | 0.035 | 0.035 | | | | | | | | | | |
| | C | | | | 0.030 | 0.030 | | | | | | | | | | |
| | D | ≤0.18 | | | 0.030 | 0.025 | | | | | | | | | | 0.015 |
| | E | | | | 0.025 | 0.020 | | | | | | | | | | |
| Q390 | A | ≤0.20 | ≤0.50 | ≤1.70 | 0.035 | 0.035 | 0.07 | 0.20 | 0.20 | 0.30 | 0.50 | 0.30 | 0.015 | 0.10 | — | — |
| | B | | | | 0.035 | 0.035 | | | | | | | | | | |
| | C | | | | 0.030 | 0.030 | | | | | | | | | | |
| | D | | | | 0.030 | 0.025 | | | | | | | | | | 0.015 |
| | E | | | | 0.025 | 0.020 | | | | | | | | | | |
| Q420 | A | ≤0.20 | ≤0.50 | ≤1.70 | 0.035 | 0.035 | 0.07 | 0.20 | 0.20 | 0.30 | 0.80 | 0.30 | 0.015 | 0.20 | — | — |
| | B | | | | 0.035 | 0.035 | | | | | | | | | | |
| | C | | | | 0.030 | 0.030 | | | | | | | | | | |
| | D | | | | 0.030 | 0.025 | | | | | | | | | | 0.015 |
| | E | | | | 0.025 | 0.020 | | | | | | | | | | |
| Q460 | C | ≤0.20 | ≤0.60 | ≤1.80 | 0.030 | 0.030 | 0.11 | 0.20 | 0.20 | 0.30 | 0.80 | 0.55 | 0.015 | 0.20 | 0.004 | 0.015 |
| | D | | | | 0.030 | 0.025 | | | | | | | | | | |
| | E | | | | 0.025 | 0.020 | | | | | | | | | | |
| Q500 | C | ≤0.18 | ≤0.60 | ≤1.80 | 0.030 | 0.030 | 0.11 | 0.12 | 0.20 | 0.60 | 0.80 | 0.55 | 0.015 | 0.20 | 0.004 | 0.015 |
| | D | | | | 0.030 | 0.025 | | | | | | | | | | |
| | E | | | | 0.025 | 0.020 | | | | | | | | | | |
| Q550 | C | ≤0.18 | ≤0.60 | ≤2.00 | 0.030 | 0.030 | 0.11 | 0.12 | 0.20 | 0.80 | 0.80 | 0.80 | 0.015 | 0.30 | 0.004 | 0.015 |
| | D | | | | 0.030 | 0.025 | | | | | | | | | | |
| | E | | | | 0.025 | 0.020 | | | | | | | | | | |
| Q620 | C | ≤0.18 | ≤0.60 | ≤2.00 | 0.030 | 0.030 | 0.11 | 0.12 | 0.20 | 1.00 | 0.80 | 0.80 | 0.015 | 0.30 | 0.004 | 0.015 |
| | D | | | | 0.030 | 0.025 | | | | | | | | | | |
| | E | | | | 0.025 | 0.020 | | | | | | | | | | |
| Q690 | C | ≤0.18 | ≤0.60 | ≤2.00 | 0.030 | 0.030 | 0.11 | 0.12 | 0.20 | 1.00 | 0.80 | 0.80 | 0.015 | 0.30 | 0.004 | 0.015 |
| | D | | | | 0.030 | 0.025 | | | | | | | | | | |
| | E | | | | 0.025 | 0.020 | | | | | | | | | | |

注：a 型材及棒材P、S含量可提高0.005%，其中A级钢上限可为0.045%。
　　b 当细化晶粒元素组合加入时，20(Nb+V+Ti)≤0.22%，20(Mo+Cr)≤0.30%。

(3) 低合金结构钢力学性能

低合金结构钢拉伸试验的性能应符合表4-5的规定，夏比（V形）冲击试验的试验温度和冲击吸收能量应符合表4-6的规定。

## 低合金结构钢拉伸试验

表 4-5

| 牌号 | 质量等级 | 下屈服强度 $R_{eL}$ (MPa) 公称厚度（直径、边长）(mm) | | | | | | | | | 抗拉强度 $R_m$ (MPa) 以下公称厚度（直径、边长）(mm) | | | | | | | 断后伸长率 以下公称厚度（直径、边长）(mm) | | | | | |
|---|---|---|---|---|---|---|---|---|---|---|---|---|---|---|---|---|---|---|---|---|---|---|---|
| | | ≤16 | >16~40 | >40~63 | >63~80 | >80~100 | >100~150 | >150~200 | >200~250 | >250~400 | ≤40 | >40~63 | >63~80 | >80~100 | >100~150 | >150~250 | >250~400 | ≤40 | >40~63 | >63~100 | >100~150 | >150~250 | >250~400 |
| Q345 | A | ≥345 | ≥335 | ≥325 | ≥315 | ≥305 | ≥285 | ≥275 | ≥265 | — | 470~630 | 470~630 | 470~630 | 470~630 | 450~600 | — | — | ≥20 | ≥19 | ≥19 | ≥18 | ≥17 | — |
| | B | | | | | | | | | | | | | | | | | | | | | | |
| | C | | | | | | | | | ≥265 | | | | | | | 450~600 | | | | | | |
| | D | | | | | | | | | | | | | | | | | | | | | | |
| | E | | | | | | | | | | | | | | | | | | | | | | ≥17 |
| Q390 | A | ≥390 | ≥370 | ≥350 | ≥330 | ≥330 | ≥310 | — | — | — | 490~650 | 490~650 | 490~650 | 490~650 | 470~620 | — | — | ≥21 | ≥20 | ≥20 | ≥19 | ≥18 | — |
| | B | | | | | | | | | | | | | | | | | | | | | | |
| | C | | | | | | | | | | | | | | | | | | | | | | |
| | D | | | | | | | | | | | | | | | | | | | | | | |
| | E | | | | | | | | | | | | | | | | | | | | | | |
| Q420 | A | ≥420 | ≥400 | ≥380 | ≥360 | ≥360 | ≥340 | — | — | — | 520~680 | 520~680 | 520~680 | 520~680 | 500~650 | — | — | ≥20 | ≥19 | ≥19 | ≥18 | ≥18 | — |
| | B | | | | | | | | | | | | | | | | | | | | | | |
| | C | | | | | | | | | | | | | | | | | | | | | | |
| | D | | | | | | | | | | | | | | | | | | | | | | |
| | E | | | | | | | | | | | | | | | | | | | | | | |
| Q460 | C | ≥460 | ≥440 | ≥420 | ≥400 | ≥400 | ≥380 | — | — | — | 550~720 | 550~720 | 550~720 | 550~720 | 530~700 | — | — | ≥19 | ≥17 | ≥16 | ≥16 | ≥16 | — |
| | D | | | | | | | | | | | | | | | | | | | | | | |
| | E | | | | | | | | | | | | | | | | | | | | | | |

36

第 4 章 建筑钢材及连接接头力学性能检测

续表

| 牌号 | 质量等级 | 拉伸试验 ||||||||||||||||
|------|------|---|---|---|---|---|---|---|---|---|---|---|---|---|---|---|
| | | 以下公称厚度下屈服强度($R_{el}$)(MPa) ||||||| 以下公称厚度抗拉强度($R_m$)(MPa) ||||| 断后伸长率 |||||
| | | 公称厚度(直径、边长)(mm) ||||||| 公称厚度(直径、边长)(mm) ||||| 公称厚度(直径、边长)(mm) |||||
| | | ≤16 | >16~40 | >40~63 | >63~80 | >80~100 | >100~150 | >150~200 | >200~250 | >250~400 | ≤40 | >40~63 | >63~80 | >80~100 | >100~150 | >150~250 | >250~400 | ≤40 | >40~63 | >63~100 | >100~150 | >150~250 | >250~400 |
| Q500 | C | ≥500 | ≥480 | ≥470 | ≥450 | ≥440 | — | — | — | — | 610~770 | 600~760 | 590~750 | 540~730 | — | — | — | ≥17 | ≥17 | ≥17 | — | — | — |
| | D | | | | | | | | | | | | | | | | | | | | | | |
| | E | | | | | | | | | | | | | | | | | | | | | | |
| Q550 | C | ≥550 | ≥530 | ≥520 | ≥500 | ≥490 | — | — | — | — | 670~830 | 620~810 | 600~790 | 590~780 | — | — | — | ≥16 | ≥16 | ≥16 | — | — | — |
| | D | | | | | | | | | | | | | | | | | | | | | | |
| | E | | | | | | | | | | | | | | | | | | | | | | |
| Q620 | C | ≥620 | ≥590 | ≥570 | — | — | — | — | — | — | 710~880 | 690~880 | 670~860 | — | — | — | — | ≥15 | ≥15 | ≥15 | — | — | — |
| | D | | | | | | | | | | | | | | | | | | | | | | |
| | E | | | | | | | | | | | | | | | | | | | | | | |
| Q690 | C | ≥690 | ≥670 | ≥660 | ≥640 | — | — | — | — | — | 770~940 | 750~920 | 730~900 | — | — | — | — | ≥14 | ≥14 | ≥14 | — | — | — |
| | D | | | | | | | | | | | | | | | | | | | | | | |
| | E | | | | | | | | | | | | | | | | | | | | | | |

低合金结构钢夏比（V形）冲击试验　　　　　表 4-6

| 牌号 | 质量等级 | 试验温度(℃) | 冲击吸收能量($KV_2$)[a]/J 公称厚度(直径,边长)(mm) 12～150 | >150～250 | >250～400 |
|---|---|---|---|---|---|
| Q345 | B | 20 | ≥34 | ≥27 | — |
| Q345 | C | 0 | ≥34 | ≥27 | 27 |
| Q345 | D | −20 | ≥34 | ≥27 | 27 |
| Q345 | E | −40 | ≥34 | ≥27 | 27 |
| Q390 | B | 20 | ≥34 | — | — |
| Q390 | C | 0 | ≥34 | — | — |
| Q390 | D | −20 | ≥34 | — | — |
| Q390 | E | −40 | ≥34 | — | — |
| Q420 | B | 20 | ≥34 | — | — |
| Q420 | C | 0 | ≥34 | — | — |
| Q420 | D | −20 | ≥34 | — | — |
| Q420 | E | −40 | ≥34 | — | — |
| Q460 | C | 0 | ≥34 | — | — |
| Q460 | D | −20 | ≥34 | — | — |
| Q460 | E | −40 | ≥34 | — | — |
| Q500、Q550、Q620、Q690 | C | 0 | ≥55 | — | — |
| Q500、Q550、Q620、Q690 | D | −20 | ≥47 | — | — |
| Q500、Q550、Q620、Q690 | E | −40 | ≥31 | — | — |

注：a　冲击试验取纵向试样。

当需方要求做弯曲试验时，弯曲试验应符合表 4-7 的规定。当供方保证弯曲合格时，可不做弯曲试验。

低合金结构钢弯曲试验　　　　　表 4-7

| 牌号 | 试样方向 | 180°弯曲试验 $d$=弯心直径,$a$=试样厚度(直径) 钢材厚度(直径,边长)(mm) ≤16 | >16～100 |
|---|---|---|---|
| Q345 Q390 Q420 Q460 | 宽度不小于 600mm 扁平材，拉伸试验取横向试样。宽度小于 600mm 的扁平材、型材及棒材取纵向试样 | $2a$ | $3a$ |

**3. 钢筋混凝土用钢的技术要求**

（1）热轧光圆钢筋

热轧光圆钢筋是经热轧成型，横截面通常为圆形，表面光滑的成品钢筋。其牌号由 HPB+屈服强度特征值构成，如 HPB300。

按定尺长度交货的直条钢筋其长度允许偏差范围为 0～+150mm，直条钢筋实际重量与理论重量的允许偏差如表 4-8 所示。

**直条钢筋实际重量与理论重量的允许偏差** 表 4-8

| 公称直径(mm) | 实际重量与理论重量的偏差(%) |
| --- | --- |
| 6～12 | ±6 |
| 14～22 | ±5 |

热轧光圆钢筋的力学性能要求，屈服强度 $R_{el}$、抗拉强度 $R_m$、断后伸长率 $A$、最大力总伸长率 $A_{gt}$ 等力学性能特征值应符合表 4-9 规定。

**钢筋力学性能** 表 4-9

| 牌号 | $R_{el}$(MPa) | $R_m$(MPa) | $A$(%) | $A_{gt}$(%) | 冷弯试验180°<br>$d$—弯芯直径，$a$—钢筋公称直径 |
| --- | --- | --- | --- | --- | --- |
| | 不小于 | | | | |
| HPB300 | 300 | 420 | 25.0 | 10.0 | $d=a$ |

(2) 热轧带肋钢筋

热轧带肋钢筋屈服强度特征值分为 400 级、500 级、600 级，其牌号的构成及含义见表 4-10。

**热轧带肋钢筋类别** 表 4-10

| 类别 | 牌号 | 牌号构成 | 英文字母含义 |
| --- | --- | --- | --- |
| 普通热轧钢筋 | HRB400<br>HRB500<br>HRB600 | 由 HRB+屈服强度特征值构造 | HRB—热轧带肋钢筋的英文(Hot rolled Ribed Bars)缩写<br>E—"地震"的英文(Earthquake)首位字母 |
| | HRB400E<br>HRB500E | 由 HRB+屈服强度特征值构造+E | |
| 细晶粒热轧钢筋 | HRBF400<br>HRBF500 | 由 HRBF+屈服强度特征值构造 | HRBF—在热轧带肋钢筋的英文缩写后加"细"的因为(Fine)首位字母<br>E—"地震"的英文(Earthquake)首位字母 |
| | HRBF400E<br>HRBF500E | 由 HRBF+屈服强度特征值构造+E | |

钢筋按定尺交货时的长度允许偏差为 0～+50mm。钢筋的实际重量与理论重量的允许偏差应符合表 4-11 的要求。

**热轧带肋钢筋实际重量与理论重量的允许偏差** 表 4-11

| 公称直径(mm) | 实际重量与理论的偏差(%) |
| --- | --- |
| 6～12 | ±6 |
| 14～20 | ±5 |
| 22～50 | ±4 |

热轧带肋钢筋的力学性能要求，屈服强度 $R_{el}$、抗拉强度 $R_m$、断后伸长率 $A$、最大力总伸长率 $A_{gt}$ 等力学性能特征值应符合表 4-12 规定。其弯曲性能按表 4-13 的弯芯直径弯曲 180°后，钢筋受弯曲部位表面不得产生裂纹。

热轧带肋钢筋的力学性能特征值　　　　　　　表 4-12

| 牌号 | $R_{el}$(MPa) | $R_m$(MPa) | $A$(%) | $A_{gl}$(%) | $R_m^0/R_{el}^0$ | $R_{el}^0/R_{el}$ |
|---|---|---|---|---|---|---|
| | | | 不小于 | | | 不大于 |
| HRB400<br>HRBF400 | 400 | 540 | 16 | 7.5 | — | — |
| HRB400E<br>HRBF400E | | | — | 9.0 | 1.25 | 1.30 |
| HRB500<br>HRBF500 | 500 | 630 | 15 | 7.5 | — | — |
| HRB500E<br>HRBF500E | | | — | 9.0 | 1.25 | 1.30 |
| HRB600 | 600 | 730 | 14 | 7.5 | — | — |

注：$R_m^0$ 为钢筋实测抗拉强度；$R_{el}^0$ 为钢筋实测下屈服强度。

热轧带肋钢筋的弯芯直径　　　　　　　表 4-13

| 牌号 | 公称直径 $d$ | 弯芯直径 |
|---|---|---|
| HRB400<br>HRBF400<br>HRB400E<br>HRBF400E | 6～25 | 4$d$ |
| | 28～40 | 5$d$ |
| | >40～50 | 6$d$ |
| HRB500<br>HRBF500<br>HRB500E<br>HRBF500E | 6～25 | 6$d$ |
| | 28～40 | 7$d$ |
| | >40～50 | 8$d$ |
| HRB600 | 6～25 | 6$d$ |
| | 28～40 | 7$d$ |
| | >40～50 | 8$d$ |

(3) 热轧带肋钢筋反向弯曲试验

1) 对牌号带 E 的钢筋应进行反向弯曲试验。经反向弯曲试验后，钢筋受弯曲部位表面不得产生裂纹。

2) 根据需方要求，其他牌号钢筋也可进行反向弯曲试验。

3) 可用反向弯曲试验代替弯曲试验。

4) 反向弯曲试验的弯曲压头直径比弯曲试验相应增加一个钢筋公称直径。

(4) 热轧带肋钢筋连接性能

1) 钢筋的焊接、机械连接工艺及接头的质量检验与验收应符合《钢筋焊接及验收规程》JGJ 18，《钢筋机械连接技术规程》JGJ 107 等相关标准的规定。

2) HRBF500、HRBF500E 钢筋的焊接工艺应经试验确定。

3) HRB600 钢筋推荐采用机械连接的方式进行连接。

(5) 拉伸、弯曲、反向弯曲试验注意事项

1) 拉伸、弯曲、反向弯曲试验试样不允许进行车削加工。

2) 计算钢筋强度用截面面积采用公称横截面面积。

3) 反向弯曲试验，先正向弯曲 90°，把经正向弯曲后的试样在（100±10）℃温度下保温不少于 30min，经自然冷却后再反向弯曲 20°。两个弯曲角度均应在保持载荷时测量。当供方能保证钢筋经人工时效后的反向弯曲性能时，正向弯曲后的试样亦可在室温下直接

进行反向弯曲。

4）对牌号带 E 的钢筋进行反向弯曲试验。经反向弯曲试验后，钢筋受弯曲部位表面不得产生裂纹。

5）根据需方要求，其他牌号钢筋也可进行反向弯曲试验。

6）可用反向弯曲试验代替弯曲试验。

7）反向弯曲试验的弯曲压头直径比弯曲试验相应增加一个钢筋公称直径。

### 4.1.4 钢筋焊接的技术要求

**1. 拉伸试验**

钢筋闪光对焊接头、电弧焊接头、电渣压力焊接头、气压焊接头、箍筋闪光对焊接头、预埋件钢筋 T 形接头的拉伸试验，应从每一检验批接头中随机切取三个接头进行试验并应按下列规定对试验结果进行评定：

（1）符合下列条件之一，应评定该检验批接头拉伸试验合格：

1）3 个试件均断于钢筋母材，呈延性断裂，其抗拉强度大于或等于钢筋母材抗拉强度标准值。

2）2 个试件断于钢筋母材，呈延性断裂，其抗拉强度大于或等于钢筋母材抗拉强度标准值；另一试件断于焊缝，呈脆性断裂，其抗拉强度大于或等于钢筋母材抗拉强度标准值的 1.0 倍。

注：试件断于热影响区，呈延性断裂，应视作与断于钢筋母材等同；试件断于热影响区，呈脆性断裂，应视作与断于焊缝等同。

（2）符合下列条件之一，应进行复验：

1）2 个试件断于钢筋母材，呈延性断裂，其抗拉强度大于或等于钢筋母材抗拉强度标准值；另一试件断于焊缝，或热影响区，呈脆性断裂，其抗拉强度小于钢筋母材抗拉强度标准值的 1.0 倍。

2）1 个试件断于钢筋母材，呈延性断裂，其抗拉强度大于或等于钢筋母材抗拉强度标准值；另 2 个试件断于焊缝或热影响区，呈脆性断裂。

（3）3 个试件均断于焊缝，呈脆性断裂，其抗拉强度均大于或等于钢筋母材抗拉强度标准值的 1.0 倍，应进行复验。当 3 个试件中有 1 个试件抗拉强度小于钢筋母材抗拉强度标准值的 1.0 倍，应评定该检验批接头拉伸试验不合格。

（4）复验时，应切取 6 个试件进行试验。试验结果，若有 4 个或 4 个以上试件断于钢筋母材，呈延性断裂，其抗拉强度大于或等于钢筋母材抗拉强度标准值，另 2 个或 2 个以下试件断于焊缝，呈脆性断裂，其抗拉强度大于或等于钢筋母材抗拉强度标准值的 1.0 倍，应评定该检验批接头拉伸试验复验合格。

（5）可焊接余热处理钢筋 HRB400W 焊接接头拉伸试验结果，其抗拉强度应符合同级别热轧带肋钢筋抗拉强度标准值 540MPa 的规定。

（6）预埋件钢筋 T 形接头的拉伸试验结果，3 个试件的抗拉强度均大于或等于表 4-14 的规定值时，应评定该检验批接头拉伸试验合格。若有一个接头试件抗拉强度小于表 4-14 的规定值时，应进行复验。复验时，应切取 6 个试件进行试验。复验结果，其抗拉强度均大于或等于表 4-14 的规定值时，应评定该检验批接头拉伸试验复验合格。

预埋件钢筋 T 形接头抗拉强度规定值　　　表 4-14

| 钢筋牌号 | 抗拉强度规定值（MPa） | 钢筋牌号 | 抗拉强度规定值（MPa） |
|---|---|---|---|
| HPB300 | 400 | HRB500、HRBF500 | 610 |
| HRB400、HRBF400 | 520 | RRB400W | 520 |

**2. 弯曲试验**

钢筋闪光对焊接头、气压焊接头进行弯曲试验时，应从每一个检验批接头中随机切取 3 个接头，焊缝应处于弯曲中心点，弯心直径和弯曲角度应符合表 4-15 的规定。

接头弯曲试验指标　　　表 4-15

| 钢筋牌号 | 弯心直径 | 弯曲角度（°） |
|---|---|---|
| HPB300 | 2d | 90 |
| HRB400、HRBF400、RRB400W | 5d | 90 |
| HRB500、HRBF500 | 7d | 90 |

注：① d 为钢筋直径（mm）；
② 直径大于 25mm 的钢筋焊接接头，弯心直径应增加 1 倍钢筋直径。

弯曲试验结果应按下列规定进行评定：

（1）当试验结果，弯曲至 90°，有 2 个或 3 个试件外侧（含焊缝和热影响区）未发生宽度达到 0.5mm 的裂纹，应评定该检验批接头弯曲试验合格。

（2）当有 2 个试件发生宽度达到 0.5mm 的裂纹，应进行复验。

（3）当有 3 个试件发生宽度达到 0.5mm 的裂纹，应评定该检验批接头弯曲试验不合格。

（4）复验时，应切取 6 个试件进行试验。复验结果，当不超过 2 个试件发生宽度达到 0.5mm 的裂纹时，应评定该检验批接头弯曲试验复验合格。

## 4.1.5　钢筋机械连接的技术要求

钢筋机械连接性能等级，根据抗拉强度以及高应力和大变形条件下反复拉压性能的差异，接头应分为下列三个等级：

Ⅰ级：接头抗拉强度不小于被连接钢筋实际抗拉强度或 1.10 倍钢筋抗拉强度标准值，并具有高延性及反复抗压性能。

Ⅱ级：接头抗拉强度不小于被连接钢筋抗拉强度标准值，并具有高延性及反复抗压性能。

Ⅲ级：接头抗拉强度不小于被连接钢筋屈服强度标准值的 1.35 倍，并具有一定的延性及反复抗压性能。

Ⅰ级、Ⅱ级、Ⅲ级接头的抗拉强度应符合表 4-16 的规定。

钢筋机械连接接头抗拉强度　　　表 4-16

| 接头等级 | Ⅰ级 | Ⅱ级 | Ⅲ级 |
|---|---|---|---|
| 抗拉强度 | $f_{mst}^o \geq f_{stk}$ 断于钢筋 或 $f_{mst}^o \geq 1.10 f_{stk}$ 断于接头 | $f_{mst}^o \geq f_{stk}$ | $f_{mst}^o \geq 1.35 f_{stk}$ |

注：$f_{mst}^o$ ——接头试件实际抗拉强度；
　　$f_{stk}$ ——钢筋抗拉强度标准值。

Ⅰ级、Ⅱ级、Ⅲ级接头的变形性能应符合表4-17的规定。

**钢筋机械连接接头变形性能** 表 4-17

| 接头等级 | | Ⅰ级 | Ⅱ级 | Ⅲ级 |
|---|---|---|---|---|
| 单向拉伸 | 残余变形(mm) | $u_0 \leqslant 0.10(d \leqslant 32)$<br>$u_0 \leqslant 0.14(d > 32)$ | $u_0 \leqslant 0.14(d \leqslant 32)$<br>$u_0 \leqslant 0.16(d > 32)$ | $u_0 \leqslant 0.14(d \leqslant 32)$<br>$u_0 \leqslant 0.16(d > 32)$ |
| | 最大力总伸长率(%) | $A_{sgt} \geqslant 6.0$ | $A_{sgt} \geqslant 6.0$ | $A_{sgt} \geqslant 3.0$ |
| 高应力反复拉压 | 残余变形(mm) | $u_{20} \leqslant 0.3$ | $u_{20} \leqslant 0.3$ | $u_{20} \leqslant 0.3$ |
| 大变形反复拉压 | 残余变形(mm) | $u_4 \leqslant 0.3$ 且 $u_8 \leqslant 0.6$ | $u_4 \leqslant 0.3$ 且 $u_8 \leqslant 0.6$ | $u_4 \leqslant 0.6$ |

注：当频遇荷载组合下，构件中钢筋应力明显高于 $0.6f_{yk}$ 时，设计部门可对单向拉伸残余变形 $u_0$ 载峰值剔除调整要求。

### 4.1.6 取样频率及数量

建筑钢材、钢筋焊接接头、机械连接接头检测内容、取样频率、取样方式及数量如表4-18所示。

**钢材及接头取样要求** 表 4-18

| 序号 | 项目 | 检验或验收依据 | 检测内容 | 组批原则或取样频率 | 取样方法及数量 | 送样时应提供的信息 |
|---|---|---|---|---|---|---|
| 1 | 钢材 | 《钢筋混凝土用钢 第1部分：热轧光圆钢筋》GB 1499.1<br>《钢筋混凝土用钢 第2部分：热轧带肋钢筋》GB 1499.2<br>《碳素结构钢》GB/T 700 | 1.拉伸；<br>2.弯曲；<br>3.尺寸；<br>4.重量偏差；<br>Ⅱ 5.反向弯曲 | 同一牌号、同一炉罐号、同一尺寸的每60t为一验收批。允许由同一牌号、同一冶炼方法、同一浇筑方法的不同炉罐号组成混合批。各炉罐号含碳量之差不大于0.02%，含锰量之差不大于0.15%，混合批的重量不大于60t | 1. 热轧光圆钢筋及热轧带肋钢筋：拉伸及弯曲：从每批中任选两根切取（距端部500mm），每根截取拉伸和弯曲试样各2根。拉伸试样一般为450～500mm；弯曲试样一般为250～300mm；尺寸：逐支检测。<br>2. 重量偏差：应从每批的不同钢筋上截取，数量不少于5支，每支试样长度不小于500mm<br>碳素结构钢：从每批中任选1根，切取（距端部500mm）拉伸和弯曲试样各1根。拉伸试样一般为450～500mm；弯曲试样一般为250～300mm | 1.生产单位；<br>2.钢材品种；<br>3.牌号；<br>4.炉批号及重量；<br>5.使用部位 |
| 2 | 钢筋焊接接头 | 《钢筋焊接及验收规程》JGJ 18 | 1.拉伸试验；<br>2.弯曲试验 | 气压焊：在现浇混凝土结构中，应以300个同牌号接头作为一批；在房屋结构中，应在不超过二楼层中300个同牌号接头作为一批；当不足300个接头时，仍作为一批 | 在柱、墙的竖向钢筋连接中，应从每批接头中随机切取3个接头做拉伸试验；在梁、板的水平钢筋连接中，应另取取3个接头做弯曲试验；拉伸试样的长度一般为：450～500mm；弯曲试样的长度一般为：300～350mm | 1.生产单位；<br>2.钢材品种；<br>3.牌号；<br>4.焊接种类；<br>5.焊工姓名及证号；<br>6.代表数量；使用部位 |

续表

| 序号 | 项目 | 检验或验收依据 | 检测内容 | 组批原则或取样频率 | 取样方法及数量 | 送样时应提供的信息 |
|---|---|---|---|---|---|---|
| 3 | 钢筋机械连接接头 | 《钢筋机械连接技术规程》JGJ 107 | 1. 抗拉强度；2. 残余变形 | 同一施工条件下采用同一批材料的同等级、同型式、同规格接头，以500个为一验收批，不足500个也作为一个验收批 | 在每一验收批中，随机截取3个接头试件作抗位强度试验。试样的长一般为：450～500mm | 1. 钢筋生产单位；2. 钢材品种；3. 牌号；4. 接头的型式；5. 设计接头等级；6. 代表数量；7. 使用部位 |

## 4.2 钢材性能试验检测

### 4.2.1 钢筋重量偏差试验

**1. 试验目的**

钢筋重量偏差的测定主要用来衡量钢筋交货质量。

**2. 编制依据**

本试验依据《钢筋混凝土用钢 第1部分：热轧光圆钢筋》GB 1499.1、《钢筋混凝土用钢 第2部分：热轧带肋钢筋》GB 1499.2制定。

**3. 仪器设备**

钢直尺（1m）、天平（感量0.1g）、游标卡尺等。

**4. 试验步骤**

（1）从不同根钢筋上截取，数量不少于5支，每支试样长度不小于500mm。长度应逐支测量，应精确到1mm，钢筋内径的测量应精确到0.1mm。

（2）测量试样总重量时，应精确到不大于总重量的1%。

（3）查表4-19、表4-20，代入下式计算出钢筋重量偏差。

**热轧光圆钢筋公称截面面积与理论重量** 表4-19

| 公称直径(mm) | 公称截面面积($mm^2$) | 理论重量(kg/m) | 公称直径(mm) | 公称截面面积($mm^2$) | 理论重量(kg/m) |
|---|---|---|---|---|---|
| 6 | 28.27 | 0.222 | 16 | 201.1 | 1.58 |
| 8 | 50.27 | 0.395 | 18 | 254.5 | 2.00 |
| 10 | 78.54 | 0.617 | 20 | 314.2 | 2.47 |
| 12 | 113.1 | 0.888 | 22 | 380.1 | 2.98 |
| 14 | 153.9 | 1.21 | | | |

注：表中理论重量按密度7.85g/$cm^3$计算。公称直径6.5mm的产品为过渡性产品。

（4）钢筋实际重量与公称重量的偏差按下式计算：

$$重量偏差(\%) = \frac{试样实际重量 - (试样总长度 \times 理论重量)}{试样总长度 \times 理论重量} \times 100\% \quad 式（4-1）$$

**热轧带肋钢筋公称截面面积与理论重量** 表 4-20

| 公称直径<br>（mm） | 公称截面面积<br>（mm²） | 理论重量<br>（kg/m） | 公称直径<br>（mm） | 公称截面面积<br>（mm²） | 理论重量<br>（kg/m） |
|---|---|---|---|---|---|
| 6 | 28.27 | 0.222 | 22 | 380.1 | 2.98 |
| 8 | 50.27 | 0.395 | 25 | 490.9 | 3.85 |
| 10 | 78.54 | 0.617 | 28 | 615.8 | 4.83 |
| 12 | 113.1 | 0.888 | 32 | 804.2 | 6.31 |
| 14 | 153.9 | 1.21 | 36 | 1018 | 7.99 |
| 16 | 201.1 | 1.58 | 40 | 1257 | 9.87 |
| 18 | 254.5 | 2.00 | 50 | 1964 | 15.42 |
| 20 | 314.2 | 2.47 | | | |

**5. 试验数据处理及判定**

钢筋重量偏差检验结果的数字修约与判定应符合《冶金技术标准的数值修约与检测数值的判定》YB/T 081 的规定。

### 4.2.2 钢筋力学性能试验

**1. 试验目的**

测定钢筋的屈服强度、抗拉强度与延伸率。注意观察拉力与变形之间的变化，确定应力与应变之间的关系曲线，评定钢筋强度等级。

**2. 编制依据**

本试验依据《钢筋混凝土用钢材试验方法》GB/T 28900《金属材料 拉伸试验 室温试验方法》GB/T 228.1、《金属材料 弯曲试验方法》GB/T 232 制定。

**3. 仪器设备**

试验机的测力系统应按照《静力单轴试验机的检验 第1部分：拉力和（或）压力试验机测力系统的检验与校准》GB/T 16825.1 进行校准，并且其准确度应为 1 级或优于 1 级。

引伸机的准确度级别应符合《金属材料 单轴试验用引伸计系统的标定》GB/T 12160 的要求。测定上屈服强度、下屈服强度、屈服点延伸率、规定塑形延伸强度、规定总延伸长度、规定残余延伸强度，以及规定残余延伸强度的验证试验。

（1）万能材料试验机

为保证机器安全和试验的准确，其吨位选择最好是使试件达到最大荷载，试验机的测示值误差不大于 1%。

（2）游标卡尺，精确度 0.2mm。

**4. 试验步骤**

（1）试件制作和准备

当测定断后伸长率（$A$）时，试样应根据《金属材料 拉伸试验 第1部分：室温试验方法》GB/T 228.1 的规定来标记原始标距 $L$。除非在相关产品标准中另有规定，对于断后伸长率（$A$）的测定，原始标距长度应为 5 倍的公称直径（$d$）。抗拉试验用钢筋试件不得进行车削加工,可用两个或一系列等分小冲点或细划线标出原始标距(标距不影响试样断裂),测量标距长度$L_0$(精确至0.1mm),如图4-1所示。根据钢筋的公称直径选取公称截面面积。

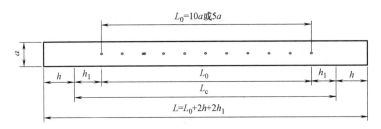

**图4-1 钢筋拉伸试验试件**

$a$—试样原始直径;$L_0$—标距长度;$h_1$—取(0.5~1)$a$;$h$—夹具长度

(2)试验步骤

1)将试件上端固定在试验机上夹具内,调整试验机零点,再用下夹具固定试件下端。

2)开动试验机进行拉伸,直至试件拉断。

3)测量试件拉断后的标距长度$L_1$。将已拉断的试件两端在断裂处对齐,尽量使其轴线位于同一条直线上。

如拉断处距离邻近标距端点大于$L_0/3$时,可用游标卡尺直接量出$L_1$。如拉断处距离邻近标距端点小于或等于$L_0/3$时,可按下述移位法确定$L_1$:在长段上自断点起,取等于短段格数得B点,再取等于长段所余格数(偶数见图4-2a)之半得C点;或者取所余格数(奇数见图4-2b)减1与加1之半得C与C1点。则移位后的$L_1$分别为AB+2BC或AB+BC+BC$_1$。

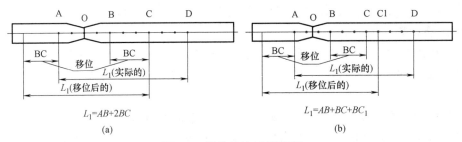

**图4-2 用移位法计算标距**

如果直接测量所求得的伸长率能达到技术条件要求的规定值,则可不采用移位法。

**5. 试验数据处理及判定**

(1)钢筋的屈服点$\sigma_s$和抗拉强度$\sigma_b$按式(4-2)、式(4-3)计算:

$$\sigma_s = \frac{F_s}{A} \qquad 式(4-2)$$

$$\sigma_b = \frac{F_b}{A} \qquad 式(4-3)$$

式中 $\sigma_s$、$\sigma_b$——分别为钢筋的屈服点和抗拉强度(MPa);

$F_s$、$F_b$——分别为钢筋的屈服荷载和最大荷载(N);

$A$——试件的公称横截面面积（mm$^2$）。

当 $\sigma_s$、$\sigma_b$ 大于 1000MPa 时，应计算至 10MPa，按"四舍六入五单双法"修约；为 200～1000MPa 时，计算至 5MPa，按"二五进位法"修约；小于 200MPa 时，计算至 1MPa，小数点数字按"四舍六入五单双法"处理。

（2）钢筋的伸长率 $\delta_5$ 或 $\delta_{10}$ 按下式计算：

$$\delta_5 (或 \delta_{10}) = \frac{L_1 - L_0}{L_0} \times 100\% \qquad 式（4-4）$$

式中 $\delta_5$、$\delta_{10}$——分别为 $L_0 = 5a$ 或 $L_0 = 10a$ 时的伸长率（精确至 1%）；

$L_0$——原标距长度 $5a$ 或 $10a$（mm）；

$L_1$——试件拉断后直接量出或按移位法的标距长度（mm，精确至 0.1mm）。

如试件在标距端点上或标距外断裂，则试验结果无效，应重做试验。

钢筋的拉伸项目，如有某一项试验结果不符合标准要求，则从同一批中再任选取双倍数量的试样进行该不合格项目的复验。复验结果（包括该项试验所要求的任一指标）即使有一个指标不合格，则判定整批不合格。

（3）最大力塑性延伸率的测定

1）手工法

当通过手工方法测定最大力 $F_m$ 总延伸率（$A_g$）时，等分格标记应标在试样的平行长度上，根据钢筋产品的直径，等分格标记间的距离应为 10mm，根据需要也可采用 5mm 或 20mm。

当断裂发生在夹持部位上或距夹持部位的距离小于 20mm 或 $d$（选取较大值）时，这次试验可视作无效。

对于最大力 $F_m$ 总延伸率（$A_g$）的测定，应采用 GB/T 228.1 进行下列修正或补充：

2）引伸计法

最大力塑性延伸率 $A_g$ 也可按照式（4-5）进行计算：

$$A_g = \frac{\Delta L_m}{L_e} - \frac{R_m}{m_E} \times 100\% \qquad 式（4-5）$$

式中 $L_e$——引伸计标距；

$m_E$——应力-拉伸率曲线弹性部分的斜率；

$R_m$——抗拉强度；

$\Delta L_m$——最大力下的延伸。

（4）最大力总延伸率的测定

1）引伸计法

用于测定最大力 $F_m$ 总延伸率（$A_{gt}$）的引伸计应至少有 100mm 的标距长度，标距长度应记录在试验报告中，采用 GB/T 228.1—2010 中第 18 章规定的方法。在用引伸计得到的力-延伸曲线图上从最大力时的总延伸中扣除弹性延伸部分即得到最大力的塑性延伸，将其以引伸计标距得到最大力塑性延伸率。

当使用引伸计测定 $R_{el}$ 或 $R_{p0.2}$ 时，引伸计精度应达到 1 级（见 GB/T 12160）；测定 $A_{gt}$ 时，可使用级精度的引伸计（见 GB/T 12160）。

最大力总延伸率 $A_{gt}$ 按照式（4-6）进行计算：

$$A_{gt} = \frac{\Delta L_m}{L_e} \times 100\% \qquad 式（4-6）$$

式中 $L_e$——引伸计标距；

$\Delta L_m$——最大力下的延伸。

2）手工法

如果 $A_{gt}$ 是通过手工方法在断后进行测定，A 应按式（4-7）进行计算：

$$A_{gt} = A_g + R_m/2000 \qquad 式（4-7）$$

式中，$A_g$ 是最大力 $F_m$ 塑性延伸率。

$A_g$ 应以一个 100mm 的标距长度进行测定，距断口的距离 r 至少为 50mm 或 2d（选择较大者），如果夹持和标距长度之间的距离 m 小于 20mm 或 d（选择较大者）时，该试验可视作无效，见图 4-3。

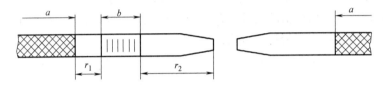

说明：

a——夹持长度；

b——标距长度 100mm。

**图 4-3 用手工方法测量 $A_{gt}$**

注：如有争议，应采用手工方法。

### 4.2.3 钢筋冷弯性能试验

**1. 试验目的**

通过冷弯试验不仅能检验钢材适应冷加工的能力和显示钢材内部缺陷（如起层，非金属夹渣等）状况，而且由于冷弯时试件中部受弯部位受到冲头挤压以及弯曲和剪切的复杂作用，因此也是考察钢材在复杂应力状态下发展塑性变形能力的一项指标。所以，冷弯试验对钢材质量是一种较严格的检验。

**2. 编制依据**

本试验依据《金属材料　弯曲试验方法》GB/T 232 制定。

**3. 仪器设备**

（1）一般要求

弯曲试验应在配备下列弯曲装置之一的试验机或压力机上完成：

1）配有两个支辊和一个弯曲压头的支辊式弯曲装置，见图 4-4。

2）配有一个 V 形模具和一个弯曲压头的 V 形模具式弯曲装置，见图 4-5。

3）虎钳式弯曲装置，见图 4-6。

（2）支辊式弯曲装置

支辊长度和弯曲压头的宽度应大于试样宽度或直径（图 4-4）。弯曲压头直径由产品标准规定，支辊和弯曲压头应具有足够的硬度。

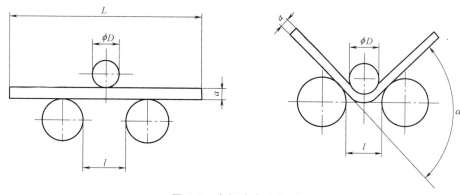

图 4-4 支辊式弯曲装置

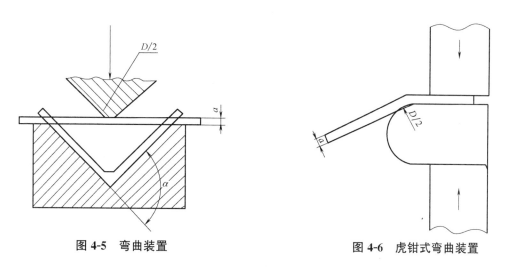

图 4-5 弯曲装置　　　　　图 4-6 虎钳式弯曲装置

除非另有规定，支辊间距 $l$ 应按照下式确定：

$$l=(D+3a)\pm\frac{a}{2} \qquad 式（4-8）$$

式中　$l$——支辊间距离；
　　　$a$——试样厚度或直径（或多边形横截面内切圆直径）；
　　　$D$——弯曲压头直径。

此距离在试验期间应保持不变。

(3) V形模具式弯曲装置

模具的 V 形槽其角度应为 $(180°-α)$（图 4-5），弯曲角度 $α$ 应在相关产品标准中规定。

模具的支承棱边应倒圆，其倒圆半径应为 (1~10) 倍试样厚度。模具和弯曲压头宽度应大于试样宽度或直径并应具有足够的硬度。

(4) 虎钳式弯曲装置

装置由虎钳及有足够硬度的弯曲压头组成（图 4-6），可以配置加力杠杆。弯曲压头直径应按照相关产品标准要求，弯曲压头宽度应大于试样宽度或直径。

由于虎钳左端面的位置会影响测试结果,因此虎钳的左端面(图4-6)不能达到或者超过弯曲压头中心垂线。

(5)反向弯曲可在图4-4所示的弯曲装置上进行,另一种可选用的反向弯曲装置图,如图4-7所示。

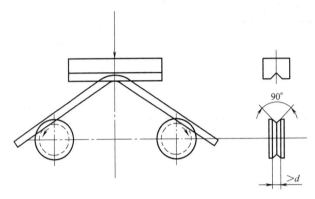

**图4-7 反向弯曲装置的图例**

**4. 试验步骤**

(1)试样

试样的长度应根据试样厚度和所使用的试验设备确定。钢筋冷弯试件不得进行车削加工,试件长度通常按下式进行确定:

$$L \approx a + 150 \text{mm} \quad \text{式}(4-9)$$

式中　$L$——试样长度,mm;

　　　$a$——试件原始直径,mm。

(2)按照相关产品标准规定,采用下列方法之一完成实验:

1)试样在给定的条件和力作用下弯曲至规定的弯曲角度(图4-8);

2)试样在力作用下弯曲至两臂相距规定距离且相互平行(图4-9);

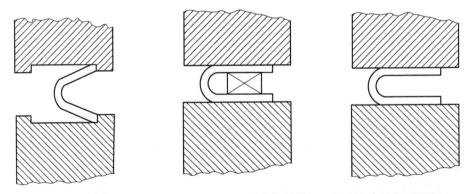

**图4-8 弯曲至规定角度**　　**图4-9 弯曲至两臂相距规定距离且相互平行**

(3)试样在力作用下弯曲至两臂直接接触(图4-10)。

(4)试样弯曲至规定弯曲角度的试验,应将试样放于两支辊(图4-4)或V形模具(图4-5)上,试样轴线应与弯曲压头轴线垂直,弯曲压头在两支座之间的中点处对试样连续施加力使其弯曲,直至达到规定的弯曲角度。弯曲角度 α 可以通过测量弯曲压头的位移计算得出。

可以采用图 4-7 所示的方法进行弯曲试验,试样一端固定,绕弯曲压头进行弯曲,可以绕过弯曲压头,直至达到规定的弯曲角度。

弯曲试验时,应当缓慢地施加弯曲力,以使材料能够自由地进行塑性变形。

当出现争议时,试验速率应为 (1±0.2)mm/s。

使用上述方法如不能直接达到规定的弯曲角度,可以将试样置于两个平行板之间(图 4-8),连续施加力压其两端使进一步弯曲,直至达到规定的弯曲角度。

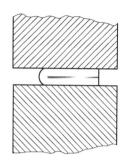

图 4-10 弯曲至两臂直接接触

(5) 试样弯曲至两臂相互平行的试验,首先对试样进行初步弯曲,然后将试样置于两平行压板之间(图 4-9),连续施加力压其两端使进一步弯曲,直至两臂平行(图 4-10)。试验时可以加或不加内置垫块。垫块厚度等于规定的弯曲压头直径,除非产品标准中另有规定。

(6) 试样弯曲至两臂直接接触的试验,首先对试样进行初步弯曲,然后将试样置于两平行压板之间,连续加力压其两端进一步弯曲,直至两臂直接接触(图 4-10)。

**5. 试验数据处理及判定**

弯曲后,按有关标准检查试样弯曲外表面,进行结果评定。若无裂纹、裂缝或断裂,则评定试样合格。

## 4.3 钢筋焊接接头力学性能检测

**1. 试验目的**

检测钢筋焊接件的力学性能指标,评定钢筋焊接接头强度等级。

**2. 编制依据**

本试验依据《钢筋焊接及验收规范》JGJ 18、《钢筋焊接接头试验方法标准》JGJ/T 27 和《焊接接头弯曲试验方法》GB/T 2653 制定。

**3. 仪器设备**

万能试验机,精度±1%,应符合现行国家标准《金属材料 拉伸试验第 1 部分:室温试验方法》GB/T 228.1 中的有关规定;

夹紧装置应根据试样规格选用,在拉伸试验过程中不得与钢筋产生相对滑移,夹持长度宜为 70~90mm;钢筋直径大于 20mm 时,夹持长度宜为 90~120mm。

游标卡尺,精度为 0.1mm。

钢板尺,精度为 0.5mm。

**4. 试验步骤**

(1) 拉伸试验

1) 试样制备及要求

拉伸试样(除预埋件钢筋 T 形接头)的长度应为 $l_s + 2l_j$,其中 $l_s$ 受试长度,$l_j$ 为夹持长度。闪光对焊接头、电渣压力焊接头、气压焊接头 $l_s$ 均为 8d($d$:为钢筋直径),双

面搭接焊接头 $l_s$ 为 $8d+l_h$（$l_h$ 为焊缝长度），单面搭接焊接头 $l_s$ 为 $5d+l_h$。

2）将试件夹紧于实验机上，加荷应连续平稳，不得有冲击或跳动，加荷速度为10～30MPa/s，直至试件断裂（或出现颈缩后）为止。

3）试验过程中应记录下列各项数据。

① 钢筋级别和公称直径。

② 试件拉断（或颈缩）前的最大荷载 $F_b$ 值。

③ 断裂（或颈缩）位置以及离开焊缝的距离。

④ 断裂特征（塑性断裂或脆性断裂）或有无颈缩现象，如在试件断口上发现气孔、夹渣、未焊透、烧伤等焊接缺陷，应在试验报告中注明。

(2) 弯曲试验

1）试样

钢筋焊接接头弯曲试样的长度宜为两支辊内侧距离加150mm；两支辊内侧距离 $L$ 应按下式确定，两支辊内侧距离 $L$ 在试验期间应保持不变（图4-11）。

$$L=(D+3a)\pm\frac{a}{2} \qquad 式（4-10）$$

式中　$L$——两支辊内侧距离（mm）；

$D$——弯曲压头直径（mm）；

$a$——弯曲试样直径（mm）。

试样受压面的金属毛刺和墩粗变形部分宜去除至与母材外表面齐平。

2）钢筋焊接接头进行弯曲试验时，试样应放在两支点上，并应使焊缝中心与弯曲压头中心线一致，应缓慢地对试样施加荷载，以使材料能够自由地进行塑性变形；当出现争议时，试验速率应为（1±0.2）mm/s，直至达到规定的弯曲角度或出现裂纹、破断为止。

3）弯曲压头直径和弯曲角度应按表4-21的规定确定。

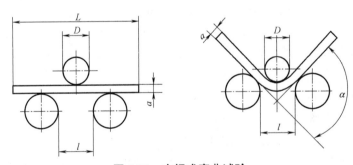

图 4-11　支辊式弯曲试验

弯曲压头直径和弯曲角度　　　　　表 4-21

| 序号 | 钢筋牌号 | 弯曲压头直径 $D$ | | 弯曲角度 $\alpha$(°) |
| --- | --- | --- | --- | --- |
| | | $a\leqslant25$mm | $a>25$mm | |
| 1 | HPB300 | $2a$ | $3a$ | 90 |
| 2 | HRB335　HRBF335 | $4a$ | $5a$ | 90 |
| 3 | HRB400　HRBF400 | $5a$ | $6a$ | 90 |
| 4 | HRB500　HRBF500 | $7a$ | $8a$ | 90 |

注：$a$ 为弯曲试样直径。

4) 在试验过程中,应采取安全措施,防止试件突然断裂伤人。

**5. 试验数据处理及判定**

(1) 拉伸试验

钢筋闪光对焊接头、电弧焊接头、电渣压力焊接头、气压焊接头、箍筋闪光对焊接头、预埋件钢筋T形接头的拉伸试验,应从每一检验批接头中随机切取三个接头进行试验并应按下列规定对试验结果进行评定:

1) 符合下列条件之一,应评定该检验批接头拉伸试验合格:

① 3个试件均断于钢筋母材,呈延性断裂,其抗拉强度大于或等于钢筋母材抗拉强度标准值。

② 2个试件断于钢筋母材,呈延性断裂,其抗拉强度大于或等于钢筋母材抗拉强度标准值;另一试件断于焊缝,呈脆性断裂,其抗拉强度大于或等于钢筋母材抗拉强度标准值的1.0倍。

试件断于热影响区,呈延性断裂,应视作与断于钢筋母材等同;试件断于热影响区,呈脆性断裂,应视作与断于焊缝等同。

2) 符合下列条件之一,应进行复验:

① 2个试件断于钢筋母材,呈延性断裂,其抗拉强度大于或等于钢筋母材抗拉强度标准值;另一试件断于焊缝,或热影响区,呈脆性断裂,其抗拉强度小于钢筋母材抗拉强度标准值的1.0倍。

② 1个试件断于钢筋母材,呈延性断裂,其抗拉强度大于或等于钢筋母材抗拉强度标准值;另2个试件断于焊缝或热影响区,呈脆性断裂。

3) 3个试件均断于焊缝,呈脆性断裂,其抗拉强度均大于或等于钢筋母材抗拉强度标准值的1.0倍,应进行复验。当3个试件中有1个试件抗拉强度小于钢筋母材抗拉强度标准值的1.0倍,应评定该检验批接头拉伸试验不合格。

4) 复验时,应切取6个试件进行试验。试验结果,若有4个或4个以上试件断于钢筋母材,呈延性断裂,其抗拉强度大于或等于钢筋母材抗拉强度标准值,另2个或2个以下试件断于焊缝,呈脆性断裂,其抗拉强度大于或等于钢筋母材抗拉强度标准值的1.0倍,应评定该检验批接头拉伸试验复验合格。

5) 可焊接余热处理钢筋HRB400W焊接接头拉伸试验结果,其抗拉强度应符合同级别热轧带肋钢筋抗拉强度标准值540MPa的规定。

6) 预埋件钢筋T形接头的拉伸试验结果,3个试件的抗拉强度均大于或等于规定值时,应评定该检验批接头拉伸试验合格。若有一个接头试件抗拉强度小于规定值时,应进行复验。

复验时,应切取6个试件进行试验。复验结果,其抗拉强度均大于或等于规定值时,应评定该检验批接头拉伸试验复验合格。

(2) 弯曲试验

钢筋闪光对焊接头、气压焊接头进行弯曲试验时,应从每一个检验批接头中随机切取3个接头,焊缝应处于弯曲中心点,弯心直径和弯曲角度应符合规定。

弯曲试验结果应按下列规定进行评定:

1) 当试验结果,弯曲至90°,有2个或3个试件外侧(含焊缝和热影响区)未发生宽度达到0.5mm的裂纹，应评定该检验批接头弯曲试验合格。

2）当有2个试件发生宽度达到0.5mm的裂纹，应进行复验。

3）当有3个试件发生宽度达到0.5mm的裂纹，应评定该检验批接头弯曲试验不合格。

4）复验时，应切取6个试件进行试验。复验结果，当不超过2个试件发生宽度达到0.5mm的裂纹时，应评定该检验批接头弯曲试验复验合格。

## 4.4 钢筋机械连接接头型式试验

**1. 试验目的**

通过接头的型式试验直观判断接头的力学性能和抗震性能，能够检测接头在反复荷载下强度和变形性能是否符合规范要求，对采用钢筋接头用于抗震有了可靠保证，有利于各建设、设计和施工单位合理正确地选用和质量控制，保证了工程质量。

**2. 编制依据**

本试验依据《钢筋机械连接技术规程》JGJ 107制定。

**3. 仪器设备**

万能试验机、冷弯机钢筋标距仪游标卡尺等。

（1）单向拉伸和反复拉压试验时的变形测量仪表应在钢筋两侧对称布置见图4-12，取钢筋两侧仪表读数的平均值计算残余变形值。

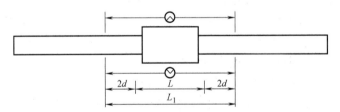

**图4-12 接头试件变形测量标距和仪表布置**

（2）变形测量标距

$$L_1 = L + 4d \qquad 式（4-11）$$

式中 $L_1$——变形测量标距；

$L$——机械接头长度；

$d$——钢筋公称直径。

**4. 试验步骤**

型式试验试件最大力总伸长率 $A_{sgt}$ 的测量方法应符合下列要求

（1）试验加载前，应在其套筒两侧的钢筋表面（图4-13）分别用细划线 $A$、$B$ 和 $C$、$D$ 标出测量标距为 $L_{01}$ 的标记线，$L_{01}$ 不应小于100mm，标距长度应用最小刻度值不大于0.1mm的量具测量。

（2）试件应按表4-22和图4-14～图4-16单向拉伸加载制度加载并卸载，再次测量 $A$、$B$ 和 $C$、$D$ 间距长度为 $L_{02}$。

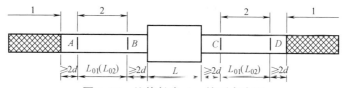

**图 4-13　总伸长率 $A_{sgt}$ 的测点布置**

1—夹持区；2—测量区

**接头试件型式试验的加载制度**　　　　　　　　表 4-22

| 试验项目 | | 加载制度 |
|---|---|---|
| 单向拉伸 | | $0 \to 0.6f_{yk} \to 0$（测量残余变形）→ 最大拉力（记录抗拉强度）→ 0（测定最大力总伸长率） |
| 高应力反复拉压 | | $0 \to (0.9f_{yk} \to -0.5f_{yk}) \to$ 破坏（反复 20 次） |
| 大变形反复拉压 | Ⅰ级、Ⅱ级 | $0 \to (2\varepsilon_{yk} \to -0.5f_{yk})(5\varepsilon_{yk} \to -0.5f_{yk}) \to$ 破坏 （反复 4 次）　　　　　（反复 4 次） |
| | Ⅲ级 | $0 \to (2\varepsilon_{yk} \to -0.5f_{yk}) \to$ 破坏（反复 4 次） |

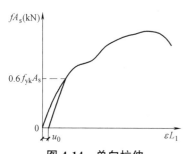

图 4-14　单向拉伸

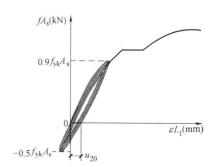

图 4-15　高应力反复拉压

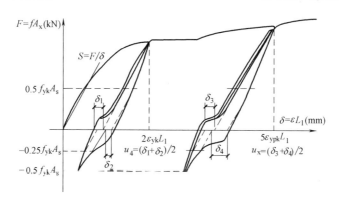

图 4-16　大变形反复拉压

注：①$S$ 线表示钢筋拉、压刚度；$F$—钢筋所受的力，等于钢筋应力 $f$ 与钢筋理论横截面面积 $A_s$ 的成绩；$\delta$—力作用下的钢筋变形，等于钢筋应变与变形测量标距 $L_1$ 的成绩；$A_s$—钢筋理论横截面面积（mm²）；$L_1$—变形测量标距（mm）。

②$\delta_1$ 为 $2\xi_{yk}L_1$ 反复加载四次后，在加载力为 $0.5f_{yk}A_s$ 及反向卸载力为 $-0.25f_{yk}A_s$ 处作 $S$ 的平行线与横坐标交点之间的距离所代表的变形值。

③$\delta_2$ 为 $2\xi_{yk}L_1$ 反复加载四次后，在卸载力为 $0.5f_{yk}A_s$ 及反向加载力为 $-0.25f_{yk}A_s$ 处作 $S$ 的平行线与横坐标交点之间的距离所代表的变形值。

④$\delta_3$、$\delta_4$ 为在 $5\xi_{yk}L_1$ 反复加载四次后，按与 $\delta_1$、$\delta_2$ 相同方法所得的变形值。

(3) 测量接头试件的残余变形时加载时的应力速率宜采用 $2N/mm \cdot s^{-1}$，最高不超过 $10N/mm \cdot s^{-1}$；测量接头试件的最大总伸长率或抗拉强度时，试件机夹头的分离速率宜采用 $0.05L_c/min$，$L_c$ 为试验机夹头间的距离。

**5. 试验数据处理及判定**

(1) 试件最大总伸长率 $A_{sgt}$ 按下式计算：

$$A = \left[\frac{L_{02}-L_{01}}{L_{01}} + \frac{f_{mst}^0}{E}\right] \times 100 \qquad 式（4-12）$$

式中 $f_{mst}^0$、$E$——分别是试件达到最大力时的钢筋应力和钢筋理论弹性模量；

$L_{01}$——加载前 $A$、$B$ 或 $C$、$D$ 间的实测长度；

$L_{02}$——卸载后 $A$、$B$ 或 $C$、$D$ 间的实测长度。

应用上式计算时，当试件颈缩发生在套筒一侧的钢筋母材时，$L_{01}$ 和 $L_{02}$ 应取另一侧标距间加载器和卸载后的长度。当破坏发生在接头长度范围时，$L_{01}$ 和 $L_{02}$ 应取套筒两侧各自读数的平均值。

(2) 结果判定

钢筋接头破坏形态有三种：钢筋拉断、接头连接件破坏、钢筋从连接件中拔出。

对于Ⅱ级、Ⅲ级接头，无论试件属哪种破坏形态，只要满足标准要求即为合格；对于Ⅰ级接头，当试件断于钢筋母材，即满足条件 $f_{mst}^0 \geq f_{stk}$ 试件合格，当试件断于接头长度区域内，即满足 $f_{mst}^0 \geq 1.10 f_{stk}$，才能判为合格。

对接头的每一验收批，必须在工程结构中随机截取 3 个接头试件作抗拉强度试验，按设计要求的接头等级进行评定。

当 3 个接头试件的抗拉强度均符合表 4-15 中相对应等级的要求时，该验收批评为合格。

如有 1 个试件的强度不符合要求，应再取 6 个试件进行复检。复检中如仍有 1 个试件的强度不符合要求，则该验收批评为不合格。

当现场检验连续 10 个验收批抽样试件抗拉强度试验一次合格率为 100% 时，验收批接头数量可以扩大一倍。

对残余变形和最大力总伸长率，3 个试件实测值的平均值应符合表 4-17 的规定。

# 第5章 普通混凝土用砂、石检测

## 5.1 知识概要

### 5.1.1 定义

天然砂：在自然条件作用下岩石产生破碎、风化、分选、运移、堆/沉积，形成的粒径小于4.75mm的岩石颗粒（天然砂包括河砂、湖砂、山砂、净化处理的海砂，但不包括软质、风化的颗粒）。

机制砂：以岩石、卵石、矿山废石和尾矿等为原料，经除土处理，由机械破碎、整形、筛分、粉控等工艺制成的，级配、粒形和石粉含量满足要求且粒径小于4.75mm的颗粒（机制砂不包括软质、风化的颗粒）。

混合砂：由机制砂和天然砂按一定比例混合而成的砂。

片状颗粒：机制砂中粒径1.18mm以上的机制砂颗粒中最小一维尺寸小于该颗粒所属粒级的平均粒径0.45倍的颗粒。

砂的泥块含量：砂中原粒径大于1.18mm，经水浸泡淘洗等处理后小于0.60mm的颗粒含量。

亚甲蓝值：MB值用于判定机制砂吸附性能的指标。

轻物质：砂中表观密度小于2000kg/m³的物质。

卵石：在自然条件作用下岩石产生破碎、风化、分选、运移、堆（沉）积，而形成的粒径大于4.75mm的岩石颗粒。

碎石：天然岩石、卵石或矿山废石经破碎、筛分等机械加工而成的，粒径大于4.75mm的岩石颗粒。

针、片状颗粒：卵石、碎石颗粒的最大一维尺寸大于该颗粒所属粒级的平均粒径2.4倍者为针状颗粒；最小一维尺寸小于该颗粒所属粒级的平均粒径0.4倍者为片状颗粒。

不规则颗粒：卵石、碎石颗粒的最小一维尺寸小于该颗粒所属粒级的平均粒径0.5倍的颗粒。

砂、石含泥量：天然砂中粒径小于75μm的颗粒含量；

卵石中粒径小于75μm的黏土颗粒含量。

砂、石粉（泥）含量：机制砂中公称粒径小于75μm，且其矿物组成和化学成分与被加工母岩相同的颗粒含量；

碎石中粒径小于75μm的黏土和石粉颗粒含量。

石的泥块含量：卵石、碎石中原粒径大于4.75mm，经水浸泡、淘洗等处理后小于2.36mm的颗粒含量。

砂、石坚固性：砂、在外界物理化学因素作用下抵抗破裂的能力。

砂、石碱骨料反应：砂、石中碱活性矿物与水泥、矿物掺合料、外加剂等混凝土组成物及环境中的碱在潮湿环境下缓慢发生并导致混凝土开裂破坏的膨胀反应。

### 5.1.2 普通混凝土用砂、石的分类

砂分类见表5-1；石分类见表5-2。

砂分类　　　　　　　　　　　　　　　　　　　　　　　　表5-1

| 砂分类 | 天然砂 | 包括：河砂、湖砂、山砂、淡化海砂 | 规格（细度模数 $\mu_f$） | 粗：3.7～3.1 | 类别 | Ⅰ类：用于强度等级大于C60的混凝土 |
|---|---|---|---|---|---|---|
| | | | | 中：3.0～2.3 | | Ⅱ类：用于强度等级C30～C60及有抗冻抗渗要求的混凝土 |
| | 人工砂 | 包括：机制砂、混合砂 | | 细：2.2～1.6 | | Ⅲ类：用于强度等级小于C30的混凝土 |
| | | | | 特细砂：0.7～1.5 | | |

石分类　　　　　　　　　　　　　　　　　　　　　　　　表5-2

| Ⅰ类：用于强度等级大于C60的混凝土 | 天然 | 卵石 |
|---|---|---|
| Ⅱ类：用于强度等级C30～C60及有抗渗要求的混凝土 | | |
| Ⅲ类：用于强度等级小于C30的混凝土 | 人工 | 碎石 |

### 5.1.3 普通混凝土用砂、石的技术指标

**1. 普通混凝土用砂的技术指标**

（1）砂筛颗粒级配

砂筛应采用方孔筛，砂的公称粒径、砂筛筛孔的公称直径和方孔筛筛孔边长应符合表5-3的规定。

除特细砂外，砂的颗粒级配可按公称直径630μm筛孔的累计筛余（以质量百分率计，下同），5分成三个级配区，且砂的颗粒级配应处于表5-4中的某一区内。

砂的公称粒径、砂筛筛孔的公称直径和方孔筛筛孔边长尺寸　　　表5-3

| 砂的公称粒径 | 砂筛筛孔的公称直径 | 方孔筛筛孔边长 | 砂的公称粒径 | 砂筛筛孔的公称直径 | 方孔筛筛孔边长 |
|---|---|---|---|---|---|
| 5.00mm | 5.00mm | 4.75mm | 315μm | 315μm | 305μm |
| 2.50mm | 2.50mm | 2.36mm | 160μm | 160μm | 150μm |
| 1.25mm | 1.25mm | 1.18mm | 80μm | 80μm | 75μm |
| 630μm | 630μm | 600μm | | | |

砂的实际颗粒级配与表5-4中的累计筛余相比，除公称粒径为5.00mm和630μm的累计筛余外，其余公称粒径的累计筛余可稍有超出分界线，但总超出量不应大于5%。

当天然砂的实际颗粒级配不符合要求时，宜采取相应的技术措施，并经试验证明能确保混凝土质量后，方允许使用（表5-5）。

砂颗粒级配区    表 5-4

| 砂的分类 | 天然砂 | | | 机制砂、混合砂 | | |
|---|---|---|---|---|---|---|
| 级配区 | Ⅰ区 | Ⅱ区 | Ⅲ区 | Ⅰ区 | Ⅱ区 | Ⅲ区 |
| 方孔筛尺寸 | 累计筛余/% | | | | | |
| 5.00mm | 10～0 | 10～0 | 10～0 | 10～0 | 10～0 | 10～0 |
| 2.50mm | 35～5 | 25～0 | 15～0 | 35～5 | 25～0 | 15～0 |
| 1.25mm | 65～35 | 50～10 | 25～0 | 65～35 | 50～10 | 25～0 |
| 630μm | 85～71 | 70～41 | 40～16 | 85～71 | 70～41 | 40～16 |
| 315μm | 95～80 | 92～70 | 85～55 | 95～80 | 92～70 | 85～55 |
| 160μm | 100～90 | 100～90 | 100～90 | 100～90 | 100～90 | 100～90 |

分计筛余    表 5-5

| 筛孔尺寸/mm | 4.75 | 2.36 | 1.18 | 0.60 | 0.30 | 0.15 | 筛底 |
|---|---|---|---|---|---|---|---|
| 分计筛余(%) | 0～10 | 10～15 | 10～25 | 20～31 | 20～30 | 5～15 | 0～20 |

Ⅰ类砂的细度模数应为 2.3～3.2。

足够的水泥用量,以满足混凝土的和易性要求;当采用Ⅲ区砂时,宜降低砂率;当采用特细砂时应符合相应的规定。泵送混凝土,宜选择中砂。

(2) 天然砂中含泥量

天然砂中含泥量应符合表 5-6 的规定。对于有抗冻、抗渗或其他特殊要求的小于或等于 C25 混凝土用砂,其含泥量不应大于 3.0%。

天然砂中含泥量    表 5-6

| 类别 | Ⅰ类 | Ⅱ类 | Ⅲ类 |
|---|---|---|---|
| 含泥量(按质量计)/% | ≤1.0 | ≤3.0 | ≤5.0 |

(3) 砂中泥块含量

砂中泥块含量应符合表 5-7 的规定。对于有抗冻、抗渗或其他特殊要求的小于或等于 C25 混凝土用砂,其泥块含量不应大于 1.0%。

砂中泥块含量    表 5-7

| 类别 | Ⅰ类 | Ⅱ类 | Ⅲ类 |
|---|---|---|---|
| 泥块含量(按质量计)/% | ≤0.2 | ≤1.0 | ≤2.0 |

(4) 人工砂或混合砂中石粉含量

人工砂或混合砂中石粉含量应符合表 5-8 的规定。

人工砂或混合砂中石粉含量    表 5-8

| 类别 | | Ⅰ类 | Ⅱ类 | Ⅲ类 |
|---|---|---|---|---|
| | | 石粉含量(质量分数)/% | | |
| 亚甲蓝值(MB) | MB≤0.5 | ≤15.0 | | |
| | 0.5<MB≤1.0 | ≤10.0 | | |
| | 1.0<MB≤1.4 或快速试验合格 | ≤5.0 | ≤10.0 | |

续表

| 类别 | | Ⅰ类 | Ⅱ类 | Ⅲ类 |
|---|---|---|---|---|
| 石粉含量(质量分数)/% | | | | |
| 亚甲蓝值（MB） | MB>1.4 或快速试验不合格 | ≤1.0[a] | ≤3.0[a] | ≤5.0[a] |
| | MB≤1.0 | | ≤15.0 | |
| | MB<1.4（合格） | | | ≤15.0 |
| | MB≥1.4（合格） | | | ≤5.0[a] |

砂浆用砂的石粉含量不做限制；
a 根据使用环境和用途，经试验验证，由供需双方协商确定，Ⅰ类砂石粉含量可放宽至不大于3.0%，Ⅱ类砂石粉含量可放宽至不大于5.0%，Ⅲ类砂石粉含量可放宽至不大于7.0%。

3（5）密度及孔隙率

表观密度>2500kg/m³；松散堆积密度>1350kg/m³；空隙率<47％。

**2. 普通混凝土用石的技术指标**

3（1）石颗粒级配

石筛应采用方孔筛，石的公称粒径、石筛筛孔的公称直径与方孔筛筛孔边长应符合表 5-9 的规定。

**石筛筛孔的公称直径与方孔筛尺寸（mm）** 表 5-9

| 石的公称粒径 | 石筛筛孔的公称直径 | 方孔筛筛孔边长 | 石的公称粒径 | 石筛筛孔的公称直径 | 方孔筛筛孔边长 |
|---|---|---|---|---|---|
| 2.50 | 2.50 | 2.36 | 31.5 | 31.5 | 31.5 |
| 5.00 | 5.00 | 4.75 | 40.0 | 40.0 | 37.5 |
| 10.0 | 10.0 | 9.5 | 50.0 | 50.0 | 53.0 |
| 16.0 | 16.0 | 16.0 | 63.0 | 63.0 | 63.0 |
| 20.0 | 20.0 | 19.0 | 80.0 | 80.0 | 75.0 |
| 25.0 | 25.0 | 26.5 | 100.0 | 100.0 | 90.0 |

碎石或卵石的颗粒级配，应符合表 5-10 的要求。混凝土用石应采用连续粒级。

单粒级宜用于组合成满足要求级配的连续粒级，也可与连续粒级混合使用，以改善其级配或配成较大粒度的连续粒级。

当卵石的颗粒级配不符合表 5-10 要求时，应采取措施并经试验证实能确保工程质量后，方允许使用。

**碎石或卵石的颗粒级配范围** 表 5-10

| 级配情况 | 公称粒级（mm） | 累计筛余按重量计(%) | | | | | | | | | | |
|---|---|---|---|---|---|---|---|---|---|---|---|---|
| | | 方孔筛筛孔尺寸(mm) | | | | | | | | | | |
| | | 2.36 | 4.75 | 9.5 | 16.0 | 19.0 | 26.5 | 31.5 | 37.5 | 53.0 | 63.0 | 75.0 | 90 |
| 连续粒级 | 5～16 | 95～100 | 85～100 | 30～60 | 0～10 | 0 | — | — | — | — | — | — | — |
| | 5～20 | 95～100 | 90～100 | 40～80 | — | 0～10 | 0 | — | — | — | — | — | — |
| | 5～25 | 95～100 | 90～100 | — | 30～70 | — | 0～5 | 0 | — | — | — | — | — |
| | 5～31.5 | 95～100 | 90～100 | 70～90 | — | 15～45 | — | 0～5 | 0 | — | — | — | — |

续表

| 级配情况 | 公称粒级(mm) | 累计筛余按重量计(%) 方孔筛筛孔尺寸(mm) | | | | | | | | | | |
|---|---|---|---|---|---|---|---|---|---|---|---|---|
| | | 2.36 | 4.75 | 9.5 | 16.0 | 19.0 | 26.5 | 31.5 | 37.5 | 53.0 | 63.0 | 75.0 | 90 |
| 连续粒级 | 5~40 | — | 95~100 | 70~90 | — | 30~65 | — | — | 0~5 | 0 | — | — | — |
| 单粒粒级 | 5~10 | 95~100 | 80~100 | 0~15 | 0 | — | — | — | — | — | — | — | — |
| | 10~16 | — | 95~100 | 80~100 | 0~15 | 0 | — | — | — | — | — | — | — |
| | 10~20 | — | 95~100 | 85~100 | — | 0~15 | 0 | — | — | — | — | — | — |
| | 16~25 | — | — | 95~100 | 55~70 | 25~40 | 0~10 | 0 | — | — | — | — | — |
| | 16~31.5 | — | 95~100 | — | 85~100 | — | — | 0~10 | 0 | — | — | — | — |
| | 20~40 | — | — | 95~100 | — | 80~100 | — | — | 0~10 | 0 | — | — | — |
| | 25~31.5 | — | — | — | 95~100 | — | 80~100 | 0~10 | 0 | — | — | — | — |

(2) 碎石或卵石中针、片状颗粒含量

碎石或卵石中针、片状颗粒含量应符合表5-11的规定。

**针、片状颗粒含量** 表5-11

| 类别 | Ⅰ类 | Ⅱ类 | Ⅲ类 |
|---|---|---|---|
| 针、片状颗粒含量(按质量计,%) | ≤5 | ≤8 | ≤15 |

(3) 碎石或卵石中的含泥量

碎石或卵石中的含泥量应符合表5-12的规定。

**碎石或卵石中的含泥量** 表5-12

| 类别 | Ⅰ类 | Ⅱ类 | Ⅲ类 |
|---|---|---|---|
| 卵石含泥量(质量分数%) | ≤0.5 | ≤1.0 | ≤1.5 |
| 碎石泥粉含量(质量分数)% | ≤0.5 | ≤1.5 | ≤2.0 |

对于有抗冻、抗渗或其他特殊要求的混凝土,其所用碎石或卵石的含泥量不应大于1.0%。当碎石或卵石的含泥是非黏土质的石粉时,其含泥量可由表2-9的0.5%、1.0%、2.0%,分别提高到1.0%、1.5%、3.0%。

(4) 碎石或卵石中的泥块含量

碎石或卵石中的泥块含量应符合表5-13的规定。

**碎石或卵石中的泥块含量** 表5-13

| 类别 | Ⅰ类 | Ⅱ类 | Ⅲ类 |
|---|---|---|---|
| 泥块含量(质量分数)% | ≤0.1 | ≤0.2 | ≤0.7 |

对于有抗冻、抗渗和其他特殊要求的强度等级小于 C30 的混凝土，其所用碎石或卵石的泥块含量应不大于 0.5%。

(5) 密度及孔隙率

表观密度＞2500kg/m³。

松散堆积密度＞1350kg/m³。

空隙率＜47%。

(6) 压碎指标

压碎指标见表 5-14。

碎石或卵石的压碎指标　　　　表 5-14

| 项目 | Ⅰ类 | Ⅱ类 | Ⅲ类 |
|---|---|---|---|
| 碎石压碎指标(%)(石子强度) | ≤10 | ≤20 | ≤30 |
| 卵石压碎指标(%) | ≤12 | ≤14 | ≤16 |

## 5.1.4 取样频率及数量

建筑用砂、石的取样方法及数量见表 5-15。

建筑用砂、石的取样方法及数量　　　　表 5-15

| 序号 | 项目 | 检验或验收依据 | 检测内容 | 组批原则或取样频率 | 取样方法及数量 | 送样时应提供的信息 |
|---|---|---|---|---|---|---|
| 1 | 砂 | 《建筑用砂》GB/T 14684 《普通混凝土用砂、石质量及检验方法标准》JGJ 52 | 1. 颗粒级配；2. 细度模数；3. 含泥量；4. 泥块含量；5. 表观密度；6. 堆积密度；7. 空隙率 | 同分类、规格、适用等级的每 600t 或 400m³ 为一批，每批抽样不少于一次 | 在料堆上取样时，取样部位应均匀分布。取样前先将取样部位表面铲除，然后由各部位抽取大致相等的砂 8 份组成一组样品，总量至少为 30kg | 1. 产地；2. 规格；3. 砂的类别或拟用的混凝土等级；4. 所代表的批量；5. 使用部位 |
| 2 | 石 | 《建筑用卵石、碎石》GB/T 14685 《普通混凝土用砂、石质量及检验方法标准》JGJ 52 | 1. 颗粒级配；2. 含泥量；3. 泥块含量；4. 表观密度；5. 堆积密度；6. 空隙率；7. 针片状含量；8. 压碎指标值 | 同分类、规格、适用等级的每 600t 或 400m³ 为一批，每一批抽样不少于一次 | 在料堆上取样时，取样部应均匀分布。取样前先将取样部位表面铲除，然后由各部位抽取大致相等的石 16 份组成一组样品，总量至少为 80kg | 1. 产地；2. 规格；3. 石的类别或拟用的混凝土等级；4. 构件的截面最小尺寸、钢筋最小间距；5. 所代表的批量；6. 使用部位 |

# 5.2 普通混凝土用砂常规性能试验

## 5.2.1 砂的筛分试验

**1. 试验目的**

测定混凝土用砂的颗粒级配，计算细度模数，评定砂的粗细程度。

**2. 编制依据**

本试验依据《建设用砂》GB/T14684—2022制定。

**3. 仪器设备**

试验筛——公称直径分别为9.50mm、4.75mm、2.36mm、1.18mm、600$\mu$m、300$\mu$m、150$\mu$m的方孔筛各一只，筛的底盘和盖各一只；筛框直径为300mm或200mm。

天平（称量1000g，感量1g）、摇筛机、烘箱（温度控制范围105℃±5℃）、浅盘、硬软毛刷等。

**4. 试验步骤**

（1）试样制备

用于筛分析的试样，其颗粒的公称粒径不应大于9.50mm。试验前应先将试样通过公称直径大于9.50mm的方孔筛，并计算筛余，称取经缩分后样品不少于550g两份，分别装入两个浅盘，在（105±5）℃的温度下烘干至恒重，冷却至室温备用。

（2）准确称取烘干试样500g（特细的砂可称250g），精确至1g。将试样置于按筛孔大小顺序排列（大孔在上、小孔在下）的套筛的最后一只筛（公称直径为5.00mm的方孔筛）上；将套筛装入摇筛机内固定，筛分10min；然后取出套筛再按筛孔由大到小的顺序，在清洁的浅盘上逐一进行手筛，直至每分钟的筛出量小于试样总量的0.1%时为止；通过的颗粒并入下一个筛子，并和下一只筛子中的试样一起进行手筛。按这样顺序依次进行，直至所有的筛子全部筛完为止。称出各号筛的筛余量，精确至1g。

（3）试样在各只筛子上的筛余量均不得超过按式（5-1）计算得出的剩留量，否则应将该筛的筛余试样分成两份或数份，再次进行筛分，并以其筛余量之和作为该筛的筛余量。

$$m_r = \frac{A\sqrt{d}}{200} \qquad \text{式（5-1）}$$

式中 $m_r$——某一筛上的剩留量（g）；

$d$——筛孔尺寸（mm）；

$A$——筛的面积（mm$^2$）。

200——换算系数。

当超过公式（5-1）计算出的值时，应按下列方法之一处理：

a）将该粒级试样分成少于按（式5-1）计算出的量，分别筛分，并以筛余量之和作为该号筛的筛余量；

b）将该粒级及以下各粒级的筛余混合均匀，称出其质量，精确至1g。再用四分法缩分为2份，取其中1份，称出其质量，精确至1g，继续筛分。计算该粒级及以下各粒级的分计筛余量时应根据缩分比例进行修正。

**5. 试验结果**

筛分析试验结果应按下列步骤计算：

（1）计算分计筛余（各筛上的筛余量除以试样总量的百分率），精确至0.1%。

（2）计算累计筛余（该筛的分计筛余与筛孔大于该筛的各筛的分计筛余之和），精确至0.1%。

（3）根据各筛两次试验累计筛余的平均值，评定该试样的颗粒级配分布情况，精确至1%。

(4) 砂的细度模数应按下式计算，精确至0.01：

$$\mu_1 = \frac{\beta_2 + \beta_3 + \beta_4 + \beta_5 + \beta_6 - 5\beta_1}{100 - \beta_1} \qquad 式（5-2）$$

式中　　　　$\mu_1$——砂的细度模数；

$\beta_1$、$\beta_2$、$\beta_3$、$\beta_4$、$\beta_5$、$\beta_6$——分别为公称直径 5.00mm、2.5mm、1.25mm、630$\mu$m、315$\mu$m、160$\mu$m 方孔筛上的累计筛余。

(5) 试验数据处理及判定

以两次试验结果的计算平均值作为测定值，精确至0.1。当两次试验所得的细度模数之差大于0.20时，应重新取试样进行试验。

### 5.2.2 砂的表观密度试验

**1. 试验目的**

测定砂的表观密度，即砂颗粒本身单位体积（包括内部封闭空隙）的质量，作为评定砂的质量和混凝土配合比设计的依据。

**2. 编制依据**

本试验依据《建设用砂》GB/T 14684—2022 制定。

**3. 仪器设备**

托盘天平（称量1000g，感量1g）；容器瓶（500mL）、烘箱（温度）控制范围为(105±5)℃、干燥剂、漏斗、滴管、搪瓷盘、铝制料勺、理石瓶（容量250mL）和温度计等。

**4. 试验步骤**

(1) 标准法

试验前，将经缩分后不少于650g的样品装入浅盘，在温度为(105±5)℃的烘箱中烘干至恒重，并在干燥器内冷却至室温。

1) 称取烘干的试样300g（$m_0$），装入盛有半瓶冷开水的容量瓶中。

2) 摇转容量瓶，使试样在水中充分搅动以排除气泡，塞紧瓶塞，静置24h；然后用滴管加水至瓶颈刻度线齐平，再塞紧瓶塞，擦干容器瓶外壁的水分，称其质量（$m_1$）。

3) 倒出容量瓶中的水和试样，将瓶的内外壁洗净，再向瓶内加入与上项相差不超过2℃的冷开水至瓶颈刻度线。塞紧瓶塞，擦干容量瓶外壁水分，称其质量（$m_2$）。

4) 注意事项，在砂的表观密度试验过程中应测量并控制水的温度，试验的各项称量可在15～25℃的温度范围内进行。从试样加水静置的最后2h起直至试验结束，其温度相差不应超过2℃。

(2) 简易法

将样品缩分至不少于120g，在(105±5)℃的烘箱中烘干至恒重，并在干燥器中冷却至室温，分成大致相等的两份备用。

1) 向李瓶中注入冷开水至一定刻度处，擦干瓶颈内部附着水，记录水的体积（$V_1$）。

2) 称取烘干试样50g（$m_0$），徐徐加入盛水的李氏瓶中。

3) 试样全部倒入瓶中后，用瓶内的水将粘附在瓶颈和瓶壁的试样洗入水中，摇转李氏瓶以排除气泡，静置24h后，记录瓶中水面升高后的体积（$V_2$）。

4）注意事项。在砂的表观密度试验过程中应测量并控制水的温度，允许在15～25℃的温度范围内进行体积测定，但两次体积测定（指$V_1$和$V_2$）的温差不得大于2℃。从试样加水静置的最后2h起，直至记录完瓶中水面高度时止，其相差温度不应超过2℃。

**5. 试验数据处理及判定**

1）表观密度（标准法）应按下式计算，精确至$10kg/m^3$。

$$\rho = \left(\frac{m_0}{m_0 + m_1 - m_2} - \alpha_1\right) \times 1000 \qquad 式（5-3）$$

式中 $\rho$——表观密度（$kg/m^3$）；

$m_0$——试样的烘干质量（g）；

$m_1$——试样、水及容量瓶总质量（g）；

$m_2$——水及容量瓶总质量（g）；

$\alpha_1$——水温对砂的表观密度影响的修正系数，见表5-16。

**不同水温对砂的表观密度影响的修正系数**　　表5-16

| 水温（℃） | 15 | 16 | 17 | 18 | 19 | 20 |
|---|---|---|---|---|---|---|
| $\alpha_1$ | 0.002 | 0.003 | 0.003 | 0.004 | 0.004 | 0.005 |
| 水温（℃） | 21 | 22 | 23 | 24 | 25 | — |
| $\alpha_1$ | 0.005 | 0.006 | 0.006 | 0.007 | 0.008 | — |

以两次试验结果的算术平均值作为测定值。当两次结果之差大于$20kg/m^3$时，应重新取样进行试验。

2）表观密度（简易法）应按下式计算，精确至$10kg/m^3$：

$$\rho = \left(\frac{m_0}{V_2 - V_1} - \alpha_1\right) \times 1000 \qquad 式（5-4）$$

式中 $\rho$——表观密度（$kg/m^3$）；

$m_0$——试样的烘干质量（g）；

$V_1$——水原有体积（mL）；

$V_2$——倒入试样后的水和试样的体积（mL）；

$\alpha_1$——水温对砂的表观密度影响的修正系数，见表5-16。

以两次试验结果的算术平均值作为测定值。当两次结果之差大于$20kg/m^3$时，应重新取样进行试验。

### 5.2.3　砂的堆积密度试验

**1. 试验目的**

测定砂的堆积密度，用于计算砂的填充率和空隙率，评定砂的品质。

**2. 编制依据**

本试验依据《建设用砂》GB/T 14684—2022制定。

**3. 仪器设备**

烘箱：温度控制范围为（105±5）℃；

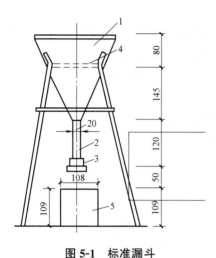

图 5-1 标准漏斗
1—漏斗；2—直径 20mm 管子；3—活动门；
4—筛；5—金属容量筒

天平：量程不小于 10kg，分度值不大于 1g；

容量筒：圆柱形金属筒，内径 108mm，净高 109mm，壁厚 2mm，筒底厚约 5mm，容积为 1L；

试验筛：孔径为 4.75mm 的筛；

垫棒：直径 10mm，长 500mm 的圆钢；

漏斗（或铝制料勺，见图 5-1)、直尺、浅盘、毛刷等。

**4. 试验步骤**

（1）试样制备

取经缩分后的样品约 3L，装入浅盘，在温度为 (105±5)℃烘箱中烘干至恒重，取出并冷却至室温，筛除大于 4.75mm 的颗粒，平均分成 2 份备用。试样烘干后若有结块，应在试验前先予捏碎。

（2）取试样一份，用漏斗或铝制料勺，将试样徐徐装入容量筒（漏斗或铝制料勺距容量筒筒口不应超过 50mm）直至试样装满并超出容量筒筒口。然后用直尺将多余的试样沿筒口中心线向两边刮平，称出试样和容量筒总质量（$m_1$），精确至 1g。

（3）取试样一份分两次装入容量筒，装完第一层后（约计稍高于 1/2），在筒底垫放一根直径为 10mm 的圆钢，将筒按住，左右交替击地面各 25 下。然后装入第二层，第二层装满后用同样方法颠实，筒底所垫钢筋的方向与第一层时的方向垂直。再加试样直至超过筒口，然后用直尺沿筒口中心线向两边刮平，称出试样和容量筒总质量（$m_2$），精确至 1g。

**5. 试验数据处理及判定**

堆积密度应按下式计算，并精确至 $10kg/m^3$。

$$\rho_L = \frac{m_2 - m_1}{V} \times 1000 \qquad 式（5-5）$$

式中 $\rho_L$——堆积密度（$kg/m^3$）；

$m_1$——容量筒的质量（kg）；

$m_2$——容量筒和砂的总质量（kg）；

$V$——容量筒容积（L）。

以两次试验结果的算术平均值作为测定值，精确至 $10kg/m^3$。

**6. 容量筒的校准方法**

将温度为 15℃～25℃的饮用水装满容量筒，用一玻璃板沿筒口推移，使其紧贴水面。擦干筒外壁水分，然后称出其质量 $m_4$，精确至 1g。容量筒容积按以下公式计算，精确至 0.001L：

$$V_j = \frac{m_3 - m_4}{\rho_T}$$

式中：$V_j$——容量筒的容积（$m^3$）；

$m_3$——容量筒、玻璃板和水的总质量（kg）；

$m_4$——容量筒和玻璃板质量（kg）；

$\rho_T$——试验温度 $T$ 时水的密度（kg/m³）（表5-17）。

**不同水温时水的密度** 表5-17

| 水温（℃） | 15 | 16 | 17 | 18 | 19 | 20 |
|---|---|---|---|---|---|---|
| $\rho_T$(kg/m³) | 999.13 | 998.97 | 998.80 | 998.62 | 998.43 | 998.22 |
| 水温（℃） | 21 | 22 | 23 | 24 | 25 | — |
| $\rho_T$(kg/m³) | 998.02 | 997.79 | 997.56 | 997.33 | 997.02 | — |

### 5.2.4 砂泥块含量试验

**1. 试验目的**

用亚甲蓝法测定细骨料（天然砂、石屑、机制砂）中石粉含量。

**2. 编制依据**

本试验依据《建设用砂》GB/T 14684—2022 制定。

**3. 仪器设备**

烘箱：温度控制范围（105±5）℃；

天平：量程不小于1000g，分度值不大于0.1g；

试验筛：公称直径为75μm 及 1.18mm 的方孔筛；

容器：深度大于250mm，淘洗试样时保持试样不溅出；

浅盘等。

**4. 试验步骤**

（1）试样制备

将样品缩分至约1100g，置于温度为（105±5）℃的烘箱中烘干至恒重，冷却至室温后，平均分为两份；用公称直径1.25mm的方孔筛筛分，取筛上的砂不少于400g分为两份备用。特细砂按实际筛分量。

（2）称取试样约500g（$m_1$），精确至0.1g，置于容器中，并注入清水，使水面高出试样150mm。充分拌匀后，浸泡2h，然后用手在水中淘洗试样，使尘屑、淤泥和黏土与砂粒分离，将1.18mm筛放在75μm筛上面，把浑水缓缓倒入套中，滤去小于75μm的颗粒。试验前筛子的两面应先用水润湿，在整个过程中应防止砂粒流失；再向容器中注入清水，重复上述操作，直至容器内的水目测清澈为止。

（3）用水淋洗剩余在筛上的细粒，并将75μm筛放在水中，水面高出筛中砂粒的上表面，来回摇动，以充分洗掉小于75μm的颗粒。然后将两只筛的筛余颗粒和清洗容器中已经洗净的试样一并倒入浅盘，放在烘箱中于（105±5）℃下烘干至恒重，待冷却至室温后，称出其质量（$m_2$），精确至0.1g。

**5. 试验数据处理及判定**

砂中泥块含量按下式计算，精确至0.1%：

$$\omega_{cL} = \frac{m_1 - m_2}{m_1} \times 100\%  \qquad 式（5-6）$$

式中 $\omega_{cL}$——泥块含量（%）；

$m_1$——试验前的干燥试样的质量（g）；
$m_2$——试验后的干燥试样的质量（g）。

以两次试样试验结果的算术平均值作为测定值，精确到 0.1%；如两次结果的差值超过 0.2%时，应重新取样进行试验。

### 5.2.5 人工砂及混合砂中石粉含量试验

**1. 试验目的**

用亚甲蓝法测定细骨料（天然砂、石屑、机制砂）中石粉含量。

**2. 编制依据**

本试验依据《建设用砂》GB/T 14684—2022 制定。

**3. 仪器设备**

烘箱：温度控制范围（105±5）℃；

天平：量程不小于 1000g 且分度值不大于 0.1g，量程不小于 100g 且分度值不大于 0.01g；试验筛：公称直径为 75μm 及 1.18mm 和 2.36mm 的筛；

容器：深度大于 250mm，要求淘洗试样时，保持试样不溅出；

移液管：5mL、2mL 移液管各一个；

石粉含量测定仪三片或四片叶轮搅拌器：转速可调，最高达（600±60）r/min，直径（75±10）mm；

定时装置：分度值 1s；

玻璃容量瓶：容量 1L；

温度计：精度 1℃；

玻璃棒：2 支，直径 8mm，长 300mm；

滤纸、搪瓷盘、毛刷、容量为 1000mL 的烧杯等。

**4. 试验步骤**

(1) 溶液的配制及试样制备

1) 先进行亚甲蓝含水率测定：称量亚甲蓝约 5g，精确到 0.01g，记为 $m_{w0}$。在（100±5）℃烘至恒重，置于干燥器冷却。从干燥器中取出后立即称重，精确到 0.01g，记为 $m_{w1}$。按以下公式算含水率，精确到 0.1%。

$$w=\frac{m_{w0}-m_{w1}}{m_{w1}}\times100\%  \quad\quad 式（5-7）$$

式中　$w$——含水率；

$m_{w0}$——烘干前亚甲蓝质量（g）；

$m_{w1}$——烘干后亚甲蓝质量（g）。

2) 亚甲蓝溶液制备：称量未烘干的亚甲蓝[100×(1+w)/10]g±0.01g，即干燥亚甲蓝（10.00±0.01）g，精确至 0.01g。倒入盛有约 600mL 蒸馏水（水温加热至 35~40℃）的烧杯中，用玻璃棒持续搅拌至亚甲蓝粉末完全溶解，冷却至 20℃。将溶液倒入 1L 容量瓶中，用蒸馏水淋洗烧杯等，使所有亚甲蓝溶液全部移入容量瓶，容量瓶和溶液的温度应保持在（20±1）℃，加蒸馏水至容量瓶 1L 刻度。振荡容量瓶以保证亚甲蓝粉末完全溶解。将容量瓶中溶液移入深色储藏瓶中，标明制备日期、失效日期（亚甲蓝溶液保质期应不超过 28d），并置于阴暗处保存。

3）滤纸：应选用快速定量滤纸。

(2) 人工砂及混合砂中的石粉含量按下列步骤进行

1）亚甲蓝试验步骤

① 将试样缩分至约 400g，放在烘箱中于下烘干至恒重，待冷却至室温后，筛除大于 2.36mm 的颗粒备用；称取试样 200g，精确至 0.1g，记为 G。将试样倒入盛有（500±5）mL 蒸馏水的烧杯中，用叶轮搅拌机以（600±60）r/min 转速搅拌 5min，形成悬浮液，然后以（400±40）r/min 转速持续搅拌，直至试验结束。

② 悬浮液中加入 5mL 亚甲蓝溶液，以（400±40）r/min 转速搅拌至少 1min 后，用玻璃棒蘸取一滴悬浮液（所取悬浮液滴应使沉积物直径在 8～12mm 内），滴于滤纸（置于空烧杯或其他合适的支撑物上，以使滤纸表面不与任何固体或液体接触）上。若沉淀物周围未出现色晕，再加入 5mL 亚甲蓝溶液，继续搅拌 1min，再用玻璃棒蘸取一滴悬浮液，滴于滤纸上。若沉淀物周围仍未出现色晕，重复上述步骤，直至沉淀物周围出现约 1mm 宽的稳定浅蓝色色晕。此时，应继续搅拌，不加亚甲蓝溶液，每 1min 进行一次沾染试验。若色晕在 4min 内消失，再加入 5mL 亚甲蓝溶液；若色晕在第 5min 消失，再加入 2mL 亚甲蓝溶液。两种情况下，均应继续进行搅拌和沾染试验，直至色晕可持续 5min。

③ 记录色晕持续 5min 时所加入的亚甲蓝溶液总体积（V），精确至 1mL。

2）亚甲蓝快速试验步骤

① 应按一般亚甲蓝试验方法制备试样。

② 一次性向烧杯中加入 30mL 亚甲蓝溶液，以（400±40）r/min 转速持续搅拌 8min，然后用玻璃棒蘸取一滴悬浮浊液，滴于滤纸上。观察沉淀物周围是否出现明显色晕，出现色晕的为合格，否则为不合格。

**5. 试验数据处理及判定**

亚甲蓝 MB 值按下式计算：

$$MB = \frac{V}{G} \times 10 \qquad 式（5-8）$$

式中 $MB$——亚甲蓝（g/kg），表示每千克 0～2.36mm 颗粒级试样所消耗的亚甲蓝克数，精确至 0.01；

$G$——试样质量（g）；

$V$——所加入的亚甲蓝溶液的总量（mL）；

10——每千克试样消耗的亚甲蓝溶液体积换算成亚甲蓝质量。

亚甲蓝试验结果评定应符合下列规定：

当沉淀物周围稳定出现 1mm 以上明显色晕时，判定亚甲蓝快速试验为合格；当沉淀物周围未出现明显色晕，判定亚甲蓝快速试验为不合格。

## 5.3 普通混凝土用石常规性能试验

### 5.3.1 卵石或碎石的筛分试验

**1. 试验目的**

测定碎石的颗粒级配及颗粒规格，为混凝土配合比设计提供依据。

**2. 编制依据**

本试验依据《建设用卵石、碎石》GB/T 14685—2022 制定。

**3. 仪器设备**

烘箱：温度控制范围为（105±5）℃；

天平：分度值不大于最少试样质量的 0.1%；

试验筛：筛孔公称直径为 90.0mm、75.0mm、63.0mm、53.0mm、37.5mm、31.5mm、26.5mm、19.0mm、16.0mm、9.50mm、4.75mm 和 2.36mm 的方孔筛，并附有筛的底盘和盖，其规格和质量要求应符合国家标准《金属穿孔板试验筛》GB/T 6003.2 的要求，筛框内径为 300mm；

摇筛机；

浅盘。

**4. 试验步骤**

（1）试样制备

试样制备应符合下列规定：试验前，应将样品缩分至不小于表 5-18 所规定的质量，并烘干或风干后备用。

筛分析所需试样的最少质量    表 5-18

| 最大公称粒径(mm) | 9.5 | 16.0 | 19.0 | 26.5 | 31.5 | 37.5 | 63.0 | ≥75.0 |
|---|---|---|---|---|---|---|---|---|
| 最少试样最少质量(kg) | 1.9 | 3.2 | 3.8 | 5.0 | 6.3 | 7.5 | 12.6 | 16.0 |

（2）按表 5-18 的规定称取试样。

（3）将试样按筛孔大小顺序过筛。将套筛置于摇筛机上，摇筛 10min；取下套筛，按筛孔大小顺序再逐个用手筛，筛至每分钟通过量小于试样总量的 0.1% 为止。通过的颗粒并入下一号筛中，并和下一号筛中的试样一起过筛，这样顺序进行，直至各号筛全部筛完为止。当筛余试样的颗粒粒径大于 19.0mm 时，在筛分过程中，允许用手指拨动颗粒。

（4）称取各号筛的筛余量。

**5. 试验结果处理及判定**

（1）计算分计筛余百分率（各筛上筛余量除以试样总质量的百分率），精确至 0.1%。

（2）计算累计筛余百分率（该号筛及以上各筛的分计筛余百分率之和），应精确至 1%。筛分后，如每号筛的筛余量及筛底的筛余量之和与筛分前试样质量之差超过 1%，应重新试验。

（3）根据各筛的累计筛余百分率评定该试样的颗粒级配。

## 5.3.2 卵石或碎石的表观密度试验（液体比重天平法）

**1. 试验目的**

测定卵石或碎石的表观密度，供混凝土配合比计算及评定石子的质量。

**2. 编制依据**

本试验依据《建设用卵石、碎石》GB/T 14685—2022 制定。

**3. 仪器设备和试验环境**

烘箱：温度控制范围（105±5）℃；

液体天平：量程不小于10kg，分度值不大于5g，其型号及尺寸应能允许在臂上悬挂盛试样的吊篮，并能将吊篮放在水中称重，如图5-2所示；

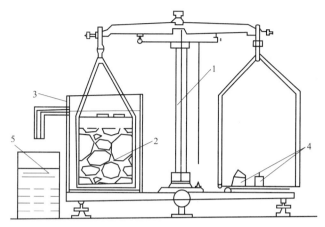

图 5-2　液体天平
1—5kg 天平；2—吊篮；3—带有流溢孔的金属容器；4—砝码；5—容器

吊篮：直径和高度均为150mm，由孔径为1~2mm的筛网或钻有孔径为2~3mm孔洞的耐锈蚀金属板制成；

试验筛：筛孔公称直径为4.75mm的方孔筛；

盛水容器：有溢流孔；

温度计：0~100℃；

带盖容器、浅盘、刷子和毛巾等。

试验时各项称量可在15~25℃范围内进行，但从试样加水静止的2h起至试验结束，其温度变化不应超过2℃。

**4. 试验步骤**

（1）试样制备

按规定取样，缩分试样至不小于表5-19规定的质量，风干后筛除小于4.75mm的颗粒，然后洗刷干净，平均分为两份备用。

表观密度试验所需的试样最小质量　　　　表5-19

| 最大粒径(mm) | <26.5 | 31.5 | 37.5 | 63.0 | 75.0 |
| --- | --- | --- | --- | --- | --- |
| 试样最小质量(kg) | 2.0 | 3.0 | 4.0 | 6.0 | 6.0 |

（2）取试样一份装入吊篮，并浸入盛水的容器中，水面至少高出试样50mm。

（3）浸泡（24±1）h后，移放到称量用的盛水容器中，并用上下升降吊篮的方法排除气泡（试样不得露出水面）。吊篮每升降一次约为1s，升降高度为30~50mm。

（4）测定水温后（此时吊篮应全浸在水中），用天平称取吊篮及试样在水中的质量（$m_2$）。称量时盛水容器中水面的高度由容器的溢流孔控制。

（5）提起吊篮，将试样置于浅盘中，放入（105±5）℃的烘箱中烘干至恒重；取出来放在带盖的容器中冷却至室温后，称重（$m_0$）。

（6）称出吊篮在同样温度水中的质量（$m_1$），称量时盛水容器的水面高度仍由溢流口控制。

**5. 试验数据处理及判定**

表观密度应按下式计算，精确至 $10 kg/m^3$：

$$\rho = \left( \frac{m_0}{m_0 + m_1 - m_2} - \alpha_1 \right) \times 1000 \qquad 式（5-9）$$

式中　$\rho$——表观密度（$10 kg/m^3$）；

$m_0$——试样的烘干质量（g）；

$m_1$——吊篮在水中的质量（g）；

$m_2$——吊篮及试样在水中的质量（g）；

$\alpha_1$——水温度对表观密度影响的修正系数，见表 5-20；

1000——水的密度（$kg/m^3$）。

不同水温下碎石或卵石的表观密度影响的修正系数　　表 5-20

| 水温（℃） | 15 | 16 | 17 | 18 | 19 | 20 | 21 | 22 | 23 | 24 | 25 |
|---|---|---|---|---|---|---|---|---|---|---|---|
| $\alpha_1$ | 0.002 | 0.003 | 0.003 | 0.004 | 0.004 | 0.005 | 0.005 | 0.006 | 0.006 | 0.007 | 0.008 |

以两次试验结果的算术平均值作为测定值。当两次结果之差大于 $20 kg/m^3$ 时，应重新取样进行试验。对颗粒材质不均匀的试样，两次试验结果之差大于 $20 kg/m^3$ 时，可取 4 次测定结果的算术平均值作为测定值。

### 5.3.3 卵石或碎石的表观密度试验（广口瓶法）

**1. 试验目的**

卵石或碎石的表观密度是混凝土配合比设计的重要参数。本方法不宜用于测定最大公称粒径超过 37.5mm 的碎石或卵石的表观密度。

**2. 编制依据**

本试验依据《建设用卵石、碎石》GB/T 14685—2022 制定。

**3. 仪器设备和试验环境**

烘箱：温度控制范围（105±5）℃；

天平：量程不小于 10kg，分度值不大于 5g；

广口瓶：容量 1000mL，磨口；

试验筛：筛孔直径为 4.75mm 的方孔筛；

玻璃片：尺寸约 100mm×100mm；

浅盘、毛巾、刷子等。

试验时各项称量可在 15～25℃ 范围内进行，但从试样加水静止的 2h 起至试验结束，其温度变化不应超过 2℃。

**4. 试验步骤**

(1) 试样制备

按规定取样，并缩分至不小于表 5-19 规定的质量，风干后筛除小于 4.75mm 的颗粒，洗刷干净后，平均分成两份备用。

(2) 将试样浸水饱和，然后装入广口瓶中。装试样时，广口瓶应倾斜放置，注入饮用水，用玻璃片覆盖瓶口，以上下左右摇晃的方法排除气泡。

(3) 气泡排尽后，向瓶中添加饮用水，直至水面凸出瓶口边缘。然后用玻璃片沿瓶口迅速滑行，使其紧贴瓶口水面。擦干瓶外水分后，称取试样、水、瓶和玻璃片的总质量（$m_1$）。

(4) 将瓶中的试样倒入浅盘中，放在（105±5）℃的烘箱中烘干至恒重，取出放在带盖的容器中冷却至室温后称取质量（$m_0$）。

(5) 将瓶洗净并重新注入饮用水，用玻璃片紧贴瓶口水面，擦干瓶外水分后，称出水、瓶和玻璃片总质量（$m_2$）。

**5. 试验数据处理及判定**

表观密度应按下式计算，精确至10kg/m³：

$$\rho=\left(\frac{m_0}{m_0+m_2-m_1}-\alpha_1\right)\times1000 \qquad 式（5-10）$$

式中　$\rho$——表观密度（10kg/m³）；

$m_0$——烘干后试样质量（g）；

$m_1$——水、瓶和玻璃片的总质量（g）；

$m_2$——水、瓶和玻璃片的总质量（g）；

$\alpha_1$——水温度对表观密度影响的修正系数，见表5-20；

1000——水的密度（kg/m³）。

以两次试验结果的算术平均值作为测定值。当两次结果之差大于20kg/m³时，应重新取样进行试验。对颗粒材质不均匀的试样，两次试验结果之差大于20kg/m³时，可取4次测定结果的算术平均值作为测定值。

### 5.3.4　卵石或碎石中含泥量试验

**1. 试验目的**

碎石是混凝土常用粗骨料，其质量好坏，对混凝土性能起到非常重要的作用，由石粉、黏土、淤泥等常见微物质含量决定"含泥量"，含泥量过多会对混凝土的性能产生不利影响。

**2. 编制依据**

本试验依据《建设用卵石、碎石》GB/T 14685—2022制定。

**3. 仪器设备**

烘箱：温度控制范围为（105±5）℃；

天平：分度值不大于最少试样质量的0.1%；

试验筛：筛孔公称直径为1.18mm及75μm的方孔筛；

容器：淘洗试样时，保持试样不溅出；

浅盘：瓷质或金属质。

**4. 试验步骤**

(1) 试样制备

将样品缩分至表5-21所规定的量（注意防止细粉丢失），并置于温度为（105±5）℃的烘箱内烘干至恒重，冷却至室温后，平均分成两份备用。

**含泥量试验所需的试样最小质量**　　　　　　　　　　表 5-21

| 最大公称粒径(mm) | 9.5 | 16.0 | 19.0 | 26.5 | 31.5 | 37.5 | ≥63.0 |
|---|---|---|---|---|---|---|---|
| 最少试样质量(kg) | 2.0 | 2.0 | 6.0 | 6.0 | 10.0 | 10.0 | 20.0 |

（2）称取试样一份（$m_0$）装入容器中摊平，并注入清水，使水面高出试样上表面150mm；充分搅拌均匀后，浸泡 2h±10min 后，用手在水中淘洗颗粒，使尘屑、淤泥和黏土与较大颗粒分离，并使之悬浮或溶解于水。缓缓地将浑浊液倒入公称直径为 1.18mm 及 75μm 的方孔套筛（1.18mm 筛放置上面）上，滤去小于 75μm 的颗粒。试验前筛子的两面应先用水湿润。在整个试验过程中应注意避免大于 75μm 的颗粒丢失。

（3）再次加水于容器中，重复上述过程，直至洗出的水目测清澈为止。

（4）用水淋洗剩余在筛上的细粒，并将公称直径为 75μm 的方孔筛放在水中（使水面略高出筛内颗粒）来回摇动，以充分洗净小于 75μm 的颗粒。然后将两只筛上剩余的颗粒和筒中已冲洗的试样一并装入浅盘。置于温度为（105±5）℃的烘箱中烘干至恒重。取出冷却至室温后，称出其质量（$m_1$）。

**5. 试验数据处理及判定**

碎石含泥量 $\omega_c$ 按下式计算，精确至 0.1%：

$$\omega_c = \frac{m_0 - m_1}{m_0} \times 100\% \qquad 式（5-11）$$

式中　$\omega_c$——含泥量（%）；

　　　$m_0$——试验前烘干试样的质量（g）；

　　　$m_1$——试验后烘干试样的质量（g）。

以两次试验结果的算术平均值作为测定值，并精确至 0.1%。两次结果之差大于 0.2% 时，应重新取试样进行试验。

### 5.3.5　卵石或碎石中泥块含量试验

**1. 试验目的**

本试验适用于测定碎石或卵石中泥块的含量，是碎石众多性能指标中的常规检验项目。

**2. 编制依据**

本试验依据《建设用卵石、碎石》GB/T 14685—2022 制定。

**3. 仪器设备**

烘箱：温度控制范围为（105±5）℃；

天平：分度值不大于最少试样质量的 0.1%；

试验筛：筛孔公称直径为 2.36mm 及 4.75mm 的方孔筛；

容器：淘洗试样时，保持试样不溅出；

浅盘：瓷质或金属质。

**4. 试验步骤**

（1）试样制备

5～10mm 单粒级应按照 GB/T 14684—2022 中 7.6 规定的方法进行，其他粒级按以下步骤进行：

将样品缩分至不小于表 5-19 规定的 2 倍质量，缩分时应防止所含黏土块被压碎。缩分后的试样在（105±5）℃烘箱内烘至恒重，冷却至室温后，筛除小于 4.75mm 的颗粒，平均分成两份备用。

（2）称取一份试样（$m_1$），将试样在容器中摊平，加入清水使水面高出试样表面，充分绝版摇匀后，浸泡（24±0.5）h 后在水中用手碾压泥块，然后把试样放在公称直径为 2.36mm 的方孔筛上摇动淘洗，直至洗出的水目测清澈为止。

（3）将筛上的试样小心地从筛里取出，装入浅盘中，置于温度为（105±5）℃烘箱中烘干至恒重。取出冷却至室温后，称出其质量（$m_2$）。

**5. 试验数据处理及判定**

碎石泥块含量计算

$$\omega_{cL} = \frac{m_1 - m_2}{m_1} \times 100\% \qquad 式（5-12）$$

式中　$\omega_{cL}$——含泥量（%）；

　　　$m_1$——淘洗前公称直径 4.75mm 筛上余量（g）；

　　　$m_2$——淘洗后试验后烘干试样的质量（g）。

以两个试验结果的算术平均值作为测定值，精确至 0.1%。

### 5.3.6　卵石或碎石中针、片状颗粒的总含量试验

**1. 试验目的**

测定碎石针状和片状颗粒的总含量，用以评定评定石料的质量。

**2. 编制依据**

本试验依据《建设用卵石、碎石》GB/T 14685—2022 制定。

**3. 仪器设备**

针状规准仪（图 5-3）和片状规准仪（图 5-4）；

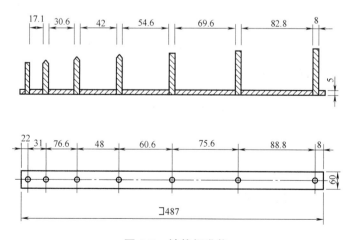

图 5-3　针状规准仪

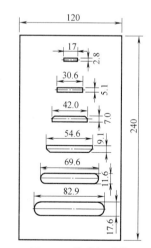

图 5-4　片状规准仪

天平：分度值不大于最少试样质量的 0.1%；

试验筛：筛孔公称直径为 4.75mm、9.50mm、16.0mm、19.0mm、26.5mm、31.5mm、

37.5mm、53.0mm、63.0mm、75.0mm 和 90.0mm 的方孔筛；

游标卡尺。

**4. 试验步骤**

（1）试样制备

将样品缩分至不小于表 5-22 规定的量，烘干或风干后备用。

针状和片状颗粒的总含量试验所需的试样最小质量　　　表 5-22

| 最大公称粒径(mm) | 9.5 | 16.0 | 19.0 | 26.5 | 31.5 | ≥37.5 |
|---|---|---|---|---|---|---|
| 试样最少质量(kg) | 0.3 | 1.0 | 2.0 | 3.0 | 5.0 | 10.0 |

（2）按表 5-22 规定称取试样（$m_0$），然后按 5.3.1 规定进行筛分，将试样分成不同粒级。

（3）对表 5-23 规定的粒级用规准仪逐粒对试样进行鉴定，最大一维尺寸大于针状规准仪上相对应的间距的，为针状颗粒；最小一维尺寸小于片状规准仪上相应孔宽的，为片状颗粒。

针状和片状颗粒的总含量试验的粒级划分及其相应的规准仪孔宽或间距　表 5-23

| 石子公称粒径(mm) | 4.75~9.50 | 9.50~16.0 | 16.0~19.0 | 19.0~26.5 | 26.5~31.5 | 31.5~37.5 |
|---|---|---|---|---|---|---|
| 针状规准仪上相对应的间距(mm) | 17.1 | 30.6 | 42.0 | 54.6 | 69.6 | 82.8 |
| 片状规准仪上相对应的间距(mm) | 2.8 | 5.1 | 7.0 | 9.1 | 11.6 | 13.8 |

（4）对公称直径大于 37.5mm 的石子可用游标卡尺逐粒鉴定，卡尺卡口的设定宽度应符合表 5-24 的规定。最大一维尺寸大于针状规准仪上相对应的间距的，为针状颗粒；最小一维尺寸小于片状规准仪上相应孔宽的，为片状颗粒。

公称直径大于 37.5mm 所用卡尺卡口的设定宽度　　　表 5-24

| 石子公称粒径(mm) | 37.5~53.0 | 53.0~63.0 | 63.0~75.0 | 75.0~90 |
|---|---|---|---|---|
| 检验针状颗粒的卡尺卡口设定宽度(mm) | 108.6 | 139.2 | 165.6 | 198.0 |
| 检验片状颗粒的卡尺卡口设定宽度(mm) | 18.1 | 23.2 | 27.6 | 33.0 |

（5）称取由各粒级挑出的针状和片状的总质量（$m_1$）。

**5. 试验数据处理及判定**

碎石中针状和片状颗粒的总含量 $\omega_p$ 应按下式计算，精确至 1%：

$$\omega_p = \frac{m_1}{m_0} \times 100\% \qquad 式（5-13）$$

式中　$\omega_p$——针状和片状颗粒的总含量；

　　　$m_1$——试样中所含针状和片状颗粒的总质量（g）；

　　　$m_0$——试样总质量（g）。

### 5.3.7　卵石或碎石中压碎指标

**1. 试验目的**

为合理使用碎石或卵石、保证混凝土的质量。

**2. 编制依据**

本试验依据《建设用卵石、碎石》GB/T 14685—2022 制定。

**3. 仪器设备**

压力试验机：量程不小于 300kN，精度不大于 1%；

压碎值指标测定仪；

天平：量程不小于 5kg，分度值不大于 5g；量程不小于 1kg，分度值不大于 1g；试验筛：筛孔公称直径为 2.36mm、9.50mm 及 19.0mm 的方孔筛；

垫棒：$\phi$10mm，长 500mm 圆钢。

**4. 试验步骤**

（1）按规定取样，风干或烘干后筛除大于 19.0mm 及小于 9.50mm 的颗粒，平均分为 3 份备用，每份约 3000g。

（2）取一份试样，将试样分两层装入圆模（置于底盘上）内。每装完一层试样后，在底盘下面放置垫棒。将筒按住，左右交替颠击地面各 25 下，两层颠实后，整平模内试样表面，盖上压头。当圆模装不下 3000g 试样时，以装至距圆模上口 10mm 为准。

（3）把装有试样的圆模置于压力试验机上，开动压力试验机，按 1kN/s 速度均匀加荷至 200kN 并稳荷 5s，然后卸荷。取下加压头，倒出试样，并称其质量（$m_0$）；用孔径 2.36mm 的筛筛除被压碎的细粒，称出留在筛上的试样质量（$m_1$）。

**5. 试验数据处理及判定**

碎石或卵石的压碎值指标 $\delta_0$，应按下式计算（精确至 0.1%）：

$$\delta_0 = \frac{m_0 - m_1}{m_0} \times 100\% \qquad 式（5-14）$$

式中　$\delta_0$——压碎值指标（%）；

　　　$m_0$——试样的质量（g）；

　　　$m_1$——压碎试验后筛余的试样质量（g）。

多种岩石组成的卵石，应对公称粒径 20.0mm 以下和 20.0mm 以上的标准粒级（10.0mm、20.0mm）分别进行检验，则其总的压碎值指标 $\delta_a$ 应按下式计算：

$$\delta_a = \frac{a_1 \delta_{a1} - a_2 \delta_{a2}}{a_1 + a_2} \times 100\% \qquad 式（5-15）$$

式中　$\delta_a$——总的压碎值指标（%）；

　$a_1$、$a_2$——公称粒径 20.0mm 以下和 20.0mm 以上两粒级的颗粒含量百分率；

$\delta_{a1}$、$\delta_{a2}$——两粒级以标准粒级试验的分计压碎值指标（%）。

以三次试验结果的算术平均值作为压碎值指标测定值。

# 第6章 混凝土、砂浆检测

## 6.1 知识概要

### 6.1.1 定义

**1. 混凝土定义**

混凝土，简称为"砼（tóng）"，是指由胶凝材料将骨料胶结成整体的工程复合材料的统称。通常讲的混凝土是指用水泥作胶凝材料，砂、石作骨料，与水（可含外加剂和掺合料）按一定比例配合，经搅拌而得的水泥混凝土，也称普通混凝土，它广泛应用于土木工程。

**2. 砂浆定义**

砂浆是由胶凝材料（水泥、石灰、黏土等）、细骨料（砂）、水以及根据性能确定的各种组分按适当比例配合、拌制并经硬化而成的工程材料。

**3. 配合比**

普通混凝土的配合比是指混凝土的各组成材料数量之间的质量比例关系，确定比例关系的过程叫配合比设计。普通混凝土配合比，应根据原材料性能及对混凝土的技术要求进行计算，并经试验室试配、调整后确定。普通混凝土的组成材料主要包括水泥、粗集料、细集料和水，随着混凝土技术的发展，外加剂和掺和料的应用日益普遍，因此，其掺量也是配合比设计时需选定的。

混凝土配合比常用的表示方法有两种：一种以 $1m^3$ 混凝土中各项材料的质量表示，混凝土中的水泥、水、粗集料、细集料的实际用量按顺序表达，如水泥 300kg、水 182kg、砂 680kg、石子 1310kg；另一种表示方法是以水泥、水、砂、石之间的相对质量比及水灰比表达，如前例可表示为 1：2.26：4.37，$W/C=0.61$，我国目前采用的质量比表示方法。

### 6.1.2 混凝土、砂浆分类

**1. 混凝土的分类**

（1）按胶凝材料分类

按胶凝材料分为水泥混凝土（在土木工程中应用最广泛）、石膏混凝土、沥青混凝土（在公路工程中应用较多）、聚合物混凝土等。

（2）按表观密度分类

按表观密度不同，分为特重混凝土（$>2500kg/m^3$）、普通混凝土（$1900\sim2500kg/m^3$）、轻混凝土（$600\sim1900kg/m^3$）。

(3) 按用途分类

可分为结构用混凝土、道路混凝土、水工混凝土、海洋混凝土、防水混凝土、装饰混凝土、特种混凝土、耐热混凝土、耐酸混凝土、防辐射混凝土等。

(4) 按掺合料分类

粉煤灰混凝土、硅灰混凝土、矿渣混凝土、纤维混凝土等。

(5) 混凝土按抗压强度分类

按强度等级分为，低强混凝土（抗压强度小于30MPa）、中强度混凝土（抗压强度30～60MPa）和高强度混凝土（抗压强度大于等于60MPa）。

(6) 按施工工艺分类

可分为泵送混凝土、喷射混凝土、压力灌浆混凝土、挤压混凝土、离心混凝土、真空吸水混凝土、碾压混凝土等。

**2. 砂浆的分类**

(1) 按组成材料分

1) 石灰砂浆

由石灰膏、砂和水按一定配比制成，一般用于强度要求不高、不受潮湿的砌体和抹灰层。

2) 水泥砂浆

由水泥、砂和水按一定配比制成，一般用于潮湿环境或水中的砌体、墙面或地面等。

3) 混合砂浆

在水泥或石灰砂浆中掺加适当掺合料如粉煤灰、硅藻土等制成，以节约水泥或石灰用量，并改善砂浆的和易性。常用的混合砂浆有水泥石灰砂浆、水泥黏土砂浆和石灰黏土砂浆等。

(2) 按用途不同分

砌筑砂浆、抹面砂浆（包括装饰砂浆、防水砂浆）、粘结砂浆等。

### 6.1.3 混凝土、砂浆强度等级

**1. 混凝土强度等级**

混凝土强度等级是按混凝土立方体抗压标准强度来划分的：普通混凝土划分为十三个强度等级：C20、C25、C30、C35、C40、C45、C50、C55、C60、C65、C70、C75、C80（单位为MPa）。C30 即表示混凝土立方体抗压强度标准值 $30MPa \leqslant f_{cu,k} < 35MPa$。

**2. 砂浆强度等级**

砂浆强度等级是以边长为 70.7mm 的立方体试块，在标准养护条件［温度（20±2）℃、相对湿度为95%以上］下，用标准试验方法测得 28d 龄期的抗压强度值（单位为 MPa）确定。

水泥砂浆强度等级划分为：M5、M7.5、M10、M15、M20、M25、M30 七个等级。

混合砂浆强度等级划分为：M5、M7.5、M10、M15 四个等级。

### 6.1.4 混凝土、砂浆的技术指标

**1. 混凝土的技术指标**

(1) 混凝土的性质包括混凝土拌合物的和易性、混凝土强度、变形及耐久性等。

和易性又称工作性，是指混凝土拌合物在一定的施工条件下，便于各种施工工序的操作，以保证获得均匀密实的混凝土的性能。和易性是一项综合技术指标，包括流动性（稠度）、粘聚性和保水性三个主要方面。

根据新拌混凝土坍落度值的大小，可将其划分为4个级别：低塑性混凝土（坍落度10~40mm）、塑性混凝土（坍落度50~90mm）、流动性混凝土（坍落度100~150mm）和大流动性混凝土（坍落度≥160mm）。

根据维勃稠度值的大小，可将干硬性混凝土分为4个等级：超干硬性混凝土（≥31s）、特硬性混凝土（21~30s）、干硬性混凝土（11~20s）和半干硬性混凝土（5~10s）。

根据《混凝土结构工程施工质量验收规范》GB 50204的规定，混凝土坍落度的选用参考表6-1的要求。

混凝土坍落度适用范围　　　　　表6-1

| 项目 | 结构种类 | 坍落度(mm) |
|---|---|---|
| 1 | 基础或地面等的垫层,无筋的厚大结构或配筋稀疏的结构构件 | 10~30 |
| 2 | 板、梁和大型及中型截面的柱子等 | 30~50 |
| 3 | 配筋较密的结构(薄壁、斗仓、筒仓、细柱等) | 50~70 |
| 4 | 配筋特密的结构 | 70~90 |

（2）强度是混凝土硬化后的主要力学性能，反映混凝土抵抗荷载的量化能力。混凝土强度包括抗压、抗拉、抗剪、抗弯、抗折及握裹强度。其中以抗压强度最大，抗拉强度最小。

（3）混凝土的变形包括非荷载作用下的变形和荷载作用下的变形。非荷载作用下的变形有化学收缩、干湿变形及温度变形等。水泥用量过多，在混凝土的内部易产生化学收缩而引起微细裂缝。反映混凝土变形主要有收缩、弹性模量及徐变三个指标。

（4）混凝土耐久性是指混凝土在实际使用条件下抵抗各种破坏因素作用，长期保持强度和外观完整性的能力。包括混凝土的抗冻性、抗渗性、抗蚀性、抗压疲劳强度及抗碳化能力等。

**2. 砂浆的技术指标**

（1）砌筑砂浆拌合物的表观密度

砌筑砂浆拌合物的表观密度宜符合表6-2的规定。

砌筑砂浆拌合物的表观密度（kg/m³）　　　　　表6-2

| 砂浆种类 | 表观密度 |
|---|---|
| 水泥砂浆 | ≥1900 |
| 水泥混合砂浆 | ≥1800 |
| 预拌砂浆 | ≥1800 |

（2）砌筑砂浆的稠度、保水率、试配抗压强度应同时满足要求。

所谓合格砂浆，即是砌筑砂浆的稠度、保水率、强度必须都合格。这里仅指砂浆配合比设计时，必检项目是三项，现场验收砂浆按评定规范执行。分层度改成了保水率。

(3) 砌筑砂浆施工时的稠度

砌筑砂浆施工时的稠度宜按表 6-3 选用。

砌筑砂浆的施工稠度 (mm)　　　　表 6-3

| 砌体种类 | 施工稠度 |
| --- | --- |
| 烧结普通砖砌体、粉煤灰砖砌体 | 70～90 |
| 混凝土砖砌体、普通混凝土小型空心砌块砌体、灰砂砖砌体 | 50～70 |
| 烧结多孔砖砌体、烧结空心砖砌体、轻集料混凝土小型空心砌块砌体、蒸压加气混凝土砌块砌体 | 60～80 |
| 石砌体 | 30～50 |

(4) 砌筑砂浆的保水率

砌筑砂浆的保水率应符合表 6-4 的要求。

砌筑砂浆的保水率 (%)　　　　表 6-4

| 砂浆的种类 | 保水率 |
| --- | --- |
| 水泥砂浆 | ≥80 |
| 水泥混合砂浆 | ≥84 |
| 预拌砂浆 | ≥88 |

(5) 砌筑砂浆的抗冻性

有抗冻性要求的砌体工程，砌筑砂浆应进行冻融试验。砌筑砂浆的抗冻性应符合表 6-5 的规定，且当设计对抗冻性有明确要求时，尚应符合设计规定。

砌筑砂浆的抗冻性　　　　表 6-5

| 使用条件 | 抗冻指标 | 质量损失率(%) | 强度损失率(%) |
| --- | --- | --- | --- |
| 夏热冬暖地区 | F15 | ≤5 | ≤25 |
| 夏热冬冷地区 | F25 | | |
| 寒冷地区 | F35 | | |
| 严寒地区 | F50 | | |

(6) 砌筑砂浆中胶凝材料的用量

砌筑砂浆中的水泥和石灰膏、电石膏等材料的用量可按表 6-6 选用。

砌筑砂浆的材料用量 (kg/m³)　　　　表 6-6

| 砂浆的种类 | 材料用量 |
| --- | --- |
| 水泥砂浆 | ≥200 |
| 水泥混合砂浆 | ≥350 |
| 预拌砂浆 | ≥200 |

注：① 水泥砂浆中的材料用量是指水泥用量；
② 水泥混合砂浆中的材料用量是指水泥和石灰膏、电石膏的材料总量；
③ 预拌砂浆中的材料用量是指胶凝材料用量，包括水泥和替代水泥的粉煤灰等活性矿物掺合料。

(7) 砂浆试配时应采用机械搅拌。搅拌时间应自开始加水算起，并应符合下列规定：

1）对水泥砂浆和水泥混合砂浆，搅拌时间不得少于120s；

2）对预拌砂浆和掺有粉煤灰、外加剂、保水增稠材料等的砂浆，搅拌时间不得少于180s。

### 6.1.5 取样频率及数量

混凝土、砂浆取样见表6-7。

**混凝土、砂浆取样频率** 表6-7

| 序号 | 项目 | 检验或验收依据 | 检测内容 | 组批原则或取样频率 | 取样方法及数量 | 送样时应提供的信息 |
|---|---|---|---|---|---|---|
| 1 | 混凝土 | 《混凝土物理力学性能试验方法标准》GB/T 50081 《混凝土结构工程施工质量验收规范》GB 50204 《地下防水工程质量验收规范》GB 50208 | 1. 抗压强度； 2. 抗渗性能 | 1. 每拌制100盘且不超过100$m^3$的同配合比的混凝土，取样不得少于一次。 2. 每工作班拌制的同一配合比的混凝土不足100盘时，取样不得少于一次。 3. 当一次连续浇超过1000$m^3$时，同一配合比的混凝土每200$m^3$取样不得少于一次。 4. 每一楼层，同一配合比的混凝土，取样不得少于一次。 5. 每次取样应至少留置一组标准试件。 6. 对有抗渗要求的混凝土结构，连续浇筑混凝土500$m^3$应留置一组6个抗渗试件，且每项工程不得少于两组；采用预拌混凝土的抗渗试件，留置组数应视结构的规模和要求而定。 7. 防水混凝土分项工程检验批的抽样检验数量，应按混凝土外露面积每100$m^2$抽1处，每处10$m^2$，且不得少于3处 | 用于检查结构构件混凝土强度的试件，应在混凝土浇筑地点随机抽取，每组试件应在同一盘混凝土中取样制作。 立方体抗压强度试块： 标准试块尺寸：150mm×150mm×150mm 3块/组； 抗渗试件尺寸： 一般采用顶面直径为175mm，底面直径185mm，高度为150mm的圆台体试件,6块/组 | 1. 强度等级或抗渗等级。 2. 养护条件(标准养护龄期为28d，从搅拌加水开始计时)。 3. 抗压试件的目的，如是强度评定、拆模用、还是用于结构实体强度。如用于结构实体强度，则应统计等效龄期，当统计日平均温度累计达到600℃时送样。等效龄期不应小于14d，也不宜大于60天 |
| | 混凝土试件的制作 用人工插捣制作试件应按下述方法进行： 1. 混凝土拌合物应分两层装入模内，每层的装料厚度大致相等； 插捣应按螺旋方向从边缘向中心均匀进行。在插捣底层混凝土时，捣棒应达到试模底部，插捣上层时，捣棒应贯穿上层后插入下层20～30mm；插捣时捣棒应保持垂直，不得倾斜。然后应用抹灰刀沿试模内壁插拔数次。每层插捣次数应在10000$mm^2$截面面积内不得少于12次，150mm×150mm×150mm的试模不少于27次； 2. 插捣后应用橡皮锤轻轻敲击试模四周，直至插捣棒留下的空洞消失为止 | | | | | 养护条件： 用于混凝土强度评定的试块应采用标准养护。应放入温度为(20±2)℃，相对湿度为95%以上的标准养护室中养护，标准养护室内的试件应放在支架上，彼此间隔10～20mm，试件表面应保持潮湿，并不得被水直接冲淋 用于拆模或评定结构实体强度的试块应采用同条件养护 |

续表

| 序号 | 项目 | 检验或验收依据 | 检测内容 | 组批原则或取样频率 | 取样方法及数量 | 送样时应提供的信息 |
|---|---|---|---|---|---|---|
| 2 | 砂浆 | 《建筑砂浆基本性能试验方法标准》JGJ/T 70<br>《砌体结构工程施工质量验收规范》GB 50203<br>《砌筑砂浆增塑剂》JG/T 164 | 1. 抗压强度；<br>2. 外加剂检验（有机塑化剂应有砌体强度的型式检验报告） | 1. 每一检验批且不超250m³砌体的各种类型及强度等级的砌筑砂浆，每台搅拌机应至少抽检一次。<br>2. 凡在砂浆中掺入有机塑化剂、早强剂、缓凝剂、防冻剂等，应经检验和试配符合要求后，方可使用。有机塑化剂应有砌体的强度型式检验报告。有机塑化剂：掺量大于5%，每200t为一批号；掺量小于5%大于1%的增塑剂，每100t为一批号；掺量并大于0.05%的增塑剂，每50t为一批；掺量小于0.05%，每10t为一批。不足一批号的应按一个批号计。同一编号的产品必须混合均匀 | 砂浆试块应从同盘砂浆或同一车砂浆中取样；应在砂浆搅拌点或预拌砂浆卸料点的至少3个不同部位随机取样制作。立方体抗压强度试块尺寸：70.7mm×70.7mm×70.7mm 3块/组。<br>同一类型、强度等级的砂浆试块应不少于3组。<br>砂浆外加剂的取样数量应根据掺量取不少于试验数量的2.5倍 | 1. 砂浆品种；<br>2. 砂浆强度等级；<br>3. 部位；<br>砂浆外加剂的生产单位、品种、掺量等 |

| 砂浆试件的制作 | 砂浆试件养护 |
|---|---|
| 试模应为70.7mm×70.7mm×70.7mm带底试模。应采用黄油等密封材料涂抹试模的外接缝，试模内应涂刷薄层机油或隔离剂。应将拌制好的砂浆一次性装满砂浆试模，成型方法应根据稠度确定。当稠度大于50mm时，宜采用人工插捣成型，当稠度不大于50mm时，宜采用振动台振实成型；人工插捣：应采用捣棒均匀由边缘向中心按螺旋方式插捣25次，插捣过程中当砂浆沉落低于试模口时，应随时添加砂浆，可用油灰刀插捣数次，并用手将试模一边抬高5~10mm得振动5次，砂浆应高出试模顶面6~8mm；<br>1. 应待表面水分稍干后，再将高出试模部分的砂浆沿试模顶面刮去并抹平；<br>2. 试件制作后应在温度为(20±5)℃的环境下静置(24±2)h，对试件进行编号、拆模。当气温较低时，或者凝结时间大于24h的砂浆，可适当延长时间，但不应超过2d | 试件拆模后应立即放入温度为(20±2)℃，相对湿度为90%以上的标准养护室中养护。养护期间，试件彼此间隔不得小于10mm，混合砂浆、湿拌砂浆试件上面应覆盖，防止有水滴在试件上。从搅拌加水开始计时，标准养护龄期应为28d |

## 6.2 混凝土拌合物常规性能

### 6.2.1 混凝土拌合物和易性试验

**1. 试验目的**

测定混凝土拌合物的坍落度和维勃稠度，用以评定混凝土拌合物的和易性。必要时，也可用于评定混凝土拌合物和易性随拌合物停置时间的变化。

坍落度测定试验适用于骨料最大粒径不超过40mm，坍落度不小于10mm的混凝土拌合物稠度测定。

维勃稠度测定试验适用于骨料最大粒径不大于 40mm，维勃稠度在 5～30s 之间的混凝土拌合物稠度测定。

**2. 编制依据**

本试验依据《普通混凝土拌合物性能试验方法标准》GB/T 50080 制定。

**3. 仪器设备**

（1）坍落度试验仪器设备

坍落度筒为金属制截头圆锥形，上下截面必须平行并与椎体轴心垂直，筒外两侧焊把手两只，近下端两侧焊脚踏板，圆锥筒内表面必须十分光滑，圆锥筒尺寸见图 6-1：

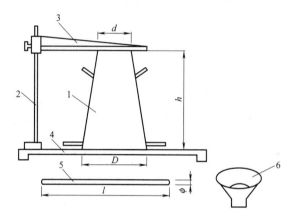

**图 6-1 坍落度仪**

1—坍落度筒；2—测量标尺；3—平尺；4—底板；5—捣棒；6—漏斗

底部内径：200mm±2mm。

顶部内径：100mm±2mm。

高度：300mm±2mm。

捣棒：直径 16mm、长 650mm，一端为弹头形的金属棒。

配备 2 把钢尺（量程不应小于 300mm，分度值不应大于 1mm）、装料漏斗、镘刀、小铁铲、拌板和温度计等。

（2）维勃稠度试验仪器设备

维勃稠度仪由容器、滑杆、圆盘、旋转架、振动台和控制系统组成，其构造见图 6-2 和图 6-3。

1）振动台台面长度应为（380±3）mm，宽应为（260±2）mm。钢制容器的内径应为（240±2）mm，高应为 200mm±2mm，壁厚应不小于 3mm，底厚不应小于 7.5mm，容器的内壁与底面垂直，其垂直误差应不大于 1.0mm。坍落度筒无踏脚板，其他规格与"混凝土拌合物坍落度试验"有关规定相同。

旋转架安装在支柱上，用十字凹槽或其他可靠方法来固定方向，旋转架的一侧应安装套筒、测杆、砝码和圆盘等，测杆应穿过套筒垂直滑动，并可用螺丝固定位置。当旋转架转动到漏斗就位后，测杆的轴线与容器的轴线应重合，其同轴度误差应不大于 1.0mm。

圆盘直径应为（230±2）mm，厚度为（10±2）mm。圆盘应透明、平整，其平面度

# 第6章 混凝土、砂浆检测

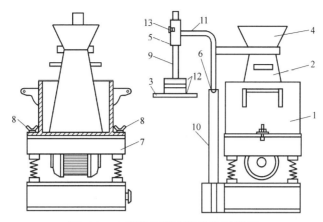

**图 6-2 A型维勃稠度仪构造示意图**

1—容量筒；2—坍落度筒；3—圆盘；4—漏斗；5—套筒；
6—定位螺丝；7—振动台；8—固定螺丝；9—滑杆；
10—支柱；11—旋转架；12—砝码；13—测杆螺丝

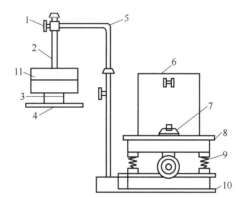

**图 6-3 B型维勃稠度仪构造示意图**

1—螺栓；2—滑杆；3—砝码；4—圆盘；5—旋转架；6—容器；
7—固定螺栓；8—振动台面；9—弹簧；10—底座；11—配重砝码

误差应不大于0.3mm。

2）其他用具：捣棒、秒表、馒刀、小铁铲等。

**4. 试验步骤**

（1）坍落度试验步骤

1）湿润坍落度筒及底板，在坍落度筒内壁和底板上应无明水。底板应放置在坚实水平面上，并把筒放在底板中心，然后用脚踩住两边的脚踏板，坍落度筒在装料时应保持固定的位置。

2）把按要求取得的混凝土试样用小铲分三层均匀地装入筒内，使捣实后每层高度为筒高的三分之一左右。每层用捣棒插捣25次。插捣应沿螺旋方向由外向中心进行，各次插捣应在截面上均匀分布。插捣筒边混凝土时，捣棒可以稍稍倾斜。插捣底层时，捣棒应贯穿整个深度，插捣第二层和顶层时，捣棒应插透本层至下一层的表面；浇灌顶层时，混凝土应灌到高出筒口。插捣过程中，如混凝土沉落到低于筒口，则应随时添加。顶层插捣完后，刮去多余的混凝土，并用抹刀抹平。

3）清除筒边底板上的混凝土后，垂直平稳地提起坍落度筒。坍落度筒的提离过程应在3～7s内完成；从开始装料到提坍落度筒的整个过程应不间断地进行，并应在150s内完成。

4）提起坍落度筒后，当试件不再继续坍落或坍落时间达30s时，用钢尺测量出筒高与坍落度后混凝土试体最高点之间的高度差，作为该混凝土拌合物的坍落度值；坍落度筒提离后，如混凝土发生崩坍或一边剪坏现象，则应重新取样另行测定；如第二次试验仍出现上述现象，则表示该混凝土和易性不好，应予记录备查。

5）坍落度筒提起后如有较多的稀浆从底部析出，锥体部分的混凝土也因失浆而骨料外露，则表明此混凝土拌合物的保水性能不好；如坍落度筒提起后无稀浆或仅有少量稀浆自底部析出，则表示此混凝土拌合物保水性良好。

6）当混凝土拌合物的坍落度大于220mm时，用钢尺测量混凝土扩展后最终的最大直径和最小直径，在这两个直径之差小于50mm的条件下，用其算术平均值作为坍落扩展度值；否则，此次试验无效。

如果发现粗骨料在中央集堆或边缘有水泥浆析出，表示此混凝土拌合物抗离析性不好，应予记录。

（2）维勃稠度试验步骤

1）维勃稠度仪应放置在坚实水平面上，用湿布把容器、坍落度筒、喂料斗内壁及其他用具润湿。

2）将喂料斗提到坍落度筒上方扣紧，校正容器位置，使其中心与喂料中心重合，然后拧紧固定螺丝。

3）把按要求取样或制作的混凝土拌合物试样用小铲分三层经喂料斗均匀地装入筒内，装料及插捣的方法应符合坍落度试验中第2）条的规定。

4）把喂料斗转离，垂直地提起坍落度筒，此时应注意不使混凝土试体产生横向的扭动。

5）拧紧定位螺钉，并检查测杆螺钉是否已经完全放松。

6）在开启振动台的同时用秒表计时，当振动到透明圆盘的整个底面与水泥浆接触时应停止计时，并关闭振动台。

**5. 试验数据处理及判定**

（1）坍落度试验结果处理

1）混凝土拌合物坍落度和坍落扩展度值以毫米为单位，测量精确至1mm，结果表达修约至5mm。

2）在测定坍落度的同时，可目测评定混凝土拌合物的下列性质：

① 棍度

根据做坍落度时插捣混凝土的难易程度分为上、中、下三级。

上：表示易于插捣；

中：表示插捣时稍有阻滞感觉；

下：表示很难插捣。

② 黏聚性

用捣棒在做完坍落度的试样一侧轻打，如试样保持原状而渐渐下沉，表现黏聚性较好。若试样突然坍倒、部分崩裂或发生石子离析现象，表示黏聚性不好。

③ 含沙情况

根据馒刀抹平程度分多、中、少三级。

多：用馒刀抹混凝土拌合物表面时，抹 1～2 次就可使混凝土表面平整无蜂窝；

中：抹 4～5 次就可使混凝土表面平整无蜂窝；

少：抹平困难，抹 8～9 次后混凝土表面仍不能消除蜂窝。

④ 析水情况

根据水分从混凝土拌合物中析出的情况分多量、少量、无三级。

多量：表示在插捣时及提起坍落度筒后就有很多水分从底部析出；

少量：表示有少量水分析出；

无：表示没有明显的析水现象。

(2) 维勃稠度试验数据处理及判定

由秒表读出的时间（s）即为混凝土拌合物的维勃稠度。若测得的维勃稠度小于 5s 或大于 30s，则该拌合物具有的稠度已超出本仪器的使用范围。

### 6.2.2 混凝土拌合物表观密度试验

**1. 试验目的**

测定混凝土拌合物单位体积的质量，为配合比计算提供依据。当已知所用原材料密度时，还可以用以计算拌合物近似含气量。

**2. 编制依据**

本试验依据《普通混凝土拌合物性能试验方法标准》GB/T 50080 制定。

**3. 仪器设备**

容量筒：金属制圆筒，筒壁应具有足够的刚度，使之不易变形，规格见表 6-8。

磅秤：根据容量筒容积的大小，选择适宜称量的磅秤（称量 50～250kg，感量 50～100g）。

振动台、捣棒、玻璃板、金属直尺等。

**容量筒规格表**　　　　　　　　　　　　　　　　　　　　　　表 6-8

| 骨料最大粒径(mm) | 容量筒容积(L) | 容量筒内部尺寸(mm) | |
|---|---|---|---|
| | | 直径 | 高度 |
| 40 | 5 | 186 | 186 |
| 80 | 15 | 267 | 267 |
| 150(120) | 80 | 467 | 467 |

**4. 试验步骤**

(1) 用湿布把容量筒内外擦干净，称出容量筒质量，精确至 50g。

(2) 混凝土的装料及捣实方法应根据拌合物的稠度而定。坍落度不大于 90mm 的混凝土，用振动台振实为宜；大于 90mm 的用捣棒捣实为宜。采用捣棒捣实时，应根据容量筒的大小决定分层与插捣次数：用 5L 容量筒时，混凝土拌合物应分两层装入，每层的插捣次数应为 25 次；用大于 5L 的容量筒时，每层混凝土的高度不应大于 100mm，每层插捣次数应按每 10000mm² 截面不小于 12 次计算。各次插捣应由边缘向中心均匀地插捣，插捣底层时捣棒应贯穿整个深度，插捣第二层时，捣棒应插透本层至下一层的表面；每一层捣完后用橡皮锤轻轻沿容器外壁敲打 5～10 次，进行振实，直至拌合物表面插捣孔消失并不见大气泡为止。

采用振动台振实时，应一次将混凝土拌合物灌到高出容量筒口。装料时可用捣棒稍加插捣，振动过程中如混凝土低于筒口，应随时添加混凝土，振动直至表面出浆为止。

(3) 用刮尺将筒口多余的混凝土拌合物刮去，表面如有凹陷应填平；将容量筒外壁擦净，称出混凝土试样与容量筒总质量，精确至 10g。

**5. 试验数据处理及判定**

混凝土拌合物表观密度的计算应按下式计算：

$$\gamma_h = \frac{W_1 - W_2}{V} \times 1000 \qquad 式（6-1）$$

式中  $W_1$——容量筒质量（kg）；
　　　$W_2$——容量筒和试样总质量（kg）；
　　　$V$——容量筒容积（L）。

试验结果的计算精确至 10kg/m³。

### 6.2.3 混凝土拌合物的成型试验

**1. 试验目的**

熟悉混凝土的技术性质和成型养护方法；掌握混凝土拌合物工作性的测定和评定方法；为混凝土抗压、抗折试验提供试验试样。

**2. 编制依据**

本试验依据《普通混凝土力性能试验方法标准》GB/T 50081 制定。

**3. 仪器设备**

搅拌机（容量 75～100L，转速 18～22r/min）、磅秤（称量 50kg，感量 50g）、天平（称量 5kg，感量 1g）、量筒（200mL、100mL）、拌板（1.5m×2m 左右）、板铲、盛器、抹布等。

**4. 混凝土试件的制作**

(1) 混凝土试件成型前，应检查试模尺寸并符合有关规定，试模内表面应涂一薄层矿物油或其他不与混凝土发生反应的脱模机。

(2) 在试验室搅拌混凝土时，其材料用量应以质量计，称取的精度：水泥、掺合料、水和外加剂为±0.5%；骨料为±1%。

(3) 称取或试验室拌制的混凝土应在拌制后近短的时间内成型，一般不宜超过 15min。

(4) 根据混凝土拌合物的稠度确定混凝土成型方法，坍落度不大于 70mm 的混凝土宜用振动振实；大于 70mm 的宜用捣棒人工捣实；检验现浇混凝土或预制构件的混凝土，试件成型方法宜与实际采用的方法相同。

**5. 混凝土试件的制作步骤**

(1) 取样或拌制好的混凝土拌合物应至少用铁锹再来回拌和三次。

(2) 按上述第（4）条规定，选择成型方法成型。

1) 用振动台振实制作试件应按下述方法进行

① 将混凝土拌合物一次装入试模，装料时应用抹刀沿各试模壁插捣，并使混凝土拌合物高出试模口。

② 试模应附着或固定在振动台上，振动时试模不得有任何跳动，振动应持续到表面出浆为止；不得过振。

2) 用人工插捣制作试件应按下述方法进行

① 混凝土拌合物应分两层装入模内，每层的装料厚度大致相等。

② 插捣应按螺旋方向从边缘向中心均匀进行。在插捣底层混凝土时，捣棒应达到试模底部；插捣上层时，捣棒应贯穿上层后插入下层20～30mm；插捣时捣棒应保持垂直，不得倾斜。然后应用抹刀沿试模内壁插拔数次。

③ 每层插捣次数按在10000mm$^2$截面积内不得少于12次。

④ 插捣后应用橡皮锤轻轻敲击试模四周，直至插捣棒留下的空洞消失为止。

3) 用插入式振捣棒振实制作试件应按下述方法进行

① 将混凝土拌合物一次装入试模，装料时，应用抹刀沿各试模壁插捣，并使混凝土拌合物高出试模口。

② 宜用直径为25mm的插入式振捣棒，插入试模振捣时，振捣棒距试模底板10～20mm且不得触及试模底板，振动应持续到表面出浆为止，且应避免过振，以防止混凝土离析；一般振捣试件为20s。振捣棒拔出时要缓慢，拔出后不得留有孔洞。

③ 刮除试模上口多余的混凝土，待混凝土临近初凝时，用抹刀抹平。

(3) 试件的养护

1) 试件成型后应立即用不透水的薄膜覆盖表面。

2) 采用标准养护的试件，应在温度为（20±5）℃的环境中静置一昼夜至二昼夜，然后编号、拆模。拆模后应立即放入温度为（20±2）℃，相对湿度为95%以上的标准养护室中养护，或在温度为（20±2）℃的不流动的Ca(OH)$_2$饱和溶液中养护。标准养护室内的试件应放在支架上，彼此间隔10～20mm，试件表面应保持潮湿，并不得被水直接冲淋。

3) 同条件养护试件的拆模试件可与实际构件的拆模时间相同，拆模后，试件需保持同条件养护。

4) 标准养护龄期为28d（从搅拌加水开始计时）。

### 6.2.4 混凝土拌合物的抗压、抗折强度试验

**1. 试验目的**

掌握混凝土抗压强度和抗折强度的测定和评定方法，作为混凝土质量的主要依据。

**2. 编制依据**

本试验依据《混凝土物理力学性能试验方法标准》GB/T 50081制定。

### 3. 仪器设备

（1）抗压强度试验仪器设备

1）试验机

压力试验机除应符合《液压式压力试验机》GB/T 3722 及《液压式万能试验机》GB/T 3159 中技术要求外，其测量精度为±1%，试件破坏荷载应大于压力机全量程的20%且小于压力机全量程的80%。

压力机应具有加荷速度指示装置或加荷速度控制装置，并应能均匀、连续地加荷。压力机还应具有有效期内的计量检定证书。

2）混凝土强度等级≥C60时，试件周围应设防崩裂网罩。当压力试验机上、下压板不符合规定时，压力试验机上、下压板与试件之间各垫符合要求的钢垫板。

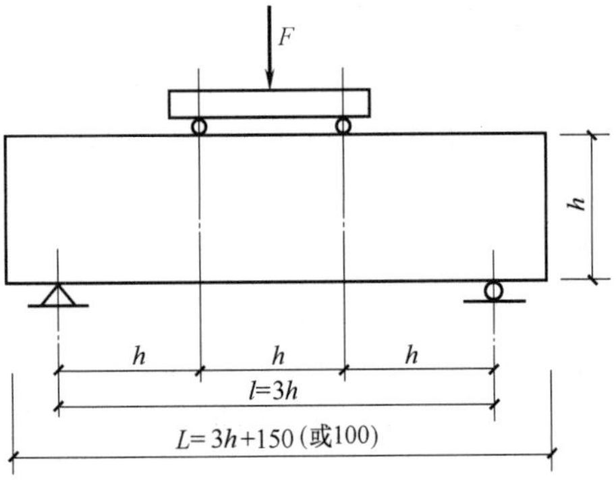

（2）抗折强度试验仪器设备

1）对压力试验机的要求与抗压强度试验机要求相同。

2）试验机应能施加均匀、连续、速度可控的荷载，并带有能使两个相等荷载同时作用在试件跨度3分点的抗折试验装置，见图6-4。

3）试件的支座和加荷头应采用直径为20～40mm、长度不小于 $b+10$mm 的硬钢圆柱，支座立脚点固定铰支，其他应为滚动支点。

图 6-4 抗折试验装置

### 4. 试验步骤

（1）立方抗压强度试验步骤

1）试件从养护地点取出后应及时进行试验，将试件表面与上下承压板面擦干净。

2）将试件安放在试验机的下压板或垫板上，试件的承压面应与成型时的顶面垂直。试件的中心应与试验机下压板中心对准，开动试验机，当上压板与试件或钢垫板接近时，调整球座，使接触均衡。

3）在试验过程中应连续均匀地加荷，加荷速度应取 0.3～1.0MPa/s。混凝土强度等级小于C30时，加荷速度取 0.3～0.5MPa/s；混凝土强度等级大于等于C30且小于C60时，取 0.5～0.8MPa/s；混凝土强度等级大于等于C60时，取 0.8～1.0MPa/s。

4）当试件接近破坏开始急剧变形时，应停止调整试验机油门，直至破坏。然后计量破坏荷载。

（2）抗折强度试验步骤

1）试件从养护地取出后应及时进行试验，将试件表面擦干净。

2）按图6-4装置试件，安装尺寸偏差不得大于1mm。试件的承压面应为试件成型时的侧面。支座及承压面与圆柱的接触面应平稳、均匀，否则应垫平。

3）施加荷载应保持均匀、连续，当混凝土强度等级小于C30时，加荷速度取 0.02～0.05MPa/s；当混凝土强度等级大于等于C30且小于C60时，取每秒 0.05～0.08MPa；当混凝土强度等级大于等于C60时，取 0.08～0.10MPa/s，至试件接近破坏时，应停止调整试验机油门，直至试件破坏，然后记录破坏荷载。

4) 记录试件破坏荷载的试验机示值及试件下边缘断裂位置。

**5. 试验数据处理及判定**

(1) 立方抗压强度试验数据结果处理

1) 混凝土立方抗压强度按下式计算

$$f_{cc} = \frac{F}{A} \qquad \text{式（6-2）}$$

式中 $f_{cc}$——混凝土立方体试件抗压强度（MPa）；
$F$——试件破坏荷载（N）；
$A$——试件承压面积（$mm^2$）。

2) 强度值的确定应符合下列规定

① 三个试件测值的算术平均值作为该组试件的强度值（精确至 0.1MPa）。

② 三个测值的最大值或最小值中如有一个与中间值的差值超过中间值的 15% 时，则把最大及最小值一并舍除，取中间值作为该组试件的抗压强度值。

③ 如最大值和最小值与中间值的差均超过中间值 15%，则该组试件的试验结果无效。

3) 混凝土强度等级小于 C60 时，用非标准试件测定的强度值均应乘以尺寸换算系数，其值为对 200mm×200mm×200mm 试件为 1.05；对 100mm×100mm×100mm 试件为 0.95。当混凝土强度等级大于等于 C60 时，宜采用标准试件；使用非标准试件时，尺寸换算系数应由试验确定。

(2) 抗折强度试验数据处理

1) 若试件下边缘断裂位置处于二个集中荷载作用线之间，则试件的抗折强度 $f_f$（MPa）按下式计算：

$$f_f = \frac{Fl}{bh^2} \qquad \text{式（6-3）}$$

式中 $F$——试件破坏荷载（N）；
$l$——支座间跨度（mm）；
$h$——试件截面高度（mm）；
$b$——试件截面宽度（mm）。

抗折强度计算精确至 0.1MPa。

2) 抗折强度值应符合上述立方抗压强度试验结果处理的第 2) 条的规定。

3) 三个试件中若有一个折断面位于两个集中荷载之外，则混凝土抗折强度值按另外两个试件的试验结果计算。若这两个测值的差值不大于这两个测值的较小值的 15% 时，则该试件的抗折强度值按这两个测值的平均值计算，否则该组试件的试验无效。若有两个试件的下边缘断裂位置位于两个集中荷载作用线之外，则该组试件试验无效。

4) 当试件尺寸为 100mm×100mm×400mm 非标准试件时，应乘以尺寸换算系数 0.85；当混凝土强度等级大于等于 C60 时，宜采用标准试件；使用非标准试件时，尺寸换算系数应由试验确定。

### 6.2.5 混凝土拌合物的抗渗性能试验

**1. 试验目的**

抗渗性是指混凝土抵抗压力水（或油）渗透的能力。它直接影响混凝土的抗冻性和抗侵蚀性。因为渗透性控制着水分渗入的速率，这些水可能含有侵蚀性的物质，同时也控制混凝土中受热或冰冻时水的移动。

本试验用以测定混凝土拌合物的抗渗性能，确定混凝土的抗渗等级。

**2. 编制依据**

本试验依据《普通混凝土长期性能和耐久性试验方法标准》GB/T 50082 制定。

**3. 仪器设备**

混凝土抗渗仪应符合现行行业标准《混凝土抗渗仪》JG/T 249 的规定，并应能使水压按规定的制度稳定地作用在试件上。抗渗仪施加水压范围应为 0.1～2.0MPa。

试模：规格为上口直径 175mm，下口直径 185mm，高 150mm 的截头圆台体。

密封材料宜用石蜡加松香或水泥加黄油等材料，也可采用胶套等其他有效密封材料。

梯形板应采用尺寸为 200mm×200mm 透明材料制成，并应画有十条等间距、垂直于梯形底线的直线，见图 6-5。

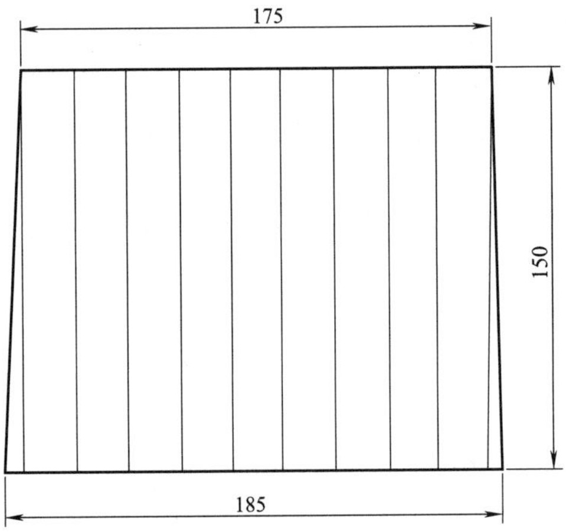

钢尺（分度值应为 1mm）、钟表（分度值应为 1min）。

辅助设备应包括螺旋加压器、烘箱、电炉、浅盘、铁锅和钢丝刷等。

安装试件的加压设备可为螺旋加压或其他加压形式，其压力应能保证将试件压入试件套内。

**图 6-5 梯形板示意图（mm）**

**4. 试验步骤**

（1）渗水高度法

本方法适用于以测定硬化混凝土在恒定水压下的平均渗水高度来表示的混凝土抗水渗透性能。

1）按"混凝土拌合物室内拌合方法"和"混凝土试件成型与养护方法"进行试件制作和养护。每六个试件为一组。

2）试件拆模后，用钢丝刷刷去两端面的水泥浆膜，然后送入养护室养护。

3）抗水渗透试验的龄期宜为 28d。应在到达试验龄期前一天，从养护室取出试件，并擦拭干净。待试件表面晾干后，应按下列方法进行试件密封：

① 当用石蜡密封时，应在试件侧面裹涂一层熔化的内加少量松香的石蜡。然后应用螺旋加压器将试件压入经过烘箱或电炉预热过的试模中，使试件与试模底平齐，并以石蜡接触试模，即缓慢熔化，但不流淌为准。

② 用水泥加黄油密封时，其质量比应为（2.5～3）：1。应用三角刀将密封材料均匀地刮涂在试件侧面上，厚度应为（1～2）mm。应套上试模并将试件压入，应使试件与试模底齐平。

③ 试件密封也可采用其他更为可靠的密封方式。

4）试件准备好之后，启动抗渗仪，并开通 6 个试位下的阀门，使水从 6 个孔中渗出，水应充满试位坑，在关闭 6 个试位下的阀门后应将密封好的试件安装在抗渗仪上。

5）试件安装好以后，应立即开通 6 个试位下的阀门，使水压在 24h 内恒定控制在

（1.2±0.05）MPa，且加压过程不应大于 5min，应以达到稳定压力的时间作为试验记录起始时间（精确至 1min）。在稳压过程中随时观察试件端面的渗水情况，当有某一个试件端面出现渗水时，应停止该试件的试验并应记录时间，并以试件的高度作为该试件的渗水高度。对于试件端面未出现渗水的情况，应在试验 24h 后停止试验，并及时取出试件。在试验过程中，当发现水从试件周边渗出时，应重新按前述规定进行密封。

6）将从抗渗仪上取出来的试件放在压力机上，并应在试件上下两端面中心处沿直径方向各放一根直径为 6mm 的钢垫条，并应确保它们在同一竖直平面内。然后开动压力机，将试件沿纵断面劈裂为两半。试件劈裂后，应用防水笔描出水痕。

7）应将梯形板放在试件劈裂面上，并用钢尺沿水痕等间距量测 10 个测点的渗水高度值，读数应精确至 1mm。当读数时若遇到某测点被骨料阻挡，可以用靠近骨料两端的渗水高度算术平均值来作为该点的渗水高度。

（2）逐级加压法

本方法适用于通过逐级施加水压力来测定以抗渗等级来表示的混凝土的抗渗透渗性能。

1）按照"渗水高度法"的规定进行试件的密封和安装。

2）试验时，水压应从 0.1MPa 开始，以后应每隔 8h 增加 0.1MPa 水压，并应随时观察试件端面渗水情况。当 6 个试件中有 3 个试件表面出现渗水时，或加至规定压力（抗渗等级）在 8h 内 6 个试件中表面渗水试件少于 3 小时，可停止试验，并记下此时的水压力。在试验过程中，当发现水从试件周边渗出时，应重新对试件进行密封。

**5. 试验结果处理**

（1）渗水高度法试验结果处理

1）试件渗水高度应按下式进行计算：

$$\overline{h_i} = \frac{1}{10} \sum_{j=1}^{10} h_j \qquad 式（6-4）$$

式中 $h_j$——第 $i$ 个试件第 $j$ 个测点处的渗水高度（mm）；

$\overline{h_i}$——第 $i$ 个试件的平均渗水高度（mm）。

应以 10 个测点渗水高度的平均值作为该试件渗水高度的测定值。

2）一组试件的平均渗水高度应按下式进行计算：

$$\overline{h} = \frac{1}{6} \sum_{i=1}^{6} \overline{h_i} \qquad 式（6-5）$$

式中 $\overline{h}$——一组 6 个试件的平均渗水高度（mm）。

应一组 6 个试件渗水高度的算术平均值作为该组试件渗水高度的测定值。

（2）逐级加压法试验结果处理

混凝土的抗渗等级应以每组 6 个试件中有 4 个试件未出现渗水时的最大水压力乘以 10 来确定。混凝土的抗渗等级应按下式计算：

$$P = 10H - 1 \qquad 式（6-6）$$

式中 $P$——混凝土抗渗等级；

$H$——6 个试件中有 3 个试件渗水时的水压力（MPa）。

### 6.2.6 混凝土的配合比试验

**1. 普通混凝土配合比设计**

(1) 混凝土配合比设计的基本要求

配合比设计的任务，就是根据原材料的技术性能及施工条件，确定出能满足工程所要求的技术经济指标的各项组成材料的用量。其基本要求是：

1) 达到混凝土结构设计要求的强度等级。
2) 满足混凝土施工所要求的和易性要求。
3) 满足工程所处环境和使用条件对混凝土耐久性的要求。
4) 符合经济原则，节约水泥，降低成本。

(2) 混凝土配合比设计的步骤

混凝土的配合比设计是一个计算、试配、调整的复杂过程，大致可分为初步计算配合比、基准配合比、实验室配合比、施工配合比设计4个设计阶段。首先按照已选择的原材料性能及对混凝土的技术要求进行初步计算，得出"初步计算配合比"。基准配合比是在初步计算配合比的基础上，通过试配、检测、进行工作性的调整、修正得到；实验室配合比是通过对水灰比的微量调整，在满足设计强度的前提下，进一步调整配合比以确定水泥用量最小的方案；而施工配合比考虑砂、石的实际含水率对配合比的影响，对配合比做最后的修正，是实际应用的配合比，配合比设计的过程是逐一满足混凝土的强度、工作性、耐久性、节约水泥等要求的过程。

(3) 混凝土配合比设计的基本资料

在进行混凝土的配合比设计前，需确定和了解的基本资料。即设计的前提条件，主要有以下几个方面：

1) 混凝土设计强度等级和强度的标准差。
2) 材料的基本情况；包括水泥品种、强度等级、实际强度、密度；砂的种类、表观密度、细度模数、含水率；石子种类、表观密度、含水率；是否掺外加剂，外加剂种类。
3) 混凝土的工作性要求，如坍落度指标。
4) 与耐久性有关的环境条件；如冻融状况、地下水情况等。
5) 工程特点及施工工艺；如构件几何尺寸、钢筋的疏密、浇筑振捣的方法等。

(4) 混凝土配合比设计中的三个基本参数的确定

混凝土的配合比设计，实质上就是确定单位体积混凝土拌合物中水、水泥、粗集料（石子）、细集料（砂）这4项组成材料之间的三个参数。即水和水泥之间的比例——水灰比；砂和石子间的比例——砂率；骨料与水泥浆之间的比例——单位用水量。在配合比设计中能正确确定这三个基本参数，就能使混凝土满足配合比设计的4项基本要求。

确定这三个参数的基本原则是：在混凝土的强度和耐久性的基础上，确定水灰比。在满足混凝土施工要求和易性要求的基础上确定混凝土的单位用水量；砂的数量应以填充石子空隙后略有富余为原则。

具体确定水灰比时，从强度角度看，水灰比应小些；从耐久性角度看，水灰比小些，水泥用量多些，混凝土的密度就高，耐久性则优良，这可以通过控制最大水灰比和最小水泥用量来满足（表6-12）。由强度和耐久性分别决定的水灰比往往是不同的，此时应取较小值。但当强度和耐久性都已满足的前提下,水灰比应取较大值,以获得较高的流动性。

确定砂率主要应从满足工作性和节约水泥两个方面考虑。在水灰比和水泥用量(即水泥浆用量)不变的前提下,砂率应取坍落度最大,而粘聚性和保水性又好的砂率即合理砂率可由表 6-14 初步确定,经试拌调整而定。在工作性满足的情况下,砂率尽可能取小值以达到节约水泥的目的。

单位用水量是在水灰比和水泥用量不变的情况下,实际反映水泥浆量与骨料间的比例关系。水泥浆量要满足包裹粗、细集料表面并保持足够流动性的要求,但用水量过大,会降低混凝土的耐久性。水灰比在 0.40~0.80 范围内时,根据粗集料的品种、粒径、单位用水量可通过表 6-13 确定。

**2. 配合比实验**

(1) 初步计算配合比

1) 确定混凝土配制强度 $f_{cu,o}$

① 当混凝土的设计强度等级小于 C60 时,配制强度应按下式确定:

$$f_{cu,o} \geq f_{cu,k} + 1.654\sigma \qquad \text{式 (6-7)}$$

式中 $f_{cu,o}$——混凝土配制强度 (MPa);

$f_{cu,k}$——混凝土立方体抗压强度标准值 (MPa);

$\sigma$——混凝土强度标准差 (MPa)。

② 当混凝土的设计强度等级不小于 C60 时,配制强度应按下式确定:

$$f_{cu,o} \geq 1.15 f_{cu,k}$$

混凝土强度标准差应按下式规定确定:

① 当具有近 1~3 个月的同一品种、同一强度等级混凝土的强度资料,且试件组数不小于 30 时,其混凝土强度标准差 $\sigma$ 应按下式计算:

$$\sigma = \sqrt{\frac{\sum_{i=1}^{n} f_{cu,i}^2 - n m_{fcu}^2}{n-1}} \qquad \text{式 (6-8)}$$

式中 $\sigma$——混凝土强度标准差;

$f_{cu,i}$——第 $i$ 组的试件强度 (MPa);

$m_{fcu}$——组试件的强度平均值 (MPa);

$n$——试件组数。

对于强度等级不大于 C30 的混凝土,当混凝土强度标准差计算值不小于 3.0MPa 时,应按上式计算结果取值;当混凝土强度标准差计算值小于 3.0MPa 时,应取 3.0MPa。

对于强度等级大于 C30 且小于 C60 的混凝土,当混凝土强度标准差计算值不小于 4.0MPa 时,应按上式计算结果取值;当混凝土强度标准差计算值小于 4.0MPa 时,应取 4.0MPa。

② 当没有近期的同一品种、同一强度等级混凝土强度资料时,其强度标准差可按表 6-9 取值。

混凝土的取值(混凝土强度标准差) 表 6-9

| 混凝土的强度等级 | 小于 C20 | C20~C35 | 大于 C35 |
|---|---|---|---|
| $\Sigma$ | 4.0 | 5.0 | 6.0 |

2）确定水灰比 W/C

当混凝土强度等级小于 C60 级时，混凝土水灰比按下式：

$$W/B = \frac{\alpha_a f_b}{f_{cu,o} + \alpha_a \alpha_b f_b}$$ 式（6-9）

式中 $\alpha_a$、$\alpha_b$——回归系数，取值见表 6-10；

$f_b$——水泥 28d 抗压强度实测值（MPa）。

回归系数选用　　　　　　　表 6-10

| 系数 | 石子品种 | 碎石 | 卵石 |
|---|---|---|---|
| $\alpha_a$ | | 0.46 | 0.48 |
| $\alpha_b$ | | 0.07 | 0.33 |

当水泥 28d 胶砂抗压强度值（$f_{ce}$）无实测值时，可按下式计算：

$$f_{ce} = \gamma_c f_{ce,g}$$ 式（6-10）

式中 $\gamma_c$——水泥强度等级值富余系数，按实际统计资料确定（按表 6-11）；

$f_{ce,g}$——水泥 28d 胶砂抗压强度（MPa）。

水泥强度等级值富余系数　　　　　　　表 6-11

| 水泥强度等级值 | 32.5 | 42.5 | 52.5 |
|---|---|---|---|
| 富余系数 | 1.12 | 1.16 | 1.10 |

由上式计算出的水灰比应小于表 6-12 中规定的最大水灰比。若计算而得的水灰比大于最大水灰比，应取最大水灰比以保证混凝土的耐久性。

混凝土的最大水灰比和最小水泥用量　　　　　　　表 6-12

| 环境条件 | 结构物类别 | 最大水灰比 | | | 最小水泥用量(kg) | | |
|---|---|---|---|---|---|---|---|
| | | 素混凝土 | 钢筋混凝土 | 预应力混凝土 | 素混凝土 | 钢筋混凝土 | 预应力混凝土 |
| 干燥环境 | 正常的居住或办公用房屋内部件 | 不做规定 | 0.65 | 0.60 | 200 | 260 | 300 |
| 潮湿环境 | 无冻害 | 高湿度的室内部件 室外部件 在非侵蚀性土和(或)水中的部件 | 0.70 | 0.60 | 0.60 | 225 | 280 | 300 |
| | 有冻害 | 经受冻害的室外部件 在非侵蚀性土和(或)水中且经受冻害的部件 高湿度且经受冻害的室内部件 | 0.55 | 0.55 | 0.55 | 250 | 280 | 300 |
| 有冻害和除冰剂的潮湿环境 | 经受冻害和除冰剂作用的室内和室外部件 | 0.50 | 0.50 | 0.50 | 300 | 300 | 300 |

注：① 当用活性掺合料取代部分水泥时，表中的最大水灰比及最小水泥用量即为替代前的水灰比和水泥用量；
②　配制 C15 其以下等级的混凝土，可不受本表限制。

3) 确定用水量

根据施工要求的混凝土拌合物的坍落度、所用骨料的种类及最大粒径查表6-13得到每立方米混凝土用水量。水灰比小于0.40的混凝土及采用特殊成型工艺的混凝土的用水量应通过试验确定。流动性和大流动性混凝土的用水量可以查表中坍落度为90mm的用水量为基础，按坍落度每增大20mm，用水量增加5kg，计算出用水量。

掺外加剂时的用水量可按下式计算：

$$m_{wo} = m'_{wo}(1-\beta) \quad 式（6-11）$$

式中 $m_{wo}$——掺外加剂时每立方米混凝土的用水量（kg）；

$m'_{wo}$——未掺外加剂时的每立方米混凝土的用水量（kg）；

$\beta$——外加剂的减水率（%），经试验确定。

**塑性混凝土用水量（kg/m³）** 表6-13

| 拌合物稠度 | | 卵石最大粒径(mm) | | | | 碎石最大粒径(mm) | | | |
|---|---|---|---|---|---|---|---|---|---|
| 项目 | 指标 | 10 | 20 | 31.5 | 40 | 16 | 20 | 31.5 | 40 |
| 坍落度<br>(mm) | 10～30 | 190 | 170 | 160 | 150 | 200 | 185 | 175 | 165 |
| | 35～50 | 200 | 180 | 170 | 160 | 210 | 195 | 185 | 175 |
| | 55～70 | 210 | 190 | 180 | 170 | 220 | 205 | 195 | 185 |
| | 75～90 | 215 | 195 | 185 | 175 | 230 | 215 | 205 | 195 |

注：① 本表用水量系采用中砂时的平均取值。采用细砂时，每立方米混凝土用水量增加5～10kg，采用粗砂时，则可减少5～10kg；

② 采用各种外加剂或掺和料时，用水量应相应调整。

4) 确定水泥用量

由已求得的水灰比$W/C$和用水量可计算出水泥用量。

$$m_{co} = m_{wo} \times \frac{C}{W} \quad 式（6-12）$$

由上式计算出的水泥用量应大于表6-12中规定的最小水泥用量，若计算而得的水泥用量小于最小水泥用量时，应选取最小水泥用量，以保证混凝土的耐久性。

5) 确定砂率

砂率可由试验或历史经验资料选取。如无历史资料，坍落度为10～60mm的混凝土的砂率可根据粗集料品种，最大粒径及水灰比按表6-14选取。坍落度大于60mm有混凝土的砂率，可经试验确定，也可在表6-14的基础上，按坍落度每增大20mm，砂率增大1%的幅度予以调整。坍落度小于10mm的混凝土，其砂率应经试验确定。

**混凝土的砂率（%）** 表6-14

| 水灰比<br>(W/C) | 卵石最大粒径(mm) | | | 碎石最大粒径(mm) | | |
|---|---|---|---|---|---|---|
| | 10 | 20 | 40 | 16 | 20 | 40 |
| 0.40 | 26～32 | 25～31 | 24～30 | 30～35 | 29～34 | 37～32 |
| 0.50 | 30～35 | 29～34 | 28～33 | 33～38 | 32～37 | 30～35 |
| 0.60 | 33～38 | 32～37 | 31～36 | 36～41 | 35～40 | 33～38 |
| 0.70 | 36～41 | 35～40 | 34～39 | 39～44 | 38～43 | 36～41 |

注：① 本表数值系中砂的选用砂率，对细砂或粗砂，可相应地减小或增大砂率；

② 只用一个单粒级粗集料配制混凝土时，砂率应适当增大；

③ 对薄壁构件，砂率取偏大值。

6）计算砂、石用量

① 体积法

该方法假定混凝土拌合物的体积等于各组成材料的体积与拌合物中所含空气的体积之和。如取混凝土拌合物的体积为 $1m^3$，则可得以下关于 $m_{so}$、$m_{go}$ 的二元方程组。

$$\frac{m_{co}}{\rho_c}+\frac{m_{go}}{\rho_g}+\frac{m_{so}}{\rho_s}+\frac{m_{wo}}{\rho_w}+0.01\alpha=1 \qquad 式（6-13）$$

$$\beta_s=\frac{m_{so}}{m_{so}+m_{go}}\times 100\% \qquad 式（6-14）$$

式中 $m_{co}$、$m_{so}$、$m_{go}$、$m_{wo}$——每立方米混凝土中的水泥、细集料（砂）、粗集料（石子）、水的质量（kg）；

$\rho_g$、$\rho_s$——粗集料、细集料的表观密度（$kg/m^3$）；

$\rho_c$、$\rho_w$——水泥、水的密度（$kg/m^3$）；

$a$——混凝土中的含气量百分数，在不使用引气型外加剂时，可取 1。

② 质量法

该方法假定 $1m^3$ 混凝土拌合物质量，等于其各种组成材料质量之和，据此可得以下方程组。

$$m_{co}+m_{so}+m_{go}+m_{wo}=m_{cp} \qquad 式（6-15）$$

$$\beta_s=\frac{m_{so}}{m_{so}+m_{go}}\times 100\% \qquad 式（6-16）$$

式中 $m_{co}$、$m_{so}$、$m_{go}$、$m_{wo}$——每立方米混凝土中的水泥、细集料（砂）、粗集料（石子）、水的质量（kg）；

$m_{cp}$——每立方米混凝土拌合物的假定质量，可根据实际经验在 2350~2450kg 之间选取。

同以上关于 $m_{so}$ 和 $m_{go}$ 的二元方程组，可解出 $m_{so}$ 和 $m_{go}$。

则混凝土的初步计算配合比（初步满足强度和耐久性要求）为 $m_{co}:m_{so}:m_{go}:m_{wo}$。

（2）基准配合比

按初步计算配合比进行混凝土配合比的试配和调整。试配时，混凝土的搅拌量可按表 6-15 选取。当采用机械搅拌时，其搅拌不应小于搅拌机额定搅拌量的 1/4。

**混凝土试拌的最小搅拌量** 表 6-15

| 骨料最大粒径(mm) | 拌合物数量(L) | 骨料最大粒径(mm) | 拌合物数量(L) |
| --- | --- | --- | --- |
| 31.5 及以下 | 15 | 40 | 25 |

试拌后立即测定混凝土的工作。当试拌得出的接种物坍落度比要求值小时，应在水灰比不变前提下，增加水泥浆用量；当比要求值大时，应在砂率不变的前提下，增加砂、石用量；当黏聚性、保水性差时，可适当加大砂率。调整时，应即时记录调整后的各材料用量（$m_{cb}$，$m_{wb}$，$m_{sb}$，$m_{gb}$），并实测调整后混凝土拌合物的体积密度为（$kg/m^3$）。令调整后的混凝土试样总质量为：

$$m_{Qb}=m_{cb}+m_{wb}+m_{sb}+m_{gb} \qquad 式（6-17）$$

由此得出基准配合比（调整后的 $1m^3$ 混凝土中各材料用量）

$$m_{cj}=\frac{m_{ch}}{m_{Qb}}\times\rho_{oh}$$

$$m_{wj}=\frac{m_{wh}}{m_{Qb}}\times\rho_{oh}$$

$$m_{sj}=\frac{m_{sh}}{m_{Qb}}\times\rho_{oh}$$

$$m_{gj}=\frac{m_{gh}}{m_{Qb}}\times\rho_{oh} \qquad 式（6-18）$$

式中 $\rho_{oh}$——实测试拌混凝土的体积密度。

（3）实验室配合比

经调整后的基准配合比虽工作性已满足要求，但经计算而得出的水灰比是否真正满足强度的要求需要通过强度试验检验。在基准配合比的基础上做强度试验时，就采用三个不同的配合比，其中一个为基准配合比的水灰比，另外两个较基准配合比的水灰比分别增加和减少 0.05。其用水量应与基准配合比的用水量相同，砂率可分别增加和减少 1%。

制作混凝土强度试验试件时，应检验混凝土拌合物的坍落度和维勃稠度、黏聚性、保水性及拌合物的体积密度，并以此结果作为代表相应配合比的混凝土拌合物的性能。进行混凝土强度试验时，每种配合比至少应制作一组（三块）试件，标准养护 28d 时试压。需要时可同时制作几组试件，供快速检验或早龄试压，以便提前定出混凝土配合比供施工使用，但应以标准养护 28d 的强度的检验结果为依据调整配合比。

根据试验得出的混凝土强度与其相对应的灰水比（$C/W$）关系，用作图法或计算法求出与混凝土配制强度（$f_{cu,o}$）相对应的灰水比，并应按下列原则确定每立方米混凝土的材料用量：

1）用水量（$m_w$）应在基准配合比用水量的基础上，根据制作强度试件时测得的坍落度或维勃稠度进行调整确定。

2）水泥用量（$m_c$）应以用水量乘以选定出来的灰水比计算确定。

3）粗集料和细集料用量（$m_g$ 和 $m_s$）应在基准配合比的粗集料和细集料用量的基础上，按选定的灰水比进行调整后确定。

经试配确定配合比后，尚应按下列步骤进行校正。

据前述已确定的材料用量按下式计算混凝土的表观密度计算值：

$$\rho_{cc}=m_c+m_s+m_g+m_w \qquad 式（6-19）$$

再按下式计算混凝土配合比校正系数：

$$\delta=\frac{\rho_{ct}}{\rho_{cc}} \qquad 式（6-20）$$

式中 $\rho_{ct}$——混凝土表观密度实测值（$kg/m^3$）；

$\rho_{cc}$——混凝土表观密度计算值（$kg/m^3$）。

当混凝土表观密度实测值与计算值之差的绝对值不超过计算值的 2% 时，按以前的配合比即为确定的实验室配合比；当二者之差超过 2% 时，应将配合比中每项材料用量均乘以校正系数，即为最终确定的实验室配合比。

实验室配合比在使用过程中应根据原材料情况及混凝土质量检验的结果予以调整。但遇有下列情况之一时,应重新进行配合比设计:
1)对混凝土性能指标有特殊要求时;
2)水泥、外加剂或矿物掺和料品种、质量有显著变化时;
3)该配合比的混凝土生产间断半年以上时。

(4)施工配合比

设计配合比是以干燥材料为基准的,而工地存放的砂石都含有一定的水分,且随着气候的变化而经常变化。所以,现场材料的实际称量应按施工现场砂石的含水情况进行修正,修正后的配合比称为施工配合比。

假定工地存放的砂的含水率 $a\%$,石子的含水率 $b\%$,则将上述实验室配合比换算为施工配合比,其材料称量为:

水泥用量:$m_c = m_{co}$

砂用量:$m_s = m_{so}(1+a\%)$

石子用量:$m_g = m_{go}(1+b\%)$

用水量:$m_w = m_{wo} - m_{so} \times a\% - m_{go} \times b\%$

$m_{co}$、$m_{so}$、$m_{go}$、$m_{wo}$ 为调整后的试验室配合比中每立方米混凝土中的水泥、水、砂和石子的用量(kg)。应注意,进行混凝土配合计算时,其计算公式中有关参数和表格中的数值均系以干燥状态集料(含水率小于0.05%的粗集料或含水率小于0.2%的粗集料)为基准。当以饱和面干集料为基准进行计算时,则应做相应的调整,即施工配合比公式中的 $a$、$b$ 分别表示现场砂石含水率与其饱和面干含水率之差。

## 6.3 砂浆常规性能试验

### 6.3.1 砂浆工作性测定

**1. 试验目的**

确定砂浆性能特征值,检验或控制现场拌制砂浆的质量。

测定砂浆保水性,以判定砂浆拌合物在运输及停放时内部组分的稳定性。

**2. 编制依据**

本试验依据《建筑砂浆基本性能试验方法标准》JGJ/T 70制定。

**3. 仪器设备**

(1)稠度试验仪器设备

砂浆稠度测定仪(图6-6),由试锥、容器和支座三部分组成。试锥由钢材或铜材制成,试锥高度为145mm,锥底直径为75mm,试锥连同滑杆的重量应为(300±2)g;盛载砂浆容器由钢板制成,筒高为180mm,锥底内径为150mm;支座分底座、支架及刻度显示三个部分,由铸铁、钢及其他金属制成。

钢制捣棒:直径10mm、长350mm,端部磨圆。

秒表等。

(2)保水性试验仪器设备

1）金属或硬塑料圆环试模内径 100mm、内部高度 25mm；

2）可密封的取样容器，应清洁、干燥；

3）2kg 的重物；

4）医用棉纱，尺寸为 110mm×110mm，宜选用纱线稀疏，厚度较薄的棉纱；

5）超白滤纸，符合《化学分析滤纸》GB/T 1914 中速定性滤纸。直径 110mm，200g/m$^2$；

6）2 片金属或玻璃的方形或圆形不透水片，边长或直径大于 110mm；

7）天平：量程 200g，感量 0.1g；量程 2000g，感量 1g；

8）烘箱。

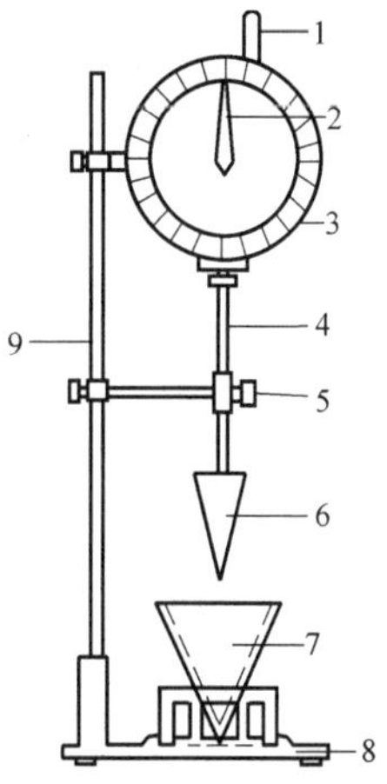

**4. 试验步骤**

（1）砂浆稠度试验步骤

1）用少量润滑油轻擦滑杆，再将滑杆上多余的油用吸油纸擦净，使滑杆能自由滑动。

2）用湿布擦净盛浆容器和试锥表面，将砂浆拌合物一次装入容器，使砂浆表面低于容器口约 10mm。用捣棒自容器中心向边缘均匀地插捣 25 次，然后轻轻地将容器摇动或敲击 5~6 下，使砂浆表面平整，然后将容器置于稠度测定仪的底座上。

图 6-6 砂浆稠度测定仪
1—齿条测杆；2—摆针；3—刻度盘；4—滑杆；5—制动螺丝；6—试锥；7—盛装容器；8—底座；9—支架

3）拧松制动螺丝，向下移动滑杆，当试锥尖端与砂浆表面刚接触时，拧紧制动螺丝，使齿条侧杆下端刚接触滑杆上端，读出刻度盘上的读数（精确至 1mm）。

4）拧松制动螺丝，同时计时间，10s 时立即拧紧螺丝，将齿条测杆下端接触滑杆上端，从刻度盘上读出下沉深度（精确至 1mm），二次读数的差值即为砂浆的稠度值；

5）盛装容器内的砂浆，只允许测定一次稠度，重复测定时，应重新取样测定。

（2）砂浆保水性试验步骤

1）称量下不透水片与干燥试模质量 $m_1$ 和 8 片中速定性滤纸质量 $m_2$。

2）将砂浆拌合物一次性填入试模，并用抹刀插捣数次，当填充砂浆略高于试模边缘时，用抹刀以 45°角一次性将试模表面多余的砂浆刮去，然后再用抹刀以较平的角度在试模表面反方向将砂浆刮平。

3）抹掉试模边的砂浆，称量试模、下不透水片与砂浆总质量 $m_3$。

4）用 2 片医用棉纱覆盖在砂浆表面，再在棉纱表面放上 8 片滤纸，用不透水片盖在滤纸表面，以 2kg 的重物把不透水片压着。

5）静止 2min 后移走重物及不透水片，取出滤纸（不包括棉砂），迅速称量滤纸质量 $m_4$。

6）从砂浆的配比及加水量计算砂浆的含水率，若无法计算，可按砂浆含水率测试方法的规定测定砂浆的含水率。

**5. 试验结果处理**

（1）稠度试验结果应按下列要求确定

1) 取两次试验结果的算术平均值，精确至 1mm；
2) 如两次试验值之差大于 10mm，应重新取样测定。

(2) 砂浆保水性应按下式计算：

$$W = \left[1 - \frac{m_4 - m_2}{\alpha(m_3 - m_1)}\right] \times 100\%  \qquad 式（6-21）$$

式中　$W$——保水性（%）；

　　　$m_1$——下不透水片与干燥试模质量（g）；

　　　$m_2$——8 片滤纸吸水前的质量（g）；

　　　$m_3$——试模、下不透水片与砂浆总质量（g）；

　　　$m_4$——8 片滤纸吸水后的质量（g）；

　　　$\alpha$——砂浆含水率（%）。

取两次试验结果的平均值作为结果，如两个测定值中有 1 个超出平均值的 5%，则此组试验结果无效。

(3) 砂浆含水率测试方法

称取 100g 砂浆拌合物试样，置于一干燥并已称重的盘中，在（105±5）℃的烘箱中烘干至恒重，砂浆含水率应按下式计算：

$$\alpha = \frac{m_5}{m_6} \times 100\%  \qquad 式（6-22）$$

式中　$\alpha$——砂浆含水率（%）；

　　　$m_5$——烘干后砂浆样本损失的质量（g）；

　　　$m_6$——砂浆样本的总质量（g）。

砂浆含水率值应精确至 0.1%。

### 6.3.2　砂浆的表观密度试验

**1. 试验目的**

测定砂浆表观密度，计算出细集料的孔隙率，从而了解材料的构造特征。

**2. 编制依据**

本试验依据《建筑砂浆基本性能试验方法标准》JGJ/T 70 制定。

**3. 仪器设备**

容量筒：金属制成，内径 108mm，净高 109mm，筒壁厚 2mm，容积为 1L；

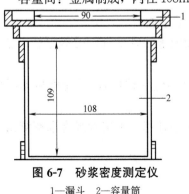

图 6-7　砂浆密度测定仪
1—漏斗　2—容量筒

天平：称量 5kg，感量 5g；

钢制捣棒：直径 10mm，长 350mm，端部磨圆；

砂浆密度测定仪（图 6-7）；

振动台：振幅（0.5±0.05）mm，频率（50±3）Hz；

秒表。

**4. 试验步骤**

(1) 测定砂浆拌合物的稠度；

(2) 用湿布擦净容量筒的内表面，称量容量筒质量 $m_1$，精确至 5g；

(3) 捣实可采用手工或机械方法。当砂浆稠度大于 50mm 时，宜采用人工插捣法，当砂浆稠度不大于 50mm 时，宜采用机械振动法。

采用人工插捣时，将砂浆拌合物一次装满容量筒，使稍有富余，用捣棒由边缘向中心均匀地插捣 25 次，插捣过程中如砂浆沉落到低于筒口，则应随时添加砂浆，再用木锤沿容器外壁敲击 5～6 下。

采用振动法时，将砂浆拌合物一次装满容量筒连同漏斗在振动台上振 10s，振动过程中如砂浆沉入到低于筒口，应随时添加砂浆。

(4) 捣实或振动后将筒口多余的砂浆拌合物刮去，使砂浆表面平整，然后将容量筒外壁擦净，称出砂浆与容量筒总质量 $m_2$，精确至 5g。

**5. 试验结果处理**

(1) 砂浆拌合物的质量密度按下式计算：

$$\rho = \frac{m_2 - m_1}{V} \times 1000 \qquad 式（6-23）$$

式中 $\rho$——砂浆拌合物的质量密度（kg/m³）；

$m_1$——容量筒质量质量（kg）；

$m_2$——容量筒及试样质量（kg）；

$V$——容量筒容积（L）。

取两次试验结果的算术平均值，精确至 10kg/m³。

(2) 容量筒容积的校正

可采用一块能覆盖住容量筒顶面的玻璃板，先称出玻璃板和容量筒质量，然后向容量筒中灌入温度为（20±5）℃的饮用水，灌到接近上口时，一边不断加水，一边把玻璃板沿筒口徐徐推入盖严。应注意使玻璃板下不带入任何气泡。然后擦净玻璃板面及筒壁外的水分，称量容量筒、水和玻璃板质量（精确至 5g）。后者与前者质量之差（以 kg 计）即为容量筒的容积（L）。

### 6.3.3 砂浆的力学性能试验

**1. 试验目的**

检验砂浆配合比及强度能否满足设计和施工要求。

**2. 编制依据**

本试验依据《建筑砂浆基本性能试验方法标准》JGJ/T 70 制定。

**3. 仪器设备**

抗压强度试验所用仪器设备应符合下列规定：

(1) 试模：尺寸为 70.7mm×70.7mm×70.7mm 的带底试模，材质规定参照《混凝土试模》JG 237，应具有足够的刚度并拆装方便。试模的内表面应机械加工，其不平度应为每 100mm 不超过 0.05mm，组装后各相邻面的不垂直度不应超过±0.5°；

(2) 钢制捣棒：直径为 10mm，长为 350mm，端部应磨圆；

(3) 压力试验机：精度为 1%，试件破坏荷载应不小于压力机量程的 20%，且不大于全量程的 80%；

(4) 垫板：试验机上、下压板及试件之间可垫以钢垫板，垫板的尺寸应大于试件的承压面，其不平度应为每100mm不超过0.02mm；

（5）振动台：空载中台面的垂直振幅应为（0.5±0.05）mm，空载频率应为（50±3）Hz，空载台面振幅均匀度不大于10%，一次试验至少能固定（或用磁力吸盘）三个试模。

**4. 试验步骤**

（1）立方体抗压强度试件的制作及养护应按下列步骤进行。

1）采用立方体试件，每组3个试件。

2）应用黄油等密封材料涂抹试模的外接缝，试模内涂刷薄层机油或脱模剂，将拌制好的砂浆一次性装满砂浆试模，成型方法根据稠度而定。当稠度≥50mm时采用人工振捣成型，当稠度＜50mm时采用振动台振实成型。

① 人工振捣：用捣棒均匀地由边缘向中心按螺旋方式插捣25次，插捣过程中如砂浆沉落低于试模口，应随时添加砂浆，可用油灰刀插捣数次，并用手将试模一边抬高5～10mm各振动5次，使砂浆高出试模顶面6～8mm。

② 机械振动：将砂浆一次装满试模，放置到振动台上，振动时试模不得跳动，振动5～10s或持续到表面出浆为止；不得过振。

3）待表面水分稍干后，将高出试模部分的砂浆沿试模顶面刮去并抹平。

4）试件制作后应在室温为（20±5）℃的环境下静置（24±2）h，当气温较低时，可适当延长时间，但不应超过两昼夜，然后对试件进行编号、拆模。试件拆模后应立即放入温度为（20±2）℃，相对湿度为90%以上的标准养护室中养护。养护期间，试件彼此间隔不小于10mm，混合砂浆试件上面应覆盖以防有水滴在试件上。

（2）砂浆立方体试件抗压强度试验应按下列步骤进行。

1）试件从养护地点取出后应及时进行试验。试验前将试件表面擦拭干净，测量尺寸，并检查其外观。并据此计算试件的承压面积，如实测尺寸与公称尺寸之差不超过1mm，可按公称尺寸进行计算；

2）将试件安放在试验机的下压板（或下垫板）上，试件的承压面应与成型时的顶面垂直，试件中心应与试验机下压板（或下垫板）中心对准。开动试验机，当上压板与试件（或上垫板）接近时，调整球座，使接触面均衡受压。承压试验应连续而均匀地加荷，加荷速度应为每秒钟0.25～1.5kN（砂浆强度不大于5MPa时，宜取下限，砂浆强度大于5MPa时，宜取上限），当试件接近破坏而开始迅速变形时，停止调整试验机油门，直至试件破坏，然后记录破坏荷载。

**5. 试验数据处理及判定**

砂浆立方体抗压强度应按下式计算：

$$f_{m,cu} = \frac{N_u}{A} \quad \text{式（6-24）}$$

式中 $f_{m,cu}$——砂浆立方体试件抗压强度（MPa）；
$N_u$——试件破坏荷载（N）；
$A$——试件承压面积（mm²）。

砂浆立方体试件抗压强度应精确至0.1MPa。

以三个试件测值的算术平均值的1.3倍（$f_2$）作为该组试件的砂浆立方体试件抗压

强度平均值(精确至 0.1MPa)。

当三个测值的最大值或最小值中如有一个与中间值的差值超过中间值的 15% 时,则把最大值及最小值一并舍除,取中间值作为该组试件的抗压强度值;如有两个测值与中间值的差值均超过中间值的 15% 时,则该组试件的试验结果无效。

### 6.3.4 砂浆的配合比试验

**1. 试验目的**

为确保试验人员对有关建筑砂浆配合比设计的检验标准的正确理解和执行,特制定本作业指导书,适用于工业与民用建筑及一般构筑物中所采用的砌筑砂浆的配合比设计。

**2. 编制依据**

本实验依据《建筑砂浆配合比设计规程》JGJ/T 98 编制。

**3. 仪器设备**

砂浆分层度仪;砂浆稠度仪;砂浆搅拌机;台秤;量筒。

**4. 原材料要求**

(1) 水泥

水泥砂浆采用的水泥,其强度等级不宜大于 32.5 级;水泥混合砂浆采用的水泥,其强度等级不宜大于 42.5 级。

(2) 掺加料

生石灰熟化成石灰膏时,应用孔径不大于 3mm×3mm 的网过滤,熟化时间不得少于 7d,严禁使用脱水硬化的石灰膏。

(3) 外加剂

应具有法定检测机构出具的该产品砌体强度型式检验报告,并经砂浆性能试验合格后,方可使用。

**5. 试验步骤(配合比计算)**

(1) 混合砂浆配合比计算

1) 砂浆的试配强度计算

$$f_{m,0} = k f_2 \quad \text{式}(6\text{-}25)$$

式中 $f_{m,0}$——砂浆的试配强度(MPa),应精确至 0.1MPa;

$f_2$——砂浆的强度等级值(MPa),应精确至 0.1MPa;

$k$——系数,按表 6-16 取值。

砂浆强度标准差 $\sigma$ 及 $k$ 值     表 6-16

| 强度等级<br>施工水平 | 强度标准差 $\sigma$(MPa) | | | | | | | $k$ |
|---|---|---|---|---|---|---|---|---|
| | M5 | M7.5 | M10 | M15 | M20 | M25 | M30 | |
| 优良 | 1.00 | 1.50 | 2.00 | 3.00 | 4.00 | 5.00 | 6.00 | 1.15 |
| 一般 | 1.25 | 1.88 | 2.50 | 3.75 | 5.00 | 6.25 | 7.50 | 1.20 |
| 较差 | 1.50 | 2.25 | 3.00 | 4.50 | 6.00 | 7.50 | 9.00 | 1.25 |

2) 每立方米砂浆中的水泥用量计算:

$$Q_c = \frac{1000 \times (f_{m,0} - \beta)}{\alpha \cdot f_{ce}} \quad \text{式}(6\text{-}26)$$

式中 $f_{ce}$——水泥实测强度；
  $\alpha$、$\beta$——砂浆的特征系数，其中 $\alpha=3.03$，$\beta=-15.09$。
在无法取得水泥的实测强度值时，可按下式计算：
$$f_{ce}=\gamma_c \cdot f_{ce,k} \qquad \text{式（6-27）}$$
式中 $\gamma_c$——水泥强度等级值的富余系数，该值应按统计资料确定。无统计资料时，可取 1.0；
  $f_{ce,k}$——水泥强度等级对应的强度值。
3）水泥混合砂浆的掺加料用量按下式计算：
$$Q_D=Q_A-Q_C \qquad \text{式（6-28）}$$
式中 $Q_A$——每立方米砂浆中水泥和掺加料的总量，应精确值1kg，可为350kg。

4）砂子用量

每立方米砂浆中的砂子用量应按干燥状态（含水率小于0.5%）的堆积密度值作为计算值（kg）。

5）用水量

每立方米砂浆中的用水量，根据砂浆稠度等要求可选用210～310kg。

在确定砂浆用水量时，还应注意以下问题：

① 混合砂浆中的用水量，不包括石灰膏中的水。

② 当采用细砂或粗砂时，用水量分别取上限或下限。

③ 稠度小于70mm时，用水量可小于下限。

④ 施工现场气候炎热或干燥季节，可适当增加用水量。

（2）水泥砂浆配合比

水泥砂浆材料用量可按表6-17选用。

每立方米水泥砂浆材料用量（kg/m³） 表6-17

| 强度等级 | 水泥 | 砂 | 用水量 |
| --- | --- | --- | --- |
| M5 | 200～230 | 砂的堆积密度值 | 270～330 |
| M7.5 | 230～260 | | |
| M10 | 260～290 | | |
| M15 | 290～330 | | |
| M20 | 340～400 | | |
| M25 | 360～410 | | |
| M30 | 430～480 | | |

（3）配合比试配、调整与确定

按计算配合比进行试拌时，应测定其拌合物的稠度和保水率，当不能满足要求时，应调整材料用量，然后确定为试配的砂浆基准配合比。

试配至少采用三个不同的配合比，其中一个为基准配合比，其他配合比的水泥用量应按基准配合比分别增加及减少10%。在保证稠度、保水率合格的条件下，可将用水量或掺加料用量做相应调整。

砌筑砂浆试配时稠度应满足施工要求，并分别测定不同配合比砂浆的表观密度及强度；并应选定符合试配强度及和易性要求、水泥用量最低的配合比作为砂浆的试配配合比。

# 第 7 章 简易土工试验

## 7.1 知识概要

### 7.1.1 定义

土是由岩石在风化作用下形成的大小悬殊的颗粒,经过不同的搬运方式,在各种自然环境中生成的无粘结或弱粘结的沉积物。土体一般由固相(固体颗粒)、液相(土孔隙中的水)、气相(土孔隙中的气体)三部分组成,简称为土的三相体系。

### 7.1.2 土的分类

**1. 土的分类**

土的分类应根据土颗粒组成及其特征、土的塑性指标(液限 $\omega_L$、塑限 $\omega_P$ 和塑性指数 $I_P$)和土中有机质含量进行确定。

土的粒组应根据表 7-1 规定的土颗粒粒径范围划分。

粒组划分 表 7-1

| 粒组 | 颗粒名称 | | 粒径 $d$ 的范围(mm) |
|---|---|---|---|
| 巨粒 | 漂石(块石) | | $d>200$ |
| | 卵石(碎石) | | $60<d\leqslant200$ |
| 粗粒 | 砾粒 | 粗砾 | $20<d\leqslant60$ |
| | | 中砾 | $5<d\leqslant20$ |
| | | 细砾 | $2<d\leqslant5$ |
| | 砂粒 | 粗砂 | $0.5<d\leqslant2$ |
| | | 中砂 | $0.25<d\leqslant0.5$ |
| | | 细砂 | $0.075<d\leqslant0.25$ |
| 细粒 | 粉粒 | | $0.005<d\leqslant0.075$ |
| | 黏粒 | | $d\leqslant0.005$ |

**2. 土按其不同粒组的相对含量**

土按其不同粒组的相对含量可划分为巨粒类土、粗粒类土和细粒类土。

(1) 巨粒类土的分类应符合表 7-2 的规定。

(2) 粗粒类土分类。

试样中粗粒组含量大于 50% 的土称粗粒类土,其分类应符合下列规定:

1) 砾粒组含量大于砂粒组含量的土称砾类土。

巨粒类土的分类  表 7-2

| 土类 | 粒组含量 | | 土类代号 | 土类名称 |
| --- | --- | --- | --- | --- |
| 巨粒土 | 巨粒含量>75% | 漂石含量大于卵石含量 | B | 漂石（块石） |
| | | 漂石含量不大于卵石含量 | Cb | 卵石（碎石） |
| 混合巨粒土 | 50%<巨粒含量≤75% | 漂石含量大于卵石含量 | BSl | 混合土漂石（块石） |
| | | 漂石含量不大于卵石含量 | CbSl | 混合土卵石（块石） |
| 巨粒混合土 | 15%<巨粒含量≤50% | 漂石含量大于卵石含量 | SlB | 漂石（块石）混合土 |
| | | 漂石含量不大于卵石含量 | SlCb | 卵石（碎石）混合土 |

注：巨粒混合土可根据所含粗粒或细粒的含量进行细分。

2）砾粒组含量不大于砂粒组含量的土称砂类土。

砾类土的分类应符合表 7-3 的规定。

砾类土的分类  表 7-3

| 土类 | 粒组含量 | | 土类代号 | 土类名称 |
| --- | --- | --- | --- | --- |
| 砾 | 细粒含量<5% | 级配 $C_u \geq 5, 1 \leq C_c \leq 3$ | GW | 级配良好砾 |
| | | 级配：不同时满足上述要求 | GP | 级配不良砾 |
| 含细粒土砾 | 5%≤细粒含量<15% | | GF | 含细粒土砾 |
| 细粒土质砾 | 15%≤细粒含量<50% | 细粒组中粉粒含量不大于50% | GC | 黏土质砾 |
| | | 细粒组中粉粒含量大于50% | GM | 粉土质砾 |

砂类土的分类应符合表 7-4 的规定。

砂类土的分类  表 7-4

| 土类 | 粒组含量 | | 土类代号 | 土类名称 |
| --- | --- | --- | --- | --- |
| 砾 | 细粒含量<5% | 级配 $C_u \geq 5, 1 \leq C_c \leq 3$ | SW | 级配良好砂 |
| | | 级配：不同时满足上述要求 | SP | 级配不良砂 |
| 含细粒土砂 | 5%≤细粒含量<15% | | SF | 含细粒土砂 |
| 细粒土质砾 | 15%≤细粒含量<50% | 细粒组中粉粒含量不大于50% | SC | 黏土质砂 |
| | | 细粒组中粉粒含量大于50% | SM | 粉土质砂 |

（3）细粒土的分类应符合表 7-5 的规定。

细粒土的分类  表 7-5

| 土的塑性指标 | | 土类代号 | 土类名称 |
| --- | --- | --- | --- |
| $I_P \geq 0.73(\omega_L - 20)$ 和 $I_P \geq 7$ | $\omega_L \geq 50\%$ | CH | 高液限黏土 |
| | $\omega_L < 50\%$ | CL | 低液限黏土 |
| $I_P < 0.73(\omega_L - 20)$ 或 $I_P < 7$ | $\omega_L \geq 50\%$ | MH | 高液限粉土 |
| | $\omega_L < 50\%$ | ML | 低液限粉土 |

### 7.1.3 土的技术要求

土的物理性质指标主要有：土的密度、土的含水率等。

土的物理状态指标，对于无黏性土是指土的密实程度，对于黏性土则是指土的软硬程度，也称黏性土的稠度。

**1. 无黏性土的密实度（表 7-6～表 7-8）**

按孔隙比划分砂土密实度　　　　　　　　　　　表 7-6

| 砂土名称 \ 密实度 | 密实 | 中密 | 松散 |
|---|---|---|---|
| 砾砂、粗砂、中砂 | $e<0.55$ | $0.55 \leqslant e \leqslant 0.65$ | $e>0.65$ |
| 细砂 | $e<0.60$ | $0.60 \leqslant e \leqslant 0.70$ | $e>0.70$ |
| 粉砂 | $e<0.60$ | $0.60 \leqslant e \leqslant 0.80$ | $e>0.80$ |

按相对密度划分砂土密实度　　　　　　　　　　表 7-7

| 密实度 | 密实 | 中密 | 松散 |
|---|---|---|---|
| 相对密度 $D_r$ | $0.67<D_r \leqslant 1.0$ | $0.33<D_r \leqslant 0.67$ | $0<D_r \leqslant 0.33$ |

按标准贯入锤击数 $N$ 值确定砂土密实度　　　　表 7-8

| $N$ 值 | $N \leqslant 10$ | $10<N \leqslant 15$ | $15<N \leqslant 30$ | $N>30$ |
|---|---|---|---|---|
| 密实度 | 松散 | 稍密 | 中密 | 密实 |

**2. 黏性土的稠度（表 7-9）**

黏性土的稠度划分　　　　　　　　　　　　　　表 7-9

| 状态 | 坚硬 | 硬塑 | 可塑 | 软塑 | 流塑 |
|---|---|---|---|---|---|
| 液性指数 | $I_L \leqslant 0$ | $0<I_L \leqslant 0.25$ | $0.25<I_L \leqslant 0.75$ | $0.75<I_L \leqslant 1.0$ | $I_L>1.0$ |

### 7.1.4 取样频率及数量

遵循《土工试验方法标准》GB/T 50123 的规定进行。

1) 路基土方压实度标准（《城镇道路工程施工与质量验收规范》CJJ 1—2008），见表 7-10。

路基土方重型击实试验标准　　　　　　　　　　表 7-10

| 项　目 | | | 压实度（%）重型击实 | 检查频率 | | 检验方法 |
|---|---|---|---|---|---|---|
| | | | | 范围 | 点数 | |
| 路床以下深度（cm） | 填方 | 0～30 | 快速路和主干路 95 | 1000m² | 每层一组（3点） | 环刀法 |
| | | | 次干路 93 | | | |
| | | | 支路 90 | | | |
| | | 80～150 | 快速路和主干路 93 | | | |
| | | | 次干路 90 | | | |
| | | | 支路 87 | | | |

续表

| 项目 | | | 压实度(%) 重型击实 | 检查频率 | | 检验方法 |
|---|---|---|---|---|---|---|
| | | | | 范围 | 点数 | |
| 路床以下深度(cm) | 填方 | >150 | | 1000m² | 每层一组(3点) | 环刀法 |
| | | 快速路和主干路 | 87 | | | |
| | | 次干路 | 87 | | | |
| | | 支路 | 87 | | | |
| | 挖方 | 0~30 | | | | |
| | | 快速路和主干路 | 93 | | | |
| | | 次干路 | 93 | | | |
| | | 支路 | 90 | | | |

2）路基土方压实度标准（《城镇道路工程施工与质量验收规范》CJJ 1—2008），见表7-11。

**路基土方轻型击实试验标准** 表 7-11

| 项目 | | | 压实度(%) 轻型击实 | 检查频率 | | 检验方法 |
|---|---|---|---|---|---|---|
| | | | | 范围 | 点数 | |
| 路床以下深度(cm) | 填方 | 0~30 | | 1000m² | 每层一组(3点) | 环刀法 |
| | | 快速路和主干路 | 98 | | | |
| | | 次干路 | 95 | | | |
| | | 支路 | 92 | | | |
| | | 80~150 | | | | |
| | | 快速路和主干路 | 95 | | | |
| | | 次干路 | 92 | | | |
| | | 支路 | 90 | | | |
| | | >150 | | | | |
| | | 快速路和主干路 | 90 | | | |
| | | 次干路 | 90 | | | |
| | | 支路 | 90 | | | |
| | 挖方 | 0~30 | | | | |
| | | 快速路和主干路 | 95 | | | |
| | | 次干路 | 95 | | | |
| | | 支路 | 92 | | | |

在不具备实行重型压实标准的条件下，允许采用轻型击实标准，代替重型击实标准。

## 7.2 土工试验

### 7.2.1 含水率试验

**1. 试验目的**

测量黏性土的密度，以便了解土的疏密程度和干湿状态；测量结果供换算土的其他热处理力学指标和工程设计之用。本试验方法适用于粗粒土、细粒土、有机质土和冻土。

**2. 编制依据**

本试验依据《土工试验方法标准》GB/T 50123 制定。

**3. 仪器设备**

电热烘箱：应能控制温度为 105～110℃。

天平：称量 200g，最小分度值 0.01g，称量 1000g，最小分度值 0.1g。

**4. 取样及制备要求**

取具有代表性试样 15～30g 或用环刀中的试样，有机质土、砂类土和整体状构造冻土为 50g。

**5. 试验步骤**

（1）取具有代表性试样 15～30g 或用环刀中的试样，有机质土、砂类土和整体状构造冻土为 50g，放入称量盒内，盖上盒盖，称盒加湿土质量，准确至 0.01g。

（2）打开盒盖，将盒置于烘箱内，在 105～110℃ 的恒温下烘至恒量。烘干时间对黏土、粉土不得少于 8h，对砂土不得少于 6h，对含有机质超过干土质量 5% 的土，应将温度控制在 65～70℃ 的恒温下烘至恒量。

（3）将称量盒从烘箱中取出，盖上盒盖，放入干燥容器内冷却至室温，称盒加干土质量，准确 0.01g。

（4）对层状和网状构造的冻土含水率试验应按下列步骤进行：

用四分法切取 200～500g 试样（视冻土结构均匀程度而定，结构均匀少取，反之多取）放入搪瓷盘中，称盘和试样质量，准确至 0.1g。

待冻土试样融化后，调成均匀糊状（土太湿时，多余的水分让其自然蒸发或用吸球吸出，但不得将土粒带出；土太干时，可适当加水），称土糊和盘质量，准确至 0.1g。从糊状土中取样测定含水率，其试验步骤同（1）。

**6. 试验数据处理及判定**

试样的含水率，应按下式计算，准确至 0.1%。

$$w_0 = \left(\frac{m_0}{m_d} - 1\right) \times 100 \qquad 式（7-1）$$

式中　$m_d$——干土质量（g）；

　　　$m_0$——湿土质量（g）。

层状和网状冻土的含水率应按下式计算，准确至 0.1%。

$$w = \left[\frac{m_1}{m_2}(1 + 0.01 w_h - 1)\right] \times 100 \qquad 式（7-2）$$

式中　$w$——含水率（%）；

　　　$m_1$——冻土试样质量（g）；

　　　$m_2$——糊状试样质量（g）；

　　　$w_h$——糊状试样的含水率（%）。

本试验必须对两个试样进行平行测定，测定的差值：当含水率小于 40% 时为 1%；当含水率等于、大于 40% 时为 2%，对层状和网状构造的冻土不大于 3%。取两个测值的平均值，以百分数表示。

## 7.2.2 环刀法测密度试验

**1. 试验目的**

环刀法是采用一定体积的不易变形的钢质环刀打入被测土样内,使土样充满环刀,测定土样密度的一种方法。测量土的密度以便了解土的干密度、孔隙比、饱和度、液性指标等提供依据,同时为建筑物地基、路堤等施工质量控制提供重要指标。

**2. 编制依据**

本试验依据《土工试验方法标准》GB/T 50123 制定。

**3. 仪器设备**

环刀:内径 61.8mm 和 79.8mm,高度 20mm。

天平:称量 500g,最小分度值 0.1g;称量 200g,最小分度值 0.01g。

**4. 试验步骤**

(1) 称取环刀质量 $m_2$,精确至 0.1g。

(2) 用环刀切取试样时,应在环刀内壁涂一薄层凡士林,刃口向下放在土样上,将环刀垂直下压,并用切土刀沿环刀外侧切削土样,边压边削至土样高出环刀,根据试样的软硬采用钢丝锯或切土刀整平环刀两端土样,擦净环刀外壁,称环刀和土的总质量 $m_1$,精确至 0.1g。

**5. 试验数据处理及判定**

试样的湿密度,应按下式计算:

$$\rho_0 = \frac{m_1 - m_2}{V} \qquad 式(7-3)$$

式中 $\rho_0$——试样的湿密度(g/cm³),准确到 0.01g/cm³;
$m_1$——环刀与土的质量(g);
$m_2$——环刀的质量(g);
$V$——环刀体积(cm³)。

试样的干密度,应按下式计算:

$$\rho_d = \frac{\rho_0}{1 + 0.01 w_0} \qquad 式(7-4)$$

式中 $\rho_d$——试样的干密度(g/cm³);
$w_0$——试样的含水率(%)。

本试验应进行两次平行测定,两次测定的差值不得大于 0.03g/cm³,取两次测值的平均值。

## 7.2.3 灌砂法测密实度试验

**1. 试验目的**

灌砂法是利用已知密度的砂灌入试坑来测得被测土样试坑的体积,从而测定土样密度的一种方法。本试验方法适用于现场测定粗粒土的密度。

**2. 编制依据**

本试验依据《土工试验方法标准》GB/T 50123 制定。

**3. 仪器设备**

密度测定器：由容砂瓶、灌砂漏斗和底盘组成。灌砂漏斗高 135mm、直径 165mm，尾部有孔径为 13mm 的圆柱形阀门；容砂瓶容积为 4L，容砂瓶和灌砂漏斗之间用螺纹连接。底盘承托灌砂漏斗和容砂瓶。

天平：称量 10kg，最小分度值 5g，称量 500g，最小分度值 0.1g。

**4. 试验步骤**

（1）标准砂密度的测定，应按下列步骤进行：

1）标准砂应清洗洁净，粒径宜选用 0.25～0.5mm，密度宜选用 1.47～1.61g/cm³。

2）组装容砂瓶与灌砂漏斗，螺纹连接处应旋紧，称其质量 $m_{r1}$。

3）将密度测定器竖立，灌砂漏斗口向上，关阀门，向灌砂漏斗中注满标准砂，打开阀门使漏斗内的标准砂漏入容砂瓶内，继续向漏斗内注砂漏入瓶内。当砂停止流动时迅速关闭阀门，倒掉漏斗内多余的砂，称容砂瓶、灌砂漏斗和标准砂的总质量 $m_{rs}$，准确至 5g。试验中应避免震动。

4）倒出容砂瓶内的标准砂，通过漏斗向容砂瓶内注水至水面高出阀门，关阀门，倒掉漏斗中多余的水，称容砂瓶、漏斗和水的总质量 $m_{r2}$，准确至 5g，并测定水温，准确到 0.5℃。重复测定 3 次测值之间的差值不得大于 3mL，取 3 次测值的平均值。

容砂瓶的容积，应按下式计算：

$$V_r = (m_{r2} - m_{r1})/\rho_{wr} \qquad 式（7-5）$$

式中 $V_r$——容砂瓶容积（mL）；

$m_{r2}$——容砂瓶、漏斗和水的总质量（g）；

$m_{r1}$——容砂瓶和漏斗的质量（g）；

$\rho_{wr}$——不同水温时水的密度（g/cm³），查表 7-12。

水的密度　　　　表 7-12

| 温度(℃) | 水的密度(g/cm³) | 温度(℃) | 水的密度(g/cm³) | 温度(℃) | 水的密度(g/cm³) |
| --- | --- | --- | --- | --- | --- |
| 4.0 | 1.0000 | 15.0 | 0.9991 | 26.0 | 0.9968 |
| 5.0 | 1.0000 | 16.0 | 0.9989 | 27.0 | 0.9965 |
| 6.0 | 0.9999 | 17.0 | 0.9988 | 28.0 | 0.9962 |
| 7.0 | 0.9999 | 18.0 | 0.9986 | 29.0 | 0.9959 |
| 8.0 | 0.9999 | 19.0 | 0.9984 | 30.0 | 0.9957 |
| 9.0 | 0.9998 | 20.0 | 0.9982 | 31.0 | 0.9953 |
| 10.0 | 0.9997 | 21.0 | 0.998 | 32.0 | 0.9950 |
| 11.0 | 0.9996 | 22.0 | 0.9978 | 33.0 | 0.9947 |
| 12.0 | 0.9995 | 23.0 | 0.9975 | 34.0 | 0.9944 |
| 13.0 | 0.9994 | 24.0 | 0.9973 | 35.0 | 0.9940 |
| 14.0 | 0.9992 | 25.0 | 0.9970 | 36.0 | 0.9937 |

标准砂的密度，应按下式计算：

$$\rho_s = \frac{m_{rs} - m_{r1}}{V_r} \qquad 式（7-6）$$

式中 $\rho_s$——标准砂的密度（g/cm³）；
$m_{rs}$——容砂瓶、漏斗和标准砂的总质量（g）。

（2）灌砂法试验，应按下列步骤进行：

1）根据试样最大粒径，确定试坑尺寸见表7-13。

试坑尺寸（mm） 表7-13

| 试样最大粒径 | 试坑尺寸 | |
| --- | --- | --- |
| | 直径 | 深度 |
| 5(20) | 150 | 200 |
| 40 | 200 | 250 |
| 60 | 250 | 300 |

2）将选定试验处的试坑地面整平，除去表面松散的土层。

3）按确定的试坑直径划出坑口轮廓线，在轮廓线内下挖至要求深度，边挖边将坑内的试样装入土容器内，称试样质量 $m_{r3}$，准确至10g，并应测定试样的含水率。

4）向容砂瓶内注满砂，关阀门，称容砂瓶，漏斗和砂的总质量 $m_{r4}$，准确至10g。

5）将密度测定器倒置（容砂瓶向上）于挖好的坑口上，打开闸门，使砂注入试坑。在注砂过程中不应震动。当砂注满试坑时关闭阀门，称容砂瓶、漏斗和余砂的总质量 $m_{r5}$，准确至5g，并计算注满试坑所用标准砂的质量（$m_{sr}=m_{r3}-m_{r4}-m_{r5}$）。

**5. 试验数据处理及判定**

试样的密度，应按下式计算：

$$\rho_0 = \frac{m_p}{\dfrac{m_s}{\rho_s}} \qquad 式（7-7）$$

式中 $m_s$——注满试坑所用标准砂的质量（g）；
$m_p$——取自试坑内土的质量（g）。

试样的干密度，应按下式计算，准确至0.01g/cm³。

$$\rho_d = \frac{\dfrac{m_p}{1+0.01\omega_1}}{\dfrac{m_s}{\rho_s}} \qquad 式（7-8）$$

### 7.2.4 击实试验

**1. 试验目的**

本试验目的是研究土的压实性能，测定土的最大干密度和最佳含水率，为评定地基压实度提供依据。

本试验分轻型击实和重型击实。轻型击实试验适用于粒径小于5mm的黏性土，重型击实试验适用于粒径不大于20mm的土。采用三层击实时，最大粒径不大于40mm。轻型击实试验的单位体积击实功约592.2kJ/m³，重型击实试验的单位体积击实功约2684.9kJ/m³。

**2. 编制依据**

本试验依据《土工试验方法标准》GB/T 50123 制定。

**3. 仪器设备**

击实仪的击实筒和击锤尺寸应符合表 7-14 规定。

击实仪的击锤应配导筒，击锤与导筒间应有足够的间隙使锤能自由下落；电动操作的击锤必须有控制落距的跟踪装置和锤击点按一定角度（轻型 53.5，重型 45°）均匀分布的装置（重型击实仪中心点每圈要加一击）。

**击实仪主要部件规格表** 表 7-14

| 试验方法 | 锥底直径(mm) | 锤质量(kg) | 落高(mm) | 击实筒 | | | 护筒高度(mm) |
|---|---|---|---|---|---|---|---|
| | | | | 内径(mm) | 筒高(mm) | 容积(cm³) | |
| 轻型 | 51 | 2.5 | 305 | 102 | 116 | 947.4 | 50 |
| 重型 | 51 | 4.5 | 457 | 152 | 116 | 2103.9 | 50 |

天平：称量 200g，最小分度值 0.01g。

台秤：称量 10kg，最小分度值 5g。

标准筛：孔径为 20mm、40mm 和 5mm。

试样推出器：宜用螺旋式千斤顶或液压式千斤顶，如无此类装置，亦可用刮刀和修土刀从击实筒中取出试样。

**4. 取样及制备要求**

试样制备分为干法和湿法两种。

（1）干法制备试样应按下列步骤进行：用四分法取代表性土样 20kg（重型为 50kg），风干碾碎，过 5mm（重型过 20mm，或 40mm）筛，将筛下土样拌匀，并测定土样的风干含水率。根据土的塑限预估最优含水率，并制备 5 个不同含水率的一组试样，相邻 2 个含水率的差值宜为 2%。

轻型击实中 5 个含水率中应有 2 个大于塑限，2 个小于塑限，1 个接近塑限。

（2）湿法制备试样应按下列步骤进行

取天然含水率的代表性土样 20kg（重型为 50kg），碾碎，过 5mm 筛（重型过 20mm 或 40mm），将筛下土样拌匀，并测定土样的天然含水率。根据土样的塑限预估最优含水率，选择至少 5 个含水率的土样，分别将天然含水率的土样风干或加水进行制备，应使制备好的土样水分均匀分布。

**5. 试验步骤**

（1）将击实仪平稳置于刚性基础上，击实筒与底座连接，安装好护筒，在击实筒内壁均匀涂一薄层润滑油。称取一定量试样，倒入击实筒内，分层击实，轻型击实试样为 2~5kg，分 3 层，每层 25 击；重型击实试样为 4~10kg，分 5 层，每层 56 击，若分 3 层，每层 94 击。每层试样高度宜相等，两层交界处的土面应刨毛。击实完成时，超出击实筒顶的试样高度应小于 6mm。

（2）卸下护筒，用直刮刀修平击实筒顶部的试样，拆除底板，试样底部若超出筒外，也应修平，擦净筒外壁，称筒与试样的总质量，准确至 1g，并计算试样的密度。

（3）用推土器将试样从击实筒中推出，取 2 个代表性试样测定含水率，2 个含水率的差值应不大于1%。

(4) 对不同含水率的试样依次击实。

**6. 数据处理与结果评定**

(1) 试样的干密度应按下式计算：

$$\rho_d = \frac{\rho_0}{1+0.01\omega_i} \qquad 式（7-9）$$

式中 $\omega_i$——某点试样的含水率（%）。

(2) 干密度和含水率的关系曲线，应在直角坐标纸上绘制（图7-1）。并应取曲线峰值点相应的纵坐标为击实试样的最大干密度，相应的横坐标为击实试样的最优含水率。当关系曲线不能绘出峰值点时，应进行补点，土样不宜重复使用。

(3) 气体体积等于零（即饱和度100%）的等值线应按下式计算，并应将计算值绘于图7-1的关系曲线上。

$$\omega_{set} = \left(\frac{\rho_w}{\rho_d} - \frac{1}{G_s}\right) \times 100 \qquad 式（7-10）$$

式中 $w_{set}$——试样的饱和含水率（%）；

$\rho_w$——温度4℃时水的密度（g/cm³）；

$\rho_d$——试样的干密度（g/cm³）；

$G_s$——土颗粒比重。

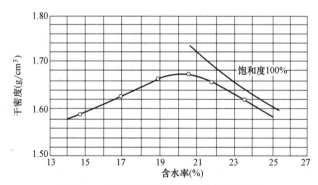

图7-1 最大干密度与含水率关系曲线

(4) 轻型击实试验中，当试样中粒径大于5mm对最大干密度和最优含水率进行校正。

1) 最大干密度应按下式校正：

$$\rho'_{dmax} = \frac{1}{\dfrac{1-P_5}{\rho_{dmax}} + \dfrac{P_5}{\rho w G_{s2}}} \qquad 式（7-11）$$

式中 $\rho'_{dmax}$——校正后试样的最大干密度（g/cm³）；

$P_5$——粒径大于5mm土的质量百分数（%）；

$G_{s2}$——粒径大于5mm土粒的饱和面干比重。

## 第7章 简易土工试验

饱和面干比重指当土粒呈饱和而干燥状态时的土粒总质量与相当于土粒总体积的纯水 4℃时质量的比值。

2) 最优含水率应按下式进行校正，计算至 0.1%。

$$\omega'_{opt} = \omega_{opt}(1-P_5) + P_5 \omega_{ab} \qquad \text{式 (7-12)}$$

式中　$\omega'_{opt}$——校正后试样的最优含水率（%）；

$\omega_{opt}$——击实试样的最优含水率（%）；

$\omega_{ab}$——粒径大于 5mm 土粒的吸着含水率（%）。

# 第8章 混凝土外加剂检测

## 8.1 混凝土外加剂

### 8.1.1 外加剂定义

混凝土外加剂是一种在混凝土搅拌之前或拌制过程中加入的用以改善新拌混凝土和（或）硬化混凝土性能的材料。外加剂是混凝土的一种化学添加剂，属于混凝土用混合材料之一。混合材料是指除水泥、水、骨料以外在配制混凝土时根据需要作为混凝土的成分而加入的材料，有关标准是根据混凝土中外加材料掺入量的多少将混合材料分为外加剂和外加料，二者之间没有明显界限。一般规定在混凝土中拌和时或拌和前掺入的，其掺入量超过水泥重量5%的称为外加料，掺入量小于5%的属于助剂性质的称为外加剂。

### 8.1.2 混凝土外加剂的分类

外加剂的种类很多，按化合物分类，可分为无机外加剂和有机外加剂两大类。

按其主要功能分为四大类：调节或改善混凝土拌合物流变性能的外加剂、调节混凝土凝结硬化时间、硬化性能的外加剂、改善混凝土耐久性的外加剂、改善混凝土其他性能的外加剂。

混凝土外加剂适用于高性能减水剂（早强型、标准型、缓凝型）、高效减水剂（标准型、缓凝型）、普通减水剂（早强型、标准型、缓凝型）、引气减水剂、泵送剂、早强剂、缓凝剂及引气剂共八类混凝土外加剂。

### 8.1.3 混凝土外加剂的技术指标（表8-1、表8-2）

受检混凝土性能指标　　　　　　　　　　　　　　　　　　　表8-1

| 试验项目 | 普通减水剂 | | 高效减水剂 | | 早强减水剂 | | 缓凝高效减水剂 | | 缓凝减水剂 | | 引气减水剂 | | 早强剂 | | 缓凝剂 | | 引气剂 | |
|---|---|---|---|---|---|---|---|---|---|---|---|---|---|---|---|---|---|---|
| | 一等品 | 合格品 | 一等品 | 合格品 | 一等品 | 合格品 | 一等品 | 合格品 | 一等品 | 合格品 | 一等品 | 合格品 | 一等品 | 合格品 | 一等品 | 合格品 | 一等品 | 合格品 |
| 减水率(%)，不小于 | 8 | 5 | 12 | 10 | 8 | 5 | 12 | 10 | 8 | 5 | 10 | 10 | — | — | — | — | 6 | 6 |
| 泌水率比(%)，不大于 | 95 | 100 | 90 | 95 | 95 | 100 | 100 | 100 | 100 | 100 | 70 | 80 | 100 | 100 | 100 | 110 | 70 | 80 |
| 含气量(%)，不大于 | 3.0 | 4.0 | 3.0 | 4.0 | 3.0 | 4.0 | <4.5 | <4.5 | <5.5 | <5.5 | >3.0 | >3.0 | — | — | — | — | >3.0 | >3.0 |

续表

| 试验项目 | | 外加剂品种 | | | | | | | | | | | | | | | | |
|---|---|---|---|---|---|---|---|---|---|---|---|---|---|---|---|---|---|---|
| | | 普通减水剂 | | 高效减水剂 | | 早强减水剂 | | 缓凝高效减水剂 | | 缓凝减水剂 | | 引气减水剂 | | 早强剂 | | 缓凝剂 | | 引气剂 |
| | | 一等品 | 合格品 | 一等品 | 合格品 | 一等品 | 合格品 | 一等品 | 合格品 | 一等品 | 合格品 | 一等品 | 合格品 | 一等品 | 合格品 | 一等品 | 合格品 | 一等品 | 合格品 |
| 凝结时间差(min) | 初凝 | −90~+120 | | −90~+90 | | −90~+90 | | >+90 | | >+90 | | −90~+120 | | −90~+90 | | >+90 | | −90~+120 | |
| | 终凝 | | | | | | | — | | — | | | | | | — | | | |
| 抗压强度比(%),不小于 | 1d | — | — | 140 | 130 | 140 | 130 | — | | — | | | | 135 | 125 | — | | | |
| | 3d | 115 | 110 | 125 | 115 | 115 | 110 | 125 | 115 | 100 | | 115 | 110 | 130 | 120 | 100 | 90 | 95 | 80 |
| | 7d | 115 | 110 | 125 | 115 | 115 | 110 | 125 | 115 | 110 | | 110 | | 110 | 105 | 100 | 90 | 95 | 80 |
| | 28d | 110 | 105 | 120 | 110 | 105 | 100 | 120 | 110 | 110 | 105 | 100 | | 100 | 95 | 100 | 90 | 90 | 80 |
| 收缩率比(%),不小于 | 28d | 135 | | | | | | | | | | | | | | | | | |
| 相对耐久性指标(%),200次,不小于 | | — | | — | | — | | — | | — | | 80 | 60 | — | | — | | — | |
| 对钢筋锈蚀作用 | | 应说明对钢筋有无锈蚀危害 | | | | | | | | | | | | | | | | | |

注：① 除含气量外，表中所列数据为受检混凝土与基准混凝土的差值或比值。
② 凝结时间指标，"−"表示提前，"＋"表示延缓。
③ 相对耐久性指标一栏中，"200次≥80或60"表示将28d龄期的掺外加剂混凝土试块冻融循环200次后，动弹性模量保留值≥80%或≥60%。
④ 对于可以用高频振捣排除的，由外加剂所引入的气泡的产品，允许高频振捣，达到某类型性能要求的外加剂，可按本表进行命名和分类，但须在产品说明书和包装上注明：用于高频振捣的××剂。

**匀质性指标**   表 8-2

| 项目 | 指标 |
|---|---|
| 氯离子含量(%) | 不超过生产厂控制值 |
| 总碱量(%) | 不超过生产厂控制值 |
| 含固量(%) | $S>25\%$时,应控制在 $0.95S-1.05S$<br>$S\leq25\%$时,应控制在 $0.90S-1.10S$ |
| 含水率(%) | $W>5\%$时,应控制在 $0.90W-1.10W$<br>$W\leq5\%$时,应控制在 $0.80W-1.20W$ |
| 密度(g/cm³) | $D>1.1$时,应控制在 $D\pm0.03$<br>$D\leq1.1$时,应控制在 $D\pm0.02$ |
| 细度 | 应在生产厂控制范围内 |
| pH 值 | 应在生产厂控制范围内 |
| 硫酸钠含量(%) | 不超过生产厂控制值 |

注：① 生产厂应在相关的技术资料中明示产品均质性指标的控制值；
② 对相同和不同批次之间的均质性和等效性的其他要求，可由供需双方商定；
③ 表中的 $S$、$W$ 和 $D$ 分别为含固量、含水率和密度的生产厂控制值。

## 8.1.4 外加剂的取样频率及数量（表 8-3）

外加剂取样　　　　　　　　　　　　　　　　表 8-3

| 序号 | 项目 | 检验或验收依据 | 检测内容 | 组批原则或取样频率 | 取样方法及数量 | 送样时应提供的信息 |
|---|---|---|---|---|---|---|
| 1 | 外加剂 | 《混凝土外加剂》GB 8076<br>《混凝土膨胀剂》GB/T 23439<br>《砂浆、混凝土防水剂》JC 474<br>《混凝土外加剂应用技术规范》GB 50119 | 减水率<br>泌水率比<br>凝结时间(差)<br>抗压强度(比)<br>收缩率比<br>含气量<br>坍落度增加值<br>坍落度保留值<br>限制膨胀率<br>透水压力比<br>吸水量比<br>细度<br>安定性<br>强度 | 混凝土外加剂：包括高性能减水剂(早强型、标准型、缓凝型)、高效减水剂(标准型、缓凝型)、普通减水剂(早强型、标准型、缓凝型)、引气减水剂、泵送剂、早强剂、缓凝剂和引气剂。掺量≥1%的同品种的外加剂，每一编号为100t，掺量＜1%的同品种的外加剂每一编号为500t，不足100t或50t也按一批计。砂浆、混凝土防水剂：每 50t 为一批，不足50t也按一个批量计 | 混凝土外加剂：同一编号的外加剂必须混合均匀，每一编号取样数量不少于0.2t水泥所需的外加剂量。<br>混凝土膨胀剂：取样应有代表性，每200t 为一检验批，总量不少于10kg。<br>砂浆、混凝土防水剂：每批取样数量不少于0.2t水泥所需的外加剂量 | 1. 生产单位；<br>2. 品种、型号；<br>3. 质量等级；<br>4. 掺量；<br>5. 使用部位 |

## 8.1.5 混凝土外加剂

**1. 试验目的**

测定某外加剂的成分、性能和质量稳定程度等，以判断其是否达到规定的物理、化学性能指标。

**2. 编制依据**

本试验依据《混凝土外加剂》GB 8076 制定。

**3. 仪器设备**

60L 单卧轴式强制搅拌机、混凝土振动台、混凝土含气量测定仪、混凝土贯入阻力测定仪、混凝土比长仪、混凝土抗冻试验设备、坍落度筒、捣棒、钢直尺、磅秤、SL 带盖容量筒 100mm×100mm×100mm 试模、100mm×100mm×515mm 试模、100mm×100mm×300mm 试模。

环境条件：成型室温度（20±3）℃，标养室温度（20±2）℃，相对湿度＞95%。

**4. 试样制备及要求**

（1）原材料

1）水泥

采用外加剂检验专用的基准水泥。

2）砂

细度模数为2.6~2.9，含泥量小于1%的中砂。

3）石子

采用公称粒径为5~20mm的碎石或卵石，采用二级配，其中5~10mm占40%，10~20mm占60%，满足连续级配要求，针片状物质含量小于10%，空隙率小于47%，含泥量小于0.5%。如有争议时，以卵石试验结果为准。

4）水

符合JGJ 63混凝土拌合用水的技术要求。

5）外加剂

需要检测的外加剂。

（2）配合比

1）水泥用量：掺高性能减水剂或泵送剂的基准混凝土和受检混凝土的单位水泥用量为360kg/m³；掺其他外加剂的基准混凝土和受检混凝土单位水泥用量为330kg/m³。

2）砂率：掺高性能减水剂或泵送剂的基准混凝土和受检混凝土的砂率均为43%~47%；掺其他外加剂的基准混凝土和受检混凝土的砂率均为36%~40%；但掺引气减水剂或引气剂的受检混凝土的砂率应比基准混凝土的砂率低1%~3%。

3）外加剂掺量：按生产厂家指定掺量。

4）用水量：掺高性能减水剂或泵送剂的基准混凝土和受检混凝土的坍落度控制在（210±10）mm，用水量为坍落度在（210±10）mm时的最小用水量；掺其他外加剂的基准混凝土和受检混凝土的坍落度控制在（80±10）mm。

用水量包括液体外加剂、砂、石材料中所含的水量。

（3）混凝土搅拌

采用60L的单卧轴式强制搅拌机。搅拌机的拌合量应不少于20L，不宜大于45L。外加剂为粉状时，将水泥、砂、石、外加剂一次投入搅拌机，干拌均匀，再加入拌合水，一起搅拌2min。外加剂为液体时，将水泥、砂、石一次投入搅拌机，干拌均匀，再加入掺有外加剂的拌合水一起搅拌2min。

出料后，在铁板上用人工翻拌至均匀，再进行试验。各种混凝土试验材料及环境温度均应保持在（20±3）℃。

（4）试件制作及试验所需试件数量

1）试件制作

混凝土试件制作及养护参照《普通混凝土拌合物性能试验方法标准》GB/T 50080进行。

2）试验项目及所需数量详见表8-4。

**5. 试验方法**

（1）混凝土拌合物性能试验方法

1）坍落度和坍落度1h经时变化量测定

每批混凝土取一个试样。坍落度和坍落度1小时经时变化量均以三次试验结果的平均值表示。三次试验的最大值和最小值与中间值之差有一个超过10mm时，将最大值和最小值一并舍去，取中间值作为该批的试验结果；最大值和最小值与中间值之差均超过10mm时，则应重做。

**试验项目及所需数量** 表 8-4

| 试验项目 | | 外加剂类别 | 试验类别 | 试验所需数量 | | | |
|---|---|---|---|---|---|---|---|
| | | | | 混凝土拌合批数 | 每批取样数目 | 基准混凝土总取样数目 | 受检混凝土总取样数目 |
| 减水率 | | 除早强剂、缓凝剂外的各种外加剂 | 混凝土拌合物 | 3 | 1次 | 3次 | 3次 |
| 泌水率比 | | 各种外加剂 | | 3 | 1个 | 3个 | 3个 |
| 含气量 | | | | 3 | 1个 | 3个 | 3个 |
| 凝结时间之差 | | | | 3 | 1个 | 3个 | 3个 |
| 1h经时变化量 | 坍落度 | 高性能减水剂、泵送剂 | | 3 | 1个 | 3个 | 3个 |
| | 含气量 | 引气剂、引起减水剂 | | 3 | 1个 | 3个 | 3个 |
| 抗压强度比 | | 各种外加剂 | 硬化混凝土 | 3 | 6块、9块或12块 | 18块、27块或36块 | 18块、27块或36块 |
| 收缩率比 | | | | 3 | 1条 | 3条 | 3条 |
| 相对耐久性 | | 引起减水剂、引气剂 | 硬化混凝土 | 3 | 1条 | 3条 | 3条 |

注：① 试验时，检验同一种外加剂的三批混凝土的制作宜在开始试验一周的不同日期完成，对比的基准混凝土和受检混凝土应同时成型。
② 试验前后应仔细观察试样，对有明显缺陷的试样和试样结果都应舍除。

坍落度和坍落度 1 小时经时变化量测定值以 mm 表示，结果表达修约到 5mm。

① 坍落度测定

测定混凝土坍落度，当坍落度为（210±10）mm 时，分两层装料，每层装入高度为筒高的一半，每层用振动棒插捣 15 次。

② 坍落度 1h 经时变化量测定

将混凝土拌合物装入用湿布擦过的试样筒内，容器加盖，静置至 1h（从加水搅拌时开始计算），然后倒出，在铁板上用铁锹翻拌至均匀，测定坍落度。计算出机时和 1h 之后的坍落度之差值，即得到坍落度的经时变化量。

坍落度 1h 经时变化量按式下式计算：

$$\Delta Sl = Sl_0 - Sl_{1k} \qquad 式（8-1）$$

式中 $\Delta Sl$——坍落度经时变化量，mm；

$Sl_0$——出机时测得的坍落度，mm；

$Sl_k$——1h 后测得的坍落度，mm。

2）减水率测定

减水率为坍落度基本相同时，基准混凝土与受检混凝土单位用水量之差与基准混凝土单位用水量之比。减水率按下式计算，应精确到 0.1%。

$$W_R = \frac{W_0 - W_1}{W_0} \qquad 式（8-2）$$

式中 $W$——减水率，%；

$W_0$——基准混凝土单位用水量，kg/m³；

$W_1$——受检混凝土单位用水量，kg/m³。

$W_R$以三批试验的算术平均值计，精确到1%。若三批试验的最大值或最小值中有一个与中间值之差超过中间值15%时，把最大值与最小值舍去，取中间值为该组试验的减水率若有两个测值与中间值之差均超过15%时，则该批试验结果无效，应该重做。

3) 泌水率比测定

泌水率比按下式计算，精确到0.1%。

$$B_R = \frac{B_r}{B_c} \times 100 \quad \text{式 (8-3)}$$

式中 $B_R$——泌水率之比，%；

$B_r$——受检混凝土泌水率，%；

$B_c$——基准混凝土泌水率，%。

泌水率的测定和计算方法如下：

先用湿布润湿容积为5L的带盖容器（内径为185mm，高200mm），将混凝土拌合物一次装入，在振动台上振动20s，然后用抹刀轻轻抹平，加盖以防水分蒸发。试样表面应比筒口边低约20mm。自抹面开始计算时间，在前60min，每隔10min用吸液管吸出泌水一次，以后每隔20min吸水一次，直至连续三次无泌水为止。每次吸水前5min应将筒底一侧垫高约2mm，使筒倾斜，以便于吸水。吸水后，将筒轻轻放平盖好。将每次吸出的水都注入带塞的量筒，最后计算出总的泌水量，精确至1g，并按下面两式进行计算。

$$B = \frac{V_W}{(W/G)G_W} \times 100 \quad \text{式 (8-4)}$$

$$G_W = G_1 - G_0 \quad \text{式 (8-5)}$$

式中 $B$——泌水率，%；

$V_W$——泌水总量，g；

$W$——混凝土拌合物的用水量，g；

$G$——混凝土拌合物的总重量，g；

$G_W$——试样重量，g；

$G_1$——筒及试样重，g；

$G_0$——筒重，g。

试验时，每批混凝土拌合物取一个试样，泌水率取三个试样的算术平均值。精确到0.1%。如果三个试样的最大值或最小值中有一个与中间值之差大于中间值的15%时，把最大值与最小值一并舍去，取中间值为该批组试验的泌水率；如果最大值和最小值与中间值之差均大于中间值的15%时，则应重做。

4) 含气量和含气量1h经时变化量的测定

试验时，每批混凝土拌合物取一个试样，以三个试样测值的算术平均值来表示，若三个试样中的最大值或最小值有一个与中间值之差均超过0.5%时，将最大值与最小值一并舍去，取中间值作为该批的试验结果；如果最大值与最小值有与中间值之差均超过0.5%，则应重做。含气量和1h经时变化量测定值精确到0.1%。

① 含气量测定

按 GB/T 50080 用气水混合式含气量测定仪，并按仪器说明进行操作，但混凝土拌合物应一次装满并高于容器，用振动台振实 15～20s。

② 含气量 1h 经时变化量测定

将混凝土拌合物装入用湿布擦过的试样筒内，容器加盖，静置至 1h（从加水搅拌时开始计算），然后倒出，在铁板上用铁锹翻拌至均匀，再按照含气量测定方法测定含气量。计算出机时和 1h 之后的含气量之差值，即得到含气量的 1h 经时变化量。

含气量的 1h 经时变化量按下式计算：

$$\Delta A = A_0 - A_{1h} \qquad 式（8-6）$$

式中  $\Delta A$——含气量的 1h 经时变化量，%；

$A_0$——出机后测得的含气量，%；

$A_{1h}$——1 小时后测得的含气量，%。

5）凝结时间差测定

按下式进行计算：

$$\Delta T = T_t - T_c \qquad 式（8-7）$$

式中  $\Delta T$——凝结时间之差，min；

$T_t$——掺外加剂混凝土的初凝或终凝时间，min；

$T_c$——基准混凝土的初凝或终凝时间，min。

凝结时间采用贯入阻力仪测定，仪器精度为 10N，凝结时间测定方法如下：将混凝土拌合物用 5mm（圆孔筛）振动筛出砂浆，拌匀后装入上口内径为 160mm，下口内径为 150mm，净高 150mm 的刚性不渗水的金属容器，试样表面应低于筒口约 10mm，用振动台振实（3～5s）置于（20±2）℃的环境中，容器加盖。一般基准混凝土在成型后 3～4h，掺早强剂的成型后 1～2h，掺缓凝剂的在成型后 4～6h 开始测定。以后每隔半小时或 1 小时测定 1 次，但在临近初、终凝时，可能缩短测定间隔时间。每次测点应避开前一次测孔，其净距为试针直径的 2 倍，但至少不小于 15mm，试针与容器边缘之距离不小于 25mm。用截面积为 100mm² 的试针，测定终凝时间用 20mm² 的试针。

贯入阻力按下式计算。

$$R = \frac{P}{A} \qquad 式（8-8）$$

式中  $R$——贯入阻力值，MPa；

$P$——贯入深度达 25mm 时所需的净压力，N；

$A$——贯入阻力仪试针的截面积，mm²。

根据计算结果，以贯入阻力值为纵坐标，测试时间为横坐标，绘制贯入阻力值与时间关系曲线，求出贯入阻力值达 3.5MPa 时对应的时间作为初凝时间及贯入阻力达 28MPa 时对应的时间作为终凝时间。从水泥与水开始接触时开始计算凝结时间。

试验时，每批混凝土拌合物取一个试样，凝结时间取三个试样的平均值。初凝时间试验误差均应不大于 30min，如果三个数值中有一个值与平均值之差大于 30min，则取三个值的中间值作为结果，如果最大最小值与平均值之差均大于 30min，则应重做。凝结时间以 min 计算，并修约到 5min。

（2）硬化混凝土性能试验方法

1) 抗压强度比测定

抗压强度比以掺外加剂混凝土与基准混凝土同龄期抗压强度之比表示,按下式计算,精确到1%。

$$R_f = \frac{f_t}{f_c} \qquad 式（8-9）$$

式中 $R_f$——抗压强度比,%;

$f_t$——掺外加剂混凝土的抗压强度,MPa;

$f_c$——基准混凝土的抗压强度,MPa。

受检混凝土与基准混凝土的抗压强度按《混凝土物理力学性能试验方法标准》GB/T 50081进行试验和计算。试件制作时,用振动台振动15～20s。试件预养温度为(20±3)℃。试验结果以三批试验测值的平均值表示,若三批试验中有一批的最大值或最小值与中间值的差值超过中间值的15%,则把最大值与最小值一并舍去,取中间值作为该批的试验结果,如有两批测值与中间值的差均超过中间值的15%,则试验结果无效,应该重做。

2) 收缩率比测定

收缩率比以28d龄期时受检混凝土与基准混凝土干缩率比值表示,按下式计算:

$$R_\varepsilon = \frac{\varepsilon_t}{\varepsilon_c} \qquad 式（8-10）$$

式中 $R_\varepsilon$——收缩率比,%;

$\varepsilon_t$——受检混凝土的收缩率比,%;

$\varepsilon_c$——基准混凝土的收缩率比,%。

受检混凝土与基准混凝土的收缩率按《普通混凝土长期性能和耐久性能试验方法》GB/T 50082标准测定和计算。用振动台成型,振动15～20s。每批混凝土拌合物取一个试样,以三个试样收缩率比的平均值表示,精确到1%。

(3) 相对耐久性试验

按GB/T 50082进行,试件采用振动台成型,振动15～20s,标准养护28d后进行冻融循环试验(快冻法)。

相对耐久性指标是以掺外加剂混凝土冻融200次后的动弹性模量是否不小于80%来评定外加剂的质量。每批混凝土拌合物取一个试样,相对动弹性模量以三个试件测值的算术平均值表示。

## 8.2 砂浆、混凝土防水剂检验

### 8.2.1 定义

砂浆、混凝土防水剂是能够降低砂浆、混凝土在静水压力下的透水性的外加剂。

基准混凝土(砂浆):按照规定的试验方法配制的不掺防水剂的混凝土(砂浆)。

### 8.2.2 砂浆、混凝土防水剂的技术指标

对于砂浆、混凝土防水剂的技术要求见表8-5～表8-7。

防水剂匀质性指标　　　　　　　　　　　　　　　表 8-5

| 试验项目 | 指标 | |
|---|---|---|
| | 液体 | 粉状 |
| 密度(g/cm³) | $D>1.1$ 时,要求为 $D\pm0.03$<br>$D\leqslant1.1$ 时,要求为 $D\pm0.02$<br>$D$ 是生产厂提供的密度值 | — |
| 氯离子含量(%) | 应小于生产厂最大控制值 | 应小于生产厂最大控制值 |
| 总碱量(%) | 应小于生产厂最大控制值 | 应小于生产厂最大控制值 |
| 细度(%) | — | 0.315mm 筛筛余应小于 15% |
| 含水率(%) | — | $W\geqslant5\%$ 时,$0.90W\leqslant X<1.10W$<br>$W<5\%$ 时,$0.80W\leqslant X<1.20W$<br>$W$ 是生产厂提供的含水率(质量%)<br>$X$ 是测试的含水率(质量%) |
| 固体含量(%) | $S\geqslant20\%$ 时,$0.95S\leqslant X<1.05S$;<br>$S<20\%$ 时,$0.90S\leqslant X<1.10S$;<br>$S$ 是生产厂提供的固体含量(质量%)<br>$X$ 是测试的固体含量(质量%) | — |

注:生产厂应在产品说明书中明示产品均质性指标的控制值。

受检砂浆的性能指标　　　　　　　　　　　　　　　表 8-6

| 试验项目 | | 性能指标 | |
|---|---|---|---|
| | | 一等品 | 合格品 |
| 安定性 | | 合格 | 合格 |
| 凝结时间 | 初凝(min) ≥ | 45 | 45 |
| | 终凝(h) ≤ | 10 | 10 |
| 抗压强度比(%) | 7d | 100 | 85 |
| | 28d | 90 | 80 |
| 透水压力比(%) ≥ | | 300 | 200 |
| 吸水量比(48h)(%) ≤ | | 65 | 75 |
| 收缩率比(28d)(%) ≤ | | 125 | 135 |

注:安定性和凝结时间为受检净浆的试验结果,其他项目数据均为受检砂浆与基准砂浆的比值。

受检混凝土的性能　　　　　　　　　　　　　　　表 8-7

| 试验项目 | | 性能指标 | |
|---|---|---|---|
| | | 一等品 | 合格品 |
| 安定性 | | 合格 | 合格 |
| 泌水率比(%) ≤ | | 50 | 70 |
| 凝结时间差(min) | 初凝 | −90 | −90 |
| 抗压强度比(%) | 3d | 100 | 90 |
| | 7d | 110 | 100 |
| | 28d | 100 | 90 |
| 渗透高度比(%) ≤ | | 30 | 40 |
| 吸水量比(48h)(%) ≤ | | 65 | 75 |
| 收缩率比(28d)(%) ≤ | | 125 | 135 |

注:安定性为受检净浆的试验结果,凝结时间差为受检混凝土与基准混凝土的差值,表中其他数据为受检混凝土与基准混凝土的比值。
"—"表示提前。

### 8.2.3 取样频率及数量

砂浆试验项目及数量见表8-8。

砂浆试验项目及数量　　　　表8-8

| 试验项目 | 试验类别 | 试验所需时间数量 | | | |
|---|---|---|---|---|---|
| | | 砂浆(净浆)拌合次数 | 每拌取样数 | 基准砂浆取样数 | 受检砂浆取样数 |
| 安定性 | 净浆 | 3 | 1次 | 0 | 1个 |
| 凝结时间 | 净浆 | 3 | 1次 | 0 | 1个 |
| 抗压强度比 | 硬化砂浆 | 3 | 6块 | 12块 | 12块 |
| 吸水量比(48h) | 硬化砂浆 | 3 | 6块 | 6块 | 6块 |
| 渗透压力比 | 硬化砂浆 | 3 | 2块 | 6块 | 6块 |
| 收缩率比(28d) | 硬化砂浆 | 3 | 1块 | 3块 | 3块 |

### 8.2.4 砂浆、混凝土防水剂

**1. 试验目的**

检验防水剂的各项指标，指导检验检测人员按规定正确操作，确保检测结果科学、准确。混凝土试验项目及数量见表8-9。

混凝土试验项目及数量　　　　表8-9

| 试验项目 | 试验类别 | 试验所需时间数量 | | | |
|---|---|---|---|---|---|
| | | 混凝土拌合次数 | 每拌取样数 | 基准砂浆取样数 | 受检砂浆取样数 |
| 安定性 | 净浆 | 3 | 1个 | 0 | 3个 |
| 泌水率比 | 新拌混凝土 | 3 | 1次 | 3次 | 3次 |
| 凝结时间差 | 新拌混凝土 | 3 | 1次 | 3次 | 3次 |
| 抗压强度比 | 硬化混凝土 | 3 | 6块 | 18块 | 18块 |
| 渗透高度比 | 硬化混凝土 | 3 | 2块 | 6块 | 6块 |
| 吸水量比 | 硬化混凝土 | 3 | 1块 | 3块 | 3块 |
| 收缩率比 | 硬化混凝土 | 3 | 1块 | 3块 | 3块 |

**2. 编制依据**

本试验依据《砂浆、混凝土防水剂》JC 474规范制定。

**3. 试验设备**

水泥净浆搅拌机、沸煮箱、水泥凝结时间测定仪、砂浆透水仪、立式砂浆收缩仪、加盖水桶、混凝土贯入阻力仪、混凝土抗渗仪、比长仪、SL带盖容量筒、40mm×40mm×160mm试模、100mm×100mm×100mm试模、100mm×100mm×515mm试模、砂浆抗渗试模及混凝土抗渗试模等。

**4. 砂浆防水剂性能检验试验步骤**

（1）试验用原材料及配合比

1)水泥：混凝土外加剂性能检验专用基准水泥。
2)砂：标准砂。
3)防水剂掺量采用生产厂家的推荐掺量。
4)水泥与标准砂的质量比为1∶3，用水量根据各项试验要求确定。

(2) 试件的制备

在混凝土振动台上振动15s，静停（24±2）h脱模（如果是缓凝型产品，可适当延长脱模时间）放标准室养护至规定龄期。

(3) 试验方法

1) 净浆安定性和凝结时间

按照《水泥标准稠度用水量、凝结时间、安定性检验方法》GB/T 1346 规定的方法进行水泥标准稠度用水量，凝结时间，安定性试验。

2) 抗压强度

按照《水泥胶砂流动度测定方法》GB/T 2419 确定基准砂浆和受检砂浆的用水量，水泥与砂的比例为1∶3，将二者流动度均控制在（140±5）mm。试验共进行3次，每次用有底试模成型 70.7mm×70.7mm×70.7mm 的基准和受检试件各两组，每组六块，每组试件分别养护至7d、28d，测定抗压强度。

砂浆试件的抗压强度按下式计算：

$$f_m = \frac{P_m}{A_m}$$ 式（8-11）

式中 $f_m$——受检砂浆或基准砂浆7d或28d的抗压强度，MPa；

$P_m$——破坏荷载，N；

$A_m$——试件的受压面积，$mm^2$。

抗压强度比按下式计算：

$$R_{fm} = \frac{f_{tm}}{f_{rm}}$$ 式（8-12）

式中 $R_{fm}$——砂浆的7d或28d抗压强度比，%；

$f_{tm}$——不同龄期（7d或28d）的受检砂浆的抗压强度，MPa；

$f_{rm}$——不同龄期（7d或28d）的基准砂浆的抗压强度，MPa。

3) 透水压力比

按 GB/T 2419 确定基准砂浆和受检砂浆的用水量，二者保持相同的流动度，并以基准砂浆在0.3～0.4MPa压力下透水为准，确定水灰比。用上口直径70mm、下口直径80mm，高30mm的截头圆锥带底金属试模成型基准和受检试样，成型后用塑料布将试件盖好静停。脱模后放入（20±2）℃的水中养护至7d，取出待表面干燥后，用密封材料密封装入渗透仪中进行透水试验。水压从0.2MPa开始，恒压2h，增至3MPa，以后每隔1h增加水压0.1MPa。当六个试件中有三个试件端面呈现渗水现象时，即可停止试验，记下当时的水压值。若加压至1.5MPa，恒压1h还未透水，应停止升压。砂浆透水压力为每组六个试件中四个未出现渗水时的最大水压力。

透水压力比按照下式计算，精确至1%：

$$R_{\text{pm}} = \frac{P_{\text{tm}}}{P_{\text{rm}}} \times 100 \qquad \text{式（8-13）}$$

式中 $R_{\text{pm}}$——受检砂浆与基准砂浆透水压力比，%；
$P_{\text{tm}}$——受检砂浆的透水压力，MPa；
$P_{\text{rm}}$——基准砂浆的透水压力，MPa。

4）吸水量比（48h）

按照抗压强度试件的成型和养护方法成型基准和受检试件。养护28d后，取出试件，在75～80℃温度下烘干（48±0.5）h后称量，然后将试件放入水槽。试件的成型面朝下放置，下部用两根直径为10mm的钢筋垫起，试件浸入水中的高度为35mm。要经常加水，并在水槽上要求的水面高度处开溢水孔，以保持水面恒定。水槽应加盖，放在恒温为（20±3）℃、相对湿度80%以上的恒温室中，试件表面不得有结露或水滴。然后在（48±0.5）h时取出，用挤干的湿布擦去表面的水，称量并记录。称量采用感量1g、最大称量范围为1000g的天平。

吸水量按下式计算：

$$W_{\text{m}} = M_{\text{m1}} - M_{\text{m0}} \qquad \text{式（8-14）}$$

式中 $W$——砂浆试件的吸水量，g；
$M_{\text{m1}}$——砂浆试件吸水后的质量，g；
$M_{\text{m0}}$——砂浆试件干燥后的质量，g。

结果以六块试件的平均值表示，精确至1g。吸水量比按下式计算，精确至1%：

$$R_{\text{wm}} = \frac{W_{\text{tm}}}{W_{\text{rm}}} \times 100 \qquad \text{式（8-15）}$$

式中 $R_{\text{wm}}$——受检砂浆与基准砂浆吸水量比，%；
$W_{\text{tm}}$——受检砂浆的吸水量，g；
$W_{\text{rm}}$——基准砂浆的吸水量，g。

5）收缩率比（28d）

按照抗压强度比试验步骤确定的配比，《建筑砂浆基本性能试验方法标准》JGJ/T 70试验方法测定基准和受检砂浆试件的收缩值，测定龄期为28d。收缩率比按照下式计算，精确至1%：

$$R_{\varepsilon\text{m}} = \frac{\varepsilon_{\text{tm}}}{\varepsilon_{\text{rm}}} \times 100 \qquad \text{式（8-16）}$$

式中 $R_{\varepsilon\text{m}}$——受检砂浆与基准砂浆28d收缩率之比，%；
$\varepsilon_{\text{tm}}$——受检砂浆的收缩率，%；
$\varepsilon_{\text{rm}}$——基准砂浆的收缩率，%。

**5. 受检混凝土的性能检验试验**

（1）材料和配比

试验用各种原材料应符合《混凝土外加剂》GB 8076规定。防水剂掺量为生产厂的推荐掺量。基准混凝土与受检混凝土的配合比设计、搅拌应符合GB 8076规定，但混凝土坍落度可以选择（180±10）mm或者（280±10）mm。当采用（180±10）mm坍落度的混凝土时，砂率宜为38%～42%。

(2) 安定性

净浆安定性按照《水泥标准稠度用水量、凝结时间、安定性检验方法标准》GB/T 1346 规定进行试验。

(3) 泌水率比、凝结时间差、收缩率比和抗压强度比

按照 GB 8076 规定进行试验。

(4) 渗透高度比

渗透高度比试验的混凝土一律采用坍落度为（180±10）mm 的配合比。参照《普通混凝土长期性能和耐久性能试验方法标准》GB/T 50082 规定的抗渗透性能试验方法，但初始压力为 0.4MPa。若基准混凝土在 1.2MPa 以下的某个压力透水，则受检混凝土也加到这个压力，并保持相同时间，然后劈开，在底边均匀取 10 点，测定平均渗透高度。若基准混凝土与受检混凝土在 1.2MPa 时都未透水，则停止升压，劈开，如上所述测定平均渗透高度。

渗透高度比按照下式计算，精确至 1%：

$$R_{hc} = \frac{H_{tc}}{H_{rc}} \times 100 \qquad 式（8-17）$$

式中  $R_{hc}$——受检混凝土与基准混凝土渗透高度之比，%；
　　　$H_{tc}$——受检混凝土的渗透高度，mm；
　　　$H_{rc}$——基准混凝土的渗透高度，mm。

(5) 吸水量比

按照抗压强度试件的成型和养护方法成型基准和受检试件。养护 28d 后取出在 75～80℃温度下烘（48±0.5）h 后称量，然后将试件放入水槽中。试件的成型面朝下放置，下部用两根直径为 10mm 的钢筋垫起，试件浸入水中的高度为 50mm。要经常加水，并在水槽上要求的水面高度处开溢水孔，以保持水面恒定。水槽应加盖，放在温度为（20±3）℃、相对湿度 80% 以上的恒温室中，试件表面不得有结露或水滴。在（48±0.5）h 时取出，用挤干的湿布擦去表面的水，称量并记录。称量采用感量 1g、最大称量范围为 5000g 的天平。

混凝土试件的吸水量按照下式计算：

$$W_c = M_{c1} - M_{c0} \qquad 式（8-18）$$

式中  $W_c$——混凝土试件的吸水量，g；
　　　$M_{c1}$——混凝土试件吸水后质量，g；
　　　$M_{c0}$——混凝土试件干燥后质量，g。

结果以三块试件的平均值表示，精确至 1g。吸水量比按照下式计算，精确至 1%：

$$R_{wt} = \frac{W_{tc}}{W_{rc}} \times 100 \qquad 式（8-19）$$

式中  $R_{wt}$——受检混凝土与基准混凝土吸水量之比，%；
　　　$W_{tc}$——受检混凝土的吸水量，g；
　　　$W_{rc}$——基准混凝土的吸水量，g。

**6. 结果判定**

砂浆防水及各项性能指标符合表 8-5 和表 8-6 中硬化砂浆的技术要求，可判定为相应

等级的产品。混凝土防水剂各项性能指标符合表 8-5 和表 8-7 中硬化混凝土的技术要求，可判定为相应等级的产品。如不符合上述要求时，则应判该批号防水剂不合格。

## 8.3 混凝土防冻剂

### 8.3.1 定义

能使混凝土在负温下硬化，并在规定养护条件下达到预期性能的外加剂，适用于规定温度$-5℃$、$-10℃$、$-15℃$的水泥混凝土防冻剂，按规定温度检测合格的防冻剂，可在比规定温度低 5℃ 的条件下使用。

### 8.3.2 防冻剂的技术指标

混凝土防冻剂应符合表 8-10、表 8-11 的要求。

**防冻剂匀质性指标**　　　　表 8-10

| 试验项目 | 指　　标 |
|---|---|
| 固体含量(%) | 液体防冻剂<br>$S \geqslant 20\%$ 时，$0.95S \leqslant X < 1.05S$；<br>$S < 20\%$ 时，$0.90S \leqslant X < 1.10S$；<br>$S$ 是生产厂提供的固体含量(质量%)，$X$ 是测试的固体含量(质量%) |
| 含水率(%) | 粉状防冻剂<br>$W \geqslant 5\%$ 时，$0.90W \leqslant X < 1.10W$<br>$W < 5\%$ 时，$0.80W \leqslant X < 1.20W$<br>$W$ 是生产厂提供的含水率(质量%)，$X$ 是测试的含水率(质量%) |
| 密度(g/cm³) | 液体防冻剂<br>$D > 1.1$ 时，要求为 $D \pm 0.03$<br>$D \leqslant 1.1$ 时，要求为 $D \pm 0.02$<br>$D$ 是生产厂提供的密度值 |
| 氯离子含量(%) | 无氯盐防冻剂：≤0.1%(质量百分比)<br>其他防冻剂：不超过生产厂提供控制值 |
| 总碱量(%) | 不超过生产厂提供的最大值 |
| 水泥净浆流动度(mm) | 应不小于生产厂控制值的 95% |
| 细度(%) | 粉状防冻剂细度应在生产厂提供的最大值 |

**掺防冻剂混凝土性能**　　　　表 8-11

| 试验项目 | | 性能指标 | |
|---|---|---|---|
| | | 一等品 | 合格品 |
| 减水率(%)≥ | | 10 | — |
| 泌水率比(%)≤ | | 80 | 100 |
| 含气量(%)≥ | | 2.5 | 2.0 |
| 凝结时间差(min) | 初凝 | $-150 \sim +150$ | $-210 \sim +210$ |
| | 终凝 | | |

续表

| 试验项目 | | 性能指标 | | | | | |
|---|---|---|---|---|---|---|---|
| | | 一等品 | | | 合格品 | | |
| 抗压强度比(%)⩾ | 规定温度(℃) | −5 | −10 | −15 | −5 | −10 | −15 |
| | $R_{-7}$ | 20 | 12 | 10 | 20 | 10 | 8 |
| | $R_{28}$ | 100 | | 95 | 95 | | 90 |
| | $R_{-7+28}$ | 95 | 90 | 85 | 90 | 85 | 80 |
| | $R_{-7+56}$ | 100 | | | 100 | | |
| 28d 收缩率比(%)⩽ | | 135 | | | | | |
| 渗透高度比(%)⩽ | | 100 | | | | | |
| 50 次冻融强度损失率比(%)⩽ | | 100 | | | | | |
| 对钢筋锈蚀作用 | | 应说明对钢筋有无锈蚀作用 | | | | | |

混凝土外加剂中释放氨的量<0.10%（质量分数）。

### 8.3.3 取样频率及数量

**1. 批量**

同一品种的防冻剂，每 50t 为一批，不足 50t 也可作为一批。

**2. 抽样及留样**

取样应具有代表性，可连续取，也可以从 20 个以上不同部位去等量样品。液体防冻剂取样时应注意从容器的上、中、下三层分别取样。每批取样量不少于 0.15t 水泥所需的防冻剂量（以其最大掺量计）。

每批取得的试样应允许充分混匀，分为两等份。一份按本标准规定的方法进行试验，另一份密封保存半年，以各有争议时交国家指定的检验机构进行复检或仲裁。

掺防冻剂混凝土的试验项目及试件数量按表 8-12 的规定。

**掺防冻剂混凝土的试验项目及试件数量**　　　　表 8-12

| 试验项目 | 试验类别 | 试验所需试件数量 | | | |
|---|---|---|---|---|---|
| | | 拌合批数 | 每批取样数量 | 受检混凝土总取样数量 | 基准混凝土总取样数量 |
| 减水率 | 混凝土拌合物 | 3 | 1次 | 3次 | 3次 |
| 泌水率比 | | 3 | 1次 | 3次 | 3次 |
| 含气量 | | 3 | 1次 | 3次 | 3次 |
| 凝结时间差 | | 3 | 1次 | 3次 | 3次 |
| 抗压强度比 | 硬化混凝土 | 3 | 12/3 块[a] | 36 块 | 9 块 |
| 收缩率比 | | 3 | 1块 | 3块 | 3块 |
| 抗渗高度比 | | 3 | 2块 | 6块 | 6块 |
| 50 次冻融强度损失率比 | | 1 | 6块 | 6块 | 6块 |
| 钢筋锈蚀 | 新拌或硬化砂浆 | 3 | 1块 | 3块 | — |

注：[a] 受检混凝土 3 块，基准混凝土 12 块。

## 8.3.4 混凝土防冻剂检验试验

**1. 试验目的**

本实验适用于规定温度为-5℃、-10℃、-15℃的水泥混凝土防冻剂,按本规定温度检测防冻剂的各项性能是否符合规范要求,经检验合格的防冻剂,可在比规定温度低5℃的条件下使用。

**2. 编制依据**

本试验依据《混凝土防冻剂》JC 475 制定。

**3. 仪器设备及环境条件**

60L单卧轴式强制搅拌机、混凝土振动台、混凝土含气量测定仪、混凝土贯入阻力测定仪、混凝土比长仪、混凝土抗冻试验设备、坍落度筒、捣棒、钢直尺、磅秤、冷冻设备(冰箱或冰室)和钢筋锈蚀测定仪、SL带盖容量筒、100mm×100mm×100mm试模、100mm×100mm×515mm试模、100mm×100mm×300mm试模。

环境条件:成型室温度(20±3)℃,标养室温度(20±2)℃,相对湿度>95%。

**4. 试样制备及要求**

(1) 材料、配合比及搅拌

按GB8076的规定进行,混凝土坍落度控制为(80±10)mm。

(2) 试验项目及试件数量

掺防冻剂混凝土的试验项目及试件数量按表8-11的规定。

**5. 试验步骤**

(1) 混凝土拌合物性能

减水率、泌水率比、含气量和凝结时间差按照《普通混凝土拌合物性能试验方法标准》GB/T 50080 进行测定和计算。坍落度试验应在混凝土出机后5min内完成。

(2) 硬化混凝土性能

1) 试件制作

基准混凝土试件和受检混凝土试件应同时制作。混凝土试件制作及养护参照GB/T 50080进行,但掺与不掺防冻剂混凝土坍落度为(80±10)mm,试件制作采用振动台振实,振动时间为10~15s。掺防冻剂的受检混凝土在(20±3)℃环境下按表8-13规定的时间预养后移入冰箱(或冰室)内并用塑料布覆盖试件,其环境温度应于3~4h内均匀地降至规定温度,养护7d后(从成型加水时间算起)脱模,放置在(20±3)℃环境温度下解冻,解冻时间按表8-13的规定。解冻后进行抗压强度试验或转标准养护。

**不同规定温度下混凝土试件的预养和解冻时间**　　表8-13

| 防冻剂的规定温度(℃) | 预养时间(h) | M(℃·h) | 解冻时间(h) |
|---|---|---|---|
| -5 | 6 | 180 | 6 |
| -10 | 5 | 150 | 5 |
| -15 | 4 | 120 | 4 |

注:试件预养时间也可按 $M=\sum(T+10)\Delta t$ 来控制。式中:$M$——度时积;$T$——温度;$\Delta t$——温度$T$的持续时间。

2) 抗压强度比

以受检标养混凝土、受检负温混凝土与基准混凝土抗压强度之比表示：

$$R_{28} = \frac{f_{CA}}{f_C} \times 100 \qquad 式（8-20）$$

$$R_{-7} = \frac{f_{AT}}{f_C} \times 100 \qquad 式（8-21）$$

$$R_{-7+28} = \frac{f_{AT}}{f_C} \times 100 \qquad 式（8-22）$$

$$R_{-7+56} = \frac{f_{AT}}{f_C} \times 100 \qquad 式（8-23）$$

式中 $R_{28}$——受检标养混凝土与基准混凝土标养 28d 的抗压强度之比，%；

$f_{AT}$——不同龄期（$R_{-7}$，$R_{-7+28}$，$R_{-7+56}$）的受检负温混凝土抗压强度，MPa；

$f_{CA}$——受检标养混凝土 28d 的抗压强度，MPa；

$f_C$——基准混凝土标养 28d 抗压强度，MPa；

$R_{-7}$——受检混凝土负温养护 7d 的抗压强度与基准混凝土标准养护 28d 抗压强度之比，%；

$R_{-7+28}$——受检混凝土负温养护 7d 再转标准养护 28d 的抗压强度与基准混凝土标准养护 28d 抗压强度之比，%；

$R_{-7+56}$——受检混凝土负温养护 7d 再转标准养护 56d 的抗压强度与基准混凝土标准养护 28d 抗压强度之比，%。

受检混凝土与基准混凝土每组三块试件，强度数据取值原则同 GB/T 50081 规定。受检混凝土和基准混凝土以三组试验结果强度的平均值计算抗压强度比，精确到 1%。

3) 收缩率比

收缩率参照 GB/T 50082，基准混凝土试件应在 3d（从搅拌混凝土加水时算起）从标养室取出移入恒温恒湿室内 3~4h 测定初始长度，再经 28d 后测量其长度。

以三个试件测值的算术平均值作为该混凝土的收缩率，按下式计算收缩率比，精确至 1%：

$$S_r = \frac{\varepsilon_{AT}}{\varepsilon_C} \times 100 \qquad 式（8-24）$$

式中 $S_r$——收缩率比，%；

$\varepsilon_{AT}$——受检负温混凝土的收缩率，%；

$\varepsilon_C$——基准混凝土的收缩率，%。

4) 渗透高度比

基准混凝土标养龄期为 28d，受检负温混凝土到（-7+56）d 时分别参照 GB/T 50082 进行抗渗试验，但按 0.2MPa、0.4MPa、0.6MPa、0.8MPa、1.0MPa 加压，每级恒压 8h，加压到 1MPa 为止，取下试件，将其劈开，测试试件 10 个等分点透水高度平均值，以一组 6 个试件的平均值作为试验的结果，按下式计算透水高度比，精确到 1%。

$$H_r = \frac{H_{AT}}{H_C} \times 100 \qquad 式（8-25）$$

式中 $H_r$——透水高度比，%；
  $H_{AT}$——受检负温混凝土 6 个试件测值的平均值，mm；
  $H_C$——基准混凝土 6 个试件测值的平均值，mm。

5）50 次冻融强度损失率比

参照 GB/T 50082 进行试验和计算强度损失率，基准混凝土试验龄期为 28d，受检负温混凝土龄期为（-7+28）d。根据计算出的强度损失率再按下式计算受检负温混凝土与基准混凝土强度损失率之比，计算精确到 1%。

$$D_r = \frac{\Delta f_{AT}}{\Delta f_C} \times 100 \qquad 式（8-26）$$

式中 $D_r$——50 次冻融强度损失率比，%；
  $\Delta f_{AT}$——受检负温混凝土 50 次冻融强度损失率，%；
  $\Delta f_C$——基准混凝土 50 次冻融强度损失率，%。

6）钢筋锈蚀

钢筋锈蚀采用在新拌合硬化砂浆中阳极极化曲线来测试。

(3) 氨含量

1) 试样的处理

固体试样需在干燥器中放置 24h 后测定，液体试样可直接测量。

将试样搅拌均匀，分别称取两份各约 5g 的试料，精确至 0.001g，放入两个 300mL 烧杯中，加水溶解，如试料中有不溶物，采用②步骤。

① 可水溶性的试料

在盛有试料的 300mL 烧杯中加入水，移入 500mL 玻璃蒸馏器中，控制总体积 200mL，备蒸馏。

② 含有可能保留有氨水的水溶性的试料

在盛有试料的 300mL 烧杯中加入 20mL 水和 10mL 盐酸溶液，搅拌均匀，放置 20min 后过滤，收集滤液至 500mL 玻璃蒸馏器中，控制总体积 200mL，备蒸馏。

2) 蒸馏

在备蒸馏的溶液中加入数粒氢氧化钠，以广泛试纸试验，调整溶液 pH>12，加入几粒防爆玻璃珠。

准确移取 20mL 硫酸标准溶液于 250mL 量筒中，加入 3~4 滴混合指示剂，将蒸馏器馏出液出口玻璃管插入量筒底部硫酸溶液中。

检查蒸馏器连接无误并确保密封后，加热蒸馏。收集蒸馏液达 180mL 后停止加热，取下蒸馏瓶，用水冲洗冷凝管，并将洗涤液收集在量筒中。

3) 滴定

将量筒中溶液移入 300mL 烧杯中，洗涤量筒，将洗涤液并入烧杯。用氢氧化钠标准滴定溶液回滴过量的硫酸标准溶液，直至指示剂由亮紫色变为灰绿色，消耗氢氧化钠标准滴定溶液的体积为 $V_1$。

4) 空白试验

在测定的同时，按同样的分析步骤，试剂和用量，不加试料进行平行操作，测定空白试验氢氧化钠标准滴定溶液消耗体积 $V_2$。

5）计算

混凝土外加剂样品中释放的氨的量，以氨（NH$_2$）质量分数表示，按下式计算：

$$X_{\text{氨}} = \frac{(V_2 - V_1)c \times 0.01703}{m} \times 100 \qquad \text{式（8-27）}$$

式中　$X_{\text{氨}}$——混凝土外加剂中释放氨的量，%；
　　　$c$——氢氧化钠标准溶液浓度的准确数值，mol/L；
　　　$V_1$——滴定试料溶液消耗氢氧化钠标准溶液体积的数值，mL；
　　　$V_2$——空白试验消耗氢氧化钠标准溶液体积的数值，mL；
　　　0.01703——与 1.00mL 氢氧化钠标准溶液 [$c_{(\text{NaOH})}$ = 1.000mol/L] 相当的以克表示的氨的质量；
　　　$m$——料质量的数值，g。

取两次平行测定结果的算术平均值为测定结果。两次平行测定结果的绝对值差大于 0.01% 时，需重新测定。

**6. 判定规则**

产品经检验，混凝土拌合物的含气量、硬化混凝土性能（抗压强度、收缩率比、抗渗高度比、50 次冻融强度损失率比），出厂检验结果符合表 8-10 的要求，则可判定为相应等级的产品，否则判为不合格。

复验以封存样进行。如果使用单位要求用现场样时，可在生产和使用单位人员在场的情况下现场取平均样，但应事先在供货合同中规定。复验按型式检验项目检验。

## 8.4　混凝土膨胀剂检验

### 8.4.1　定义

混凝土膨胀剂是与水泥、水拌合后经水化反应生成钙矾石、氢氧化钙或钙矾石和氢氧化钙，使混凝土产生体积膨胀的外加剂。本试验适用于硫铝酸钙类，氧化钙与硫铝酸钙—氧化钙类粉末状混凝土膨胀剂。

### 8.4.2　膨胀剂的技术指标

**1. 化学成分**

（1）氧化镁

混凝土膨胀剂中的氧化镁含量应大于 5%。

（2）碱含量（选择性指标）

混凝土膨胀剂中的碱含量按 $Na_2O + 0.658K_2O$ 计算值表示。若使用活性骨料，用户要求提供低碱混凝土膨胀剂时，混凝土膨胀剂中的碱活性含量应大于 0.75%，或由供需双方协商确定。

**2. 物理性能**

混凝土膨胀剂的性能指标符合表 8-14 的规定。

混凝土膨胀剂性能指标  表 8-14

| 项　　目 | | 指　　标 | |
|---|---|---|---|
| | | Ⅰ型 | Ⅱ型 |
| 细度 | 比表面积/(m²/kg)≥ | 200 | |
| | 1.18m筛筛余/%≤ | 0.5 | |
| 凝结时间 | 初凝/min ≥ | 45 | |
| | 终凝/min ≤ | 600 | |
| 限制膨胀率/% | 水中7d | 0.25 | 0.050 |
| | 空气中21d | −0.20 | −0.010 |
| 抗压强度/MPa | 7d ≥ | 20.0 | |
| | 28d ≤ | 40.0 | |

注：本表中的限制膨胀率为强制性的，其余为推荐性的。

## 8.4.3 取样频率及数量

膨胀剂按同类型编号和取样。袋装和散装膨胀剂应分别进行编号和取样。膨胀剂出厂编号按生产能力规定：日产量超过200t为一编号；不足200t时，以日产量为一编号。

每一编号为一取样单位，取样方法按《水泥取样方法》GB/T 12573进行。取样应具有代表性，可连续取，也可从20个以上不同部位取等量样品，总量不小于10kg。

每一编号取得的试样应允许混匀，分为两等份：一份为检验样，另一份为封存样，密封保存180d。

## 8.4.4 混凝土膨胀剂检验

**1. 试验目的**

混凝土膨胀剂具有补偿混凝土干缩和密实混凝土、提高混凝土抗渗性作用，按本规定检测膨胀剂的各项性能是否符合规范要求，保证混凝土的密实性、抗渗性。

**2. 编制依据**

本试验依据《混凝土膨胀剂》GB/T 23439制定。

**3. 仪器设备及环境条件**

仪器设备：水泥净浆搅拌机、胶砂振力台、水泥胶砂搅拌机、负压筛、水泥凝结时间测定仪、砂浆收缩仪、纵向限制器等。

环境条件：

（1）试验室温度为（20±20）℃，相对湿度应低于50%；水泥试样、搅拌水、仪器和用具的温度应与实验室一致；

（2）恒温恒湿（箱）室温度为（20±2）℃，湿度为（60±5）%；

（3）每日应检查、记录温度、温度变化情况。

**4. 试验材料**

（1）水泥

采用外加剂性能检验专用基准水泥。因故得不到基准水泥时，允许采用由熟料与二水石膏共同粉磨而成的强度等级为 42.5MPa 的硅酸水泥,且熟料中 $C_3A$ 含量 6%～8%,$C_3S$ 含量 55%～60%,游离氧化钙含量不超过 1.2%,碱（$Na_2O+0.658K_2O$）含量不超过 0.7%,水泥的比表面积（350±10）$m^2/kg$。

（2）标准砂

符合《水泥胶砂强度检验方法》GB/T 17671 水泥胶砂强度检验方法要求。

（3）水

符合《混凝土用水标准》JGJ 63 混凝土拌合用水要求。

**5. 试验步骤**

（1）细度

按《水泥比表面积测定方法 勃氏法》GB/T 8074 测定水泥比表面积,1.18mm 筛筛余测定按《试验筛 技术要求和检验 第 1 部分：金属丝编织网试验筛》GB/T 6003.1 规定的金属筛,参照《水泥细度检验方法筛析法》GB/T 1345 中手工干筛法。

（2）凝结时间

按《水泥标准稠度用水量、凝结时间、安定性检验方法》GB/T 1346 的方法进行,膨胀剂内掺 10%。

（3）限制膨胀率

1）水泥胶砂配合比

每成型 3 条试体需称量的材料和用量如表 8-15 所示。

**限制膨胀率材料用量表**　　　　表 8-15

| 材料 | 代号 | 用量(g) |
| --- | --- | --- |
| 水泥(g) | C | 607.5±2.0 |
| 膨胀剂(g) | E | 67.5±0.2 |
| 标准砂(g) | S | 1350.0±5.0 |
| 拌合水(g) | W | 270.0±1.0 |

注：$\frac{E}{C+E}=0.10$；$\frac{S}{C+E}=2.00$；$\frac{W}{C+E}=0.40$。

2）水泥胶砂搅拌、试体成型

按 GB/T 17671 水泥胶砂强度试验方法进行。同一条件有 3 条试体供测长用,试体全长 158mm,其中胶砂部分尺寸为 40mm×40mm×140mm。

3）试体脱模

脱模时间以上述 1）规定配比试体的抗压强度达到（10±2）MPa 时的时间确定。

4）试体测长

测量前 3h,将测量仪、标准杆放在标准试验室内,用标准杆校正测量仪并调整千分表零点。测量前,将试体及测量仪测头擦净。每次测量时,试体记有标志的一面与测量仪的相对位置必须一致,纵向限制器测头与测量仪测头应正确接触,读数应精确至 0.001mm。不同龄期的试体应在规定时间±1h 内测量。

试体脱模后在 1h 内测量试体的初始长度。

测量完初始长度的试体立即放入水中养护,测量 7d 的长度。然后放入恒温恒湿（箱）

室养护,测量第 21d 的长度。也可以根据需要测量不同龄期的长度,观察膨胀收缩趋势。

养护时,应注意不损伤试体测头。试体之间应保持 15mm 以上间隔,试体支点距限制钢板两端约 30mm。

5) 结果计算

各龄期限制膨胀率按下式计算:

$$\varepsilon = \frac{L_1 - L}{L_0} \times 100 \qquad 式(8-28)$$

式中 $\varepsilon$——所测龄期的限制膨胀率(%);
$L_1$——所测龄期的试体长度测量值,mm;
$L$——试体的初始长度测量值,mm;
$L_0$——试体的基准长度,140mm。

取相近的 2 个试件测定值的平均值作为限制膨胀率的测量结果,计算值精确至 0.001%。

(4) 抗压强度

抗压强度按 GB/T 17671 水泥胶砂强度检测方法进行。

每成型 3 条试体需称量的材料及用量见表 8-16。

抗压强度材料用量表　　表 8-16

| 材料 | 代号 | 用量(g) |
|---|---|---|
| 水泥(g) | C | 405.0±2.0 |
| 膨胀剂(g) | E | 45.0±0.1 |
| 标准砂(g) | S | 1350.0±5.0 |
| 拌合水(g) | W | 225.0±1.0 |

注:$\frac{E}{C+E}=0.10$;$\frac{S}{C+E}=3.00$;$\frac{W}{C+E}=0.50$。

**6. 判定规则**

试验结果符合化学成分和物理性能全部要求时,判该批产品合格,否则不合格。

## 8.5 外加剂均匀性检验

### 8.5.1 试验概述

**1. 外加剂均匀性定义**

混凝土外加剂匀质性是外加剂本身的性能,是生产厂用来控制产品质量的稳定性指标,匀质性各指标均控制在一定的波动范围内。具体指标由各生产厂自定。

适用于高性能减水剂(早强型、标准型、缓凝型)、高效减水剂(标准型、缓凝型)、普通减水剂(早强型、标准型、缓凝型)、引气减水剂、泵送剂、早强剂、缓凝剂、引气剂、防水剂、防冻剂和速凝剂共十一类混凝土外加剂。

**2. 编制依据**

试验依据《混凝土外加剂匀质性试验方法》GB/T 8077 制定。

**3. 允许偏差**

外加剂匀质性指标所列偏差为绝对偏差。

室内允许差，同一分析实验室同一分析人员（或两个分析人员），采用相同方法分析同一试样时，两次分析结果应符合允许差规定。如超出允许范围，应在短时间内进行第三次测定（或第三者的测定），测定结果与前两次或任一次分析结果之差符合允许规定时，则取其平均值。否则，应查找原因，重新按上述规定进行分析。

室间允许差，两个实验室采用相同方法对同一试样进行各自分析时，所得分析结果的平均值之差应符合允许差规定。如有争议应商定另一单位按相同方法进行仲裁分析。以仲裁单位报出的结果为准，与原分析结果比较，若两个分析结果差值符合允许差规定，则认为原分析结果无误。

### 8.5.2 固体含量试验

**1. 概述**

固体含量，液体外加剂中固体物质的含量。

**2. 仪器设备**

天平：不应低于四级，精确至 0.0001g。

鼓风热恒温干燥箱：温度范围 0～200℃。

带盖称量瓶：25mm×65mm。

干燥器：内盛变色硅胶。

**3. 试验步骤**

（1）将洁净带盖称量瓶放入烘箱内，与 100～105℃烘 30min，取出置于干燥器内，冷却 30min 后称量，重复上述步骤直至恒温，其质量为 $m_0$。

（2）将被测试样装入已经恒量的称量瓶内，盖上盖称出试样及称量瓶的总质量为 $m_1$。液体试样称量 3.0000～5.0000g。

（3）将盛有试样的称量瓶放入烘箱内，开启瓶盖，升温至 100～105℃（特殊品种除外）烘干，盖上盖置于干燥器内冷却 30min 后称量，重复上述步骤直至恒量，其质量为 $m_2$。

**4. 结果表示**

含固量 $X$，按下式计算：

$$X_{固} = \frac{m_2 - m_0}{m_1 - m_0} \times 100 \qquad 式（8-29）$$

式中　$X_{固}$——固体含固量，%；

　　　$m_0$——称量瓶的质量，g；

　　　$m_1$——称量瓶加液体试样的质量，g；

　　　$m_2$——称量瓶加液体试样烘干后的质量，g。

**5. 重复性限和再现性限**

重复性限为 0.30%；

再现性限为 0.50%。

### 8.5.3 密度试验（比重瓶法）

**1. 概述**

将已校正容积（V 值）的比重瓶，灌满被测溶液，在（20±1）℃恒温，在天平上称出其质量。

**2. 仪器设备及测试条件**

（1）仪器设备

比重瓶：25mL 或 50mL；

天平：分度值 0.0001g；

干燥器：内盛变色硅胶；

超级恒温器或同等条件的恒温设备。

（2）测试条件

被测溶液的温度为（20±1）℃，如有沉淀应滤去。

**3. 试验步骤**

（1）比重瓶容积的校正

比重瓶依次用水、乙醇、丙酮和乙醚洗涤并吹干，塞子连瓶一起放入干燥器内取出，称量比重瓶之质量为 $m_0$，电至恒量。然后将预先煮沸并经冷却的水装入瓶内，塞上塞子，使多余的水分从塞子毛细管流出，用吸水纸吸干瓶外的水。注意不能让吸水纸吸出塞子毛细管里的水，水面要保持与毛细管上口相平，立即在天平称出比重瓶装满水后的质量 $m_1$。

比重瓶在 20℃时容积 V 按下式计算：

$$V=\frac{m_1-m_0}{0.9982} \quad \text{式（8-30）}$$

式中　$V$——比重瓶在 20℃时容积，mL；

　　　$m_0$——升燥的比重瓶质量，g；

　　　$m_1$——比重瓶盛满 20℃水的质量，g；

　　　0.9982——20℃时纯水的密度，g/mL。

（2）外加剂溶液密度 $\rho$ 的测定

将已校正 V 值的比重瓶洗净、干燥、灌满被测溶液、塞上塞子后浸入（20±1）℃超级恒温器内，恒温 20min 后取出，用吸水纸吸干瓶外的水及由毛细管溢出的溶液后，在天平上称出比重瓶装满外加剂，溶液后的质量为 $m_2$。

**4. 试验数据处理**

外加剂溶液的密度 $\rho$ 按下式计算：

$$\rho=\frac{m_2-m_0}{V}=\frac{m_2-m_0}{m_1-m_0}\times 0.9982 \quad \text{式（8-31）}$$

式中　$\rho$——20℃时外加剂溶液密度，g/mL；

　　　$m_2$——比重瓶装满 20℃外加剂溶液后的质量，g。

**5. 重复性限和再现性限**

重复性限为 0.001g/mL；

再现性限为 0.002g/mL。

### 8.5.4 细度试验

**1. 方法概述**

采用孔径为 0.315mm 的试验筛，称取烘干试样倒入筛内，用人工筛样，称量筛余物质量，计算出筛余物的百分含量。

**2. 仪器设备**

大平：分度值 0.001g；

试验筛：采用孔径为 0.315mm 的铜丝网筛布。筛框有效直径 150mm，高 50mm。筛布应紧绷在筛框上，接缝应严密，并附有筛盖。

**3. 试验步骤**

外加剂试样应充分拌匀并经 100~105℃（特殊品种除外）烘干，称取烘干试样 10g，称准至 0.001g 倒入筛内，用人工筛样，将近筛完时，应一手执筛往复摇动，一手拍打，摇动速度每分钟约 120 次。其间，筛子应向一定方向旋转数次，使试样分散在筛布上，直至每分钟通过质量不超过 0.005g 时为止。称量筛余物，称准至 0.001g。

**4. 试验数据处理**

细度用筛余（%）表示按下式计算：

$$筛余 = \frac{m_1}{m_0} \times 100 \qquad 式（8-32）$$

式中　$m_1$——筛余物质量，g；

　　　$m_0$——试样质量，g。

**5. 重复性限和再现性限**

重复性限为 0.40%；再现性限为 0.60%。

### 8.5.5　pH 值试验

**1. 方法概述**

根据奈斯特（Nernst）方程 $E = E_0 + 0.05915 lg[H^+]$，$E = E_0 - 0.05915 pH$，利用一对电极在不同 pH 值溶液中能产生不同电位差，这一对电极由测试电极（玻璃电极）和参比电极（饱和甘汞电极）组成，在 25℃ 时每相差个单位 pH 值时产生 59.15mV 的电位差，pH 值可在仪器的刻度表上直接读出。

**2. 仪器设备及测试条件**

仪器设备：酸度计、甘汞电极、玻璃电极、复合电极及天平（分度值 0.0001g）。

测试条件：液体试样直接测试，粉体试样溶液的浓度为 10g/L，被测液体的温度为 (20±3)℃。

**3. 试验步骤**

当仪器校正好后，先用测试溶液冲洗电极，然后再将电极侵入被测溶液中轻轻摇动试杯，使溶液均匀，待到酸度计的读数稳定 1min，记录读数。测量结束后，用水冲洗电极，以待下次测量。

**4. 试验数据处理**

酸度计测出的结果即为溶液的pH值。

**5. 重复性限和再现性限**

重复性限位为0.2，再现性限位0.5。

### 8.5.6 氯离子含量试验

**1. 方法概述**

用电位滴定法，以银电极或氯电极为指示电极，其电势随$Ag^+$浓度而变化。以甘汞电极为参比电极，用电位计或酸度计测定两电极在溶液中组成原电池的电势，银离子与氯离子反应生成溶解很小的氯化银白色沉淀。在等当点前滴入硝酸银生成氯化银沉淀，两电极间电势变化缓慢，等当点时氯离子全部生成氯化银沉淀，这时滴入少量硝酸银即可引起电势急剧变化，指示出滴定终点。

**2. 试剂**

要求如下：

(1) 硝酸（1+1）。

(2) 硝酸银溶液（17g/L）：准确称取17g硝酸银（$AgNO_3$），用水溶解，放入1L棕色容量瓶中稀释至刻度，摇匀，用0.1000mol/L氯化钠标准溶液对硝酸银溶液进行标定。

(3) 氯化钠标准溶液（0.1000mol/L）：称取约10g氯化钠（基准试剂），盛在称量瓶中，于130～150℃烘干2h，在干燥器内冷却后精确称取5.8443g，用水溶解稀释至1L，摇匀。

标定硝酸银溶液（17g/L）：用移液管吸取10mL 0.1000mol/L氯化钠标准溶液于烧杯中，加水稀释至200mL，加4mL硝酸（1+1），在电磁搅拌下，用硝酸银溶液以电位滴定法测定终点，过等当点后，在同一溶液中再加入0.1000mol/L氯化钠标准溶液10mL，继续用硝酸银溶液滴定至第二个终点，用二次微滴定法计算除硝酸银溶液消耗的体积$V_{01}$，$V_{02}$。

体积$V_0$按下式计算：

$$V_0 = V_{02} - V_{01} \qquad 式（8-33）$$

式中 $V_0$——10mL 0.1000mol/L氯化钠消耗硝酸银溶液的体积，mL；

$V_{01}$——空白试验中200mL水，加4mL硝酸（1+1）加10mL 0.1000mol/L氯化钠标准溶液消耗硝酸银溶液的体积，mL；

$V_{02}$——空白试验中200mL水，加4mL硝酸（1+1）加20mL 0.1000mol/L氯化钠标准溶液消耗硝酸银溶液的体积，mL。

硝酸银溶液的浓度$C$按下式计算：

$$C = \frac{C'V'}{V_0} \qquad 式（8-34）$$

式中 $C$——硝酸银溶液的浓度，mol/L；

$C'$——氯化钠标准溶液的浓度，mol/L；

$V'$——氯化钠标准溶液的体积，mL。

**3. 仪器设备**

电位测定仪或酸度仪、银电极或氯电极、甘汞电极、电磁搅拌器、滴定管（25mL）、移液管（10mL）及天平（分度值 0.0001g）。

**4. 试验步骤**

（1）准确称取外加剂试样 0.5000～5.0000g 放入烧杯中，加 200mL 水和 4mL 硝酸（1+1），使溶液呈酸性，搅拌至完全溶解，如不能完全溶解，可用快速定性滤纸过滤，并用蒸馏水洗涤残渣至无氯离子为止。

（2）用移液管加入 10mL 0.1000mol/L 的氯化钠标准溶液，在烧杯内加入电磁搅拌机，将烧杯放在电磁搅拌机上，开动搅拌机并插入银电极（或氯电极）及甘汞电极，两电极与电位计或酸度计相连接，用硝酸银溶液缓慢滴定，记录电极和对应的滴定读数。

由于接近等当点时，电势增加很快，此时要缓慢滴加硝酸银溶液，每次滴定量加 0.1mL，当电势发生突变时，表示等当点已过，此时继续滴加硝酸银溶液，直至电势趋向变化平缓。得到第一个终点时硝酸银溶液消耗的体积 $V_1$。

（3）在同一溶液中，用移液管再加入 10mL 0.1000mol/L 的氯化钠标准溶液（此时溶液电势降低），继续用硝酸银溶液滴定，直至第二个等当点出现，记录电势和对应的 0.1mol/L 硝酸银溶液消耗的体积 $V_2$。

（4）空白试验，在干净的烧杯中加入 200mL 蒸馏水和 4mL 硝酸（1+1）。用移液管加入 10mL 0.1000mol/L 的氯化钠标准溶液，在不加入试样的情况下，在电磁搅拌下，缓慢滴加硝酸银溶液，记录电势和对应的滴定管读数，直至第一个终点出现。过等当点后，在同一溶液中，再用移液管加入 0.1000mol/L 的氯化钠标准溶液 10mL，继续用硝酸银溶液滴定至第二个等当点出现，用二次微商法计算出硝酸银溶液消耗的体积 $V_{01}$ 及 $V_{02}$。

**5. 试验数据处理**

用二次微商法计算结果，通过电压对体积二次导数（即 $\Delta^2 E/\Delta V^2$）变成零的办法求出滴定终点。假如在临近等当点时，每次加入的硝酸银溶液是相等的，此函数（$\Delta^2 E/\Delta V^2$）必定会在正负两个符号发生变化的体积之间的某一点变成零，对应这一点的体积即为终点体积，可用内插法求得。

外加剂中氯离子含量按下式计算：

$$X_{CL}^{-} = \frac{c \times V \times 35.45}{m \times 1000} \times 100 \qquad 式（8-35）$$

式中　$X_{CL}^{-}$——外加剂氯离子含量（%）；

　　　$V$——外加剂中氯离子所消耗硝酸银溶液体积，单位为毫升（mL）；

　　　$m$——外加剂样品质量（g）。

**6. 重复性限和再现性限**

重复性限为 0.05%；再现性限为 0.08%。

### 8.5.7 硫酸钠含量试验

**1. 方法概述**

氯化钡溶液与外加剂试样中的硫酸盐生成溶解度极小的硫酸钡沉淀，称量经高温灼烧后的沉淀来计算硫酸钠的含量。

**2. 试剂**

（1）盐酸（1+1）。

（2）氯化铵溶液（50g/L）。

（3）氯化钡溶液（100g/L）。

（4）硝酸银溶液（1g/L）。

**3. 仪器设备**

电阻高温炉（最高使用温度不低于900℃）、天平（分度值0.0001g）、电磁电热式搅拌器、瓷坩埚（18～30mL）、烧杯（400mL）、长颈漏斗、慢速定量滤纸及快速定性滤纸等。

**4. 试验步骤**

（1）准确称取试样约0.5g于400mL烧杯中，加入200mL水搅拌溶解，再加入氯化铵溶液50mL，加热煮沸后，用快速定性滤纸过滤，用水洗涤数次后，将滤液浓缩至200mL左右，滴加盐酸（1+1）至浓缩滤液呈酸性，再多加5～10滴盐酸，煮沸后在不断搅拌下趁热滴加氯化钡溶液10mL，继续煮沸15min，取下烧杯，置于加热板上，保持50～60℃静置2～4h或常温静置8h。

（2）用两张慢速定量滤纸过滤，烧杯中的沉淀用70℃水洗净，使沉淀全部转移到滤纸上，用温热水洗涤沉淀至无氯根为止（用硝酸银溶液试验）。

（3）将沉淀与滤纸移入预先灼烧恒重的坩埚中，小火烘干，灰化。

（4）在800℃电阻高温炉中灼烧30min，然后在干燥器里冷却至室温（约30min），取出称量，再将坩埚放回高温炉中，灼烧20min，取出冷却至室温称量，如此反复直至恒重。

**5. 试验数据处理**

外加剂中硫酸钠含量 $Na_2SO_4$ 按下式计算：

$$X_{Na_2SO_4}=\frac{(m_2-m_1)\times 0.6086}{m}\times 100 \qquad 式（8-36）$$

式中　$Na_2SO_4$——外加剂中硫酸钠含量（%）；

　　　　$m$——试样质量（g）；

　　　　$m_1$——空坩埚质量（g）；

　　　　$m_2$——灼烧后滤渣加坩埚质量（g）；

　　　　0.6086——硫酸钡换算成硫酸钠的系数。

**6. 重复性限和再现性限**

重复性限为0.50%；再现性限为0.80%。

## 8.5.8　水泥净浆流动度试验

**1. 方法概述**

在水泥净浆搅拌机中，加入一定量的水泥、外加剂和水进行搅拌，将搅拌好的净浆注入截锥圆模内，提起截锥圆模，测定水泥净浆在玻璃平面上自由流淌的最大直径。

**2. 仪器设备**

水泥净浆搅拌机、药物天平称量 100g（分度值 0.1g）；

截锥圆模上口直径 36mm，下口直径 60mm，高度为 60mm，内壁光滑无接缝的金属制品；

玻璃板，400mm×400mm×5mm、秒表、钢直尺 300mm、刮刀。

**3. 试验步骤**

（1）将玻璃板放置在水平位置，用湿布抹擦玻璃板，搅拌器、搅拌锅，截锥圆模，使其表面湿而不带水渍。将截锥圆模放在玻璃板的中央，并用湿布覆盖待用。

（2）称取水泥 300g，倒入搅拌锅内。加入推荐掺量的外加剂及 87g 或 105g 的水，立即搅拌（慢速 120s，停 15s，快速 120s）。

（3）将拌好的净浆迅速注入截锥圆模内，用刮刀刮平，将截锥圆模按垂直方向提起，同时开启秒表计时，任水泥净浆在玻璃板上流动，至 30s，用直尺量取流淌部分相互垂直的两个方向的最大直径，取平均值作为水泥净浆流动度。

**4. 试验结果判定**

表示水泥净浆流动度时，需注明用水量，所用水泥的强度等级、标号、名称、型号及生产厂和外加剂掺量。

**5. 重复性限和再现性限**

重复性限为 5mm，再现性限为 10mm。

### 8.5.9 总碱含量试验

**1. 方法提要**

试样用约 80℃的热水溶解，以氨水分离铁、铝；以碳酸钙分离钙、镁。滤液中的碱（钾和钠），采用相应的滤光片，用火焰光度计进行测定。

**2. 试剂与仪器**

（1）盐酸（1+1）。

（2）氨水（1+1）。

（3）碳酸钾溶液（100g/L）。

（4）氧化钾、氧化钠标准溶液：精确称取已在 130～150℃烘过 2h 的氯化钾（KCl 光谱纯）0.7920g 及氯化钠（NaCl 光谱纯）0.9430g，置于烧杯中，加水溶解后，移入 1000mL 容量瓶中，用水稀释至标线，摇匀，转移至干燥的带盖的塑料瓶中。此标准溶液每毫升相当于氧化钾及氧化钠 0.5mg。

（5）甲基红指示剂（2g/L 乙醇溶液）。

（6）火焰光度计。

（7）天平：分度值 0.0001g。

**3. 试验步骤**

（1）分别向 100mL 容量瓶中注入 0.00mL；1.00mL；2.00mL；4.00mL；8.00mL；12.00mL 的氧化钾、氧化钠标准溶液（分别相当于氧化钾、氧化钠各 0.00mg；0.50mg；1.00mg；2.00mg；4.00mg；6.00mg）用水稀释标线，摇匀，然后分别于火焰光度计上按仪器使用规程进行测定，根据测得的检流计读数与溶液的浓度关系，分别绘制氧化钾及氧化钠的工作曲线。

（2）准确称取一定量的试样置于150mL的瓷蒸发皿中，用80℃左右的热水润湿并稀释至30mL，置于电热板上加热蒸发，保持微沸5min后取下，冷却，加1滴甲基红指示剂，滴加氨水（1+1），使溶液呈黄色；加入10mL碳酸铵溶液，搅拌，置于电热板上加热并保持微沸10min，用中速滤纸过滤，以热水洗涤，滤液及洗液盛于常量瓶中，冷却至室温，以盐酸（1+1）中和至溶液呈红色，然后用水稀释至标线，摇匀，以火焰光度计按仪器使用规程进行测定。称样量及稀释倍数见表8-17。

**称样量及稀释倍数** 表8-17

| 总碱量(%) | 称样量(g) | 稀释体积(mL) | 稀释倍数 $n$ |
|---|---|---|---|
| 1.00 | 0.2 | 100 | 1 |
| 1.00~5.00 | 0.1 | 250 | 2.5 |
| 5.00~10.00 | 0.05 | 250 或 500 | 2.5 或 5.0 |
| 大于10.00 | 0.05 | 500 或 1000 | 5.0 或 10.0 |

**4. 试验数据处理**

（1）氧化钾与氧化钠含量计量

氧化钾含量 $X_{K_2O}$ 下式算：

$$X_{K_2O} = \frac{C_1 \cdot n}{m \times 1000} \times 100 \qquad 式（8-37）$$

式中 $X_{K_2O}$——外加剂中氧化钾含量,%;

$C_1$——在工作曲线上查得每100mL被测定液中氧化钾的含量,mg;

$n$——被测定溶液的稀释倍数；

$m$——试样质量，g。

氧化钠含量 $X_{Na_2O}$，按下式计算：

$$X_{Na_2O} = \frac{C_2 \cdot n}{m \times 1000} \times 100 \qquad 式（8-38）$$

式中 $X_{Na_2O}$——外加剂中氧化钠含量,%;

$C_2$——在工作曲线上查得每100 mL被测定氧化钠的含量,mg。

（2）总碱含量

总碱含量按下式计算：

$$X_{总碱量} = 0.658 \times X_{K_2O} + X_{Na_2O} \qquad 式（8-39）$$

式中 $X_{总碱量}$——外加剂中的总碱量,%。

**5. 重复性限和再现性限（表8-18）**

**总碱量的重复性限和再现性限** 表8-18

| 总碱量 | 重复性限 | 再现性限 |
|---|---|---|
| 1.00 | 0.10 | 0.15 |
| 1.00~5.00 | 0.20 | 0.30 |
| 5.00~10.00 | 0.30 | 0.50 |
| 大于10.00 | 0.50 | 0.80 |

# 第 9 章　预应力钢绞线、锚夹具检测

## 9.1　预应力钢绞线

### 9.1.1　知识概要

钢绞线是钢厂用优质碳素结构钢经过冷加工、再经回火和绞捻等加工而成的，塑性好、无接头、使用方便，专供预应力混凝土结构使用。

其他有关术语和定义：

1. 标准型钢绞线：由冷拉光圆钢丝捻制成的钢绞线。
2. 刻痕钢绞线：由刻痕钢丝捻制成的钢绞线。
3. 模拔型钢绞线：捻制后再经冷拔成的钢绞线。
4. 公称直径：钢绞线外接圆直径的名义尺寸。
5. 稳定化处理：为减少应用时的应力松弛，钢绞线在一定张力下进行的短时热处理。

### 9.1.2　预应力钢绞线的分类

钢绞线按结构分为 8 类，其代号为：

| | |
|---|---|
| 用两根钢丝捻制的钢绞线 | 1×2 |
| 用三根钢丝捻制的钢绞线 | 1×3 |
| 用三根刻痕钢丝捻制的钢绞线 | 1×3I |
| 用七根钢丝捻制的标准型钢绞线 | 1×7 |
| 用六根刻痕钢丝和一根光圆中心钢丝捻制的钢绞线 | 1×7I |
| 用七根钢丝捻制又经模拔的钢绞线 | (1×7) C |
| 用十九根钢丝捻制的 1+9+9 西鲁式钢绞线 | 1×19S |
| 用十九根钢丝捻制的 1+6+6/6 瓦林吞式钢绞线 | 1×19W |

### 9.1.3　预应力钢绞线的技术指标

**1. 制造要求**

（1）钢绞线应以热轧盘条为原料，经冷拔后捻制成钢绞线。捻制后，钢绞线应进行连续的稳定化处理。捻制刻痕钢绞线应符合《预应力混凝土用钢丝》GB/T 5223 中相应的规定，钢绞线公称直径≤12mm 时，其刻痕深度为 (0.06±0.03)mm；钢绞线公称直径＞12mm 时，其刻痕深度为 (0.07±0.03)mm。

（2）1×2、1×3、1×7 结构钢绞线的捻距应为钢绞线公称直径的 12～16 倍，模拔钢绞线的捻距应为钢绞线公称直径的 14～18 倍。1×19 结构钢绞线其捻距为钢绞线公称直

# 第9章 预应力钢绞线、锚夹具检测

径的 12～18 倍。

(3) 钢绞线内不应有折断、横裂和相互交叉的钢丝。

(4) 钢绞线的捻向一般为左（S）捻，右（Z）捻应在合同中注明。

(5) 成品钢绞线应用砂轮锯切割，切断后应不松散，如离开原来位置，应可以用手复原到原位。

(6) 1×2、1×3、1×3I 成品钢绞线不允许有任何焊接点，其余成品钢绞线只允许保留拉拔前的焊接点，且在每 45m 内只允许有 1 个拉拔的焊接点。

**2. 力学性能**

(1) 1×2 结构钢绞线的力学性能应符合表 9-1 规定。

(2) 1×3 结构钢绞线的力学性能应符合表 9-2 规定。

**1×2 结构钢绞线的力学性能**　　　　　　　表 9-1

| 钢绞线结构 | 钢绞线公称直径 $D_a$/mm | 公称抗拉强度 $R_m$/MPa | 整根钢绞线最大力 $F_m$/kN ≥ | 整根钢绞线最大力的最大值 $F_m$/kN ≤ | 0.2%屈服力 $F_{p0.2}$/kN ≥ | 最大力总伸长率（$L_a$≥400mm）$A_{gt}$/% ≥ | 应力松弛性能 初始负荷相当于实际最大力的百分数/% | 1000h应力松弛 $r_1$/% ≤ |
|---|---|---|---|---|---|---|---|---|
| 1×2 | 8.00 | 1470 | 36.9 | 41.9 | 32.5 | 对所有规格 3.5 | 对所有规格 70 80 | 对所有规格 2.5 4.5 |
| | 10.00 | | 57.8 | 65.6 | 50.9 | | | |
| | 12.00 | | 83.1 | 94.4 | 73.1 | | | |
| | 5.00 | 1570 | 15.4 | 17.4 | 13.6 | | | |
| | 5.80 | | 20.7 | 23.4 | 18.2 | | | |
| | 8.00 | | 39.4 | 44.4 | 34.7 | | | |
| | 10.00 | | 61.7 | 69.6 | 54.3 | | | |
| | 12.00 | | 88.7 | 100 | 78.1 | | | |
| | 5.00 | 1720 | 16.9 | 18.9 | 14.9 | | | |
| | 5.80 | | 22.7 | 25.3 | 20 | | | |
| | 8.00 | | 43.2 | 48.2 | 38 | | | |
| | 10.00 | | 67.6 | 75.5 | 59.5 | | | |
| | 12.00 | | 97.2 | 108 | 85.5 | | | |
| | 5.00 | 1860 | 18.3 | 20.2 | 16.1 | | | |
| | 5.80 | | 24.6 | 27.2 | 21.6 | | | |
| | 8.00 | | 46.7 | 51.7 | 41.1 | | | |
| | 10.00 | | 73.1 | 81 | 64.3 | | | |
| | 12.00 | | 105 | 116 | 92.5 | | | |
| | 5.00 | 1960 | 19.2 | 21.2 | 16.9 | | | |
| | 5.80 | | 25.9 | 18.5 | 22.8 | | | |
| | 8.00 | | 49.2 | 54.4 | 43.4 | | | |
| | 10.00 | | 77 | 84.9 | 67.8 | | | |

1×3结构钢绞线的力学性能  表9-2

| 钢绞线结构 | 钢绞线公称直径 $D_a$/mm | 公称抗拉强度 $R_m$/MPa | 整根钢绞线最大力 $F_m$/kN ≥ | 整根钢绞线最大力的最大值 $F_m$/kN ≤ | 0.2%屈服力 $F_{p0.2}$/kN ≥ | 最大力总伸长率 ($L_a$≥400mm) $A_{gt}$/% ≥ | 应力松弛性能 初始负荷相当于实际最大力的百分数/% | 1000h应力松弛 $r_t$/% ≤ |
|---|---|---|---|---|---|---|---|---|
| 1×3 | 8.60 | 1470 | 55.4 | 63 | 48.8 | 对所有规格 3.5 | 对所有规格 70 80 | 对所有规格 2.5 4.5 |
| | 10.80 | | 86.6 | 98.4 | 76.2 | | | |
| | 12.90 | | 125 | 142 | 110 | | | |
| | 6.20 | 1570 | 31.1 | 35 | 27.4 | | | |
| | 6.50 | | 33.3 | 37.5 | 29.3 | | | |
| | 8.60 | | 59.2 | 66.7 | 52.1 | | | |
| | 8.74 | | 60.6 | 68.3 | 53.3 | | | |
| | 10.80 | | 92.5 | 104 | 81.4 | | | |
| | 12.90 | | 133 | 150 | 117 | | | |
| | 8.74 | 1670 | 64.5 | 72.2 | 56.8 | | | |
| | 6.20 | 1720 | 34.1 | 38 | 30 | | | |
| | 6.50 | | 36.5 | 40.7 | 32.1 | | | |
| | 8.60 | | 64.8 | 72.4 | 57 | | | |
| | 10.80 | | 101 | 113 | 88.9 | | | |
| | 12.90 | | 146 | 163 | 128 | | | |
| | 6.20 | 1860 | 36.8 | 40.8 | 32.4 | | | |
| | 6.50 | | 39.4 | 43.7 | 34.7 | | | |
| | 8.60 | | 70.1 | 77.7 | 61.7 | | | |
| | 8.74 | | 71.8 | 79.5 | 63.2 | | | |
| | 10.80 | | 110 | 121 | 96.8 | | | |
| | 12.90 | | 158 | 175 | 139 | | | |
| | 6.20 | 1960 | 38.8 | 42.8 | 34.1 | | | |
| | 6.50 | | 41.6 | 45.8 | 36.6 | | | |
| | 8.60 | | 73.9 | 81.4 | 65 | | | |
| | 10.80 | | 115 | 127 | 101 | | | |
| | 12.90 | | 166 | 183 | 146 | | | |
| 1×3I | 8.7 | 1570 | 60.4 | 68.1 | 53.2 | | | |
| | | 1720 | 66.2 | 73.9 | 58.3 | | | |
| | | 1860 | 71.6 | 79.3 | 63 | | | |

（3）1×7结构钢绞线的力学性能应符合表9-3规定。

（4）1×19结构钢绞线的力学性能应符合表9-4规定。

## 1×7结构钢绞线的力学性能  表 9-3

| 钢绞线结构 | 钢绞线公称直径 $D_a$/mm | 公称抗拉强度 $R_a$/MPa | 整根钢绞线最大力 $F_m$/kN ≥ | 整根钢绞线最大力的最大值 $F_m$/kN ≤ | 0.2%屈服力 $F_{p0.2}$/kN ≥ | 最大力总伸长率 ($L_a$≥500mm) $A_{gt}$/% ≥ | 应力松弛性能 初始负荷相当于实际最大力的百分数/% | 1000h应力松弛 $r_t$/% ≤ |
|---|---|---|---|---|---|---|---|---|
| 1×7 | 15.20(15.24) | 1470 | 206 | 234 | 181 | 对所有规格 3.5 | 对所有规格 70 80 | 对所有规格 2.5 4.5 |
|  | 15.20(15.24) | 1570 | 220 | 248 | 194 |  |  |  |
|  | 15.20(15.24) | 1670 | 234 | 262 | 206 |  |  |  |
|  | 9.5(9.53) | 1720 | 94.3 | 105 | 83 |  |  |  |
|  | 11.10(11.11) | 1720 | 128 | 142 | 113 |  |  |  |
|  | 12.70 | 1720 | 170 | 190 | 150 |  |  |  |
|  | 15.20(15.24) | 1720 | 241 | 269 | 212 |  |  |  |
|  | 17.80(17.78) | 1720 | 327 | 365 | 288 |  |  |  |
|  | 18.90 | 1820 | 400 | 444 | 352 |  |  |  |
|  | 15.70 | 1770 | 266 | 296 | 234 |  |  |  |
|  | 21.60 | 1770 | 504 | 561 | 444 |  |  |  |
|  | 9.5(9.53) | 1860 | 102 | 113 | 89.8 |  |  |  |
|  | 11.10(11.11) | 1860 | 138 | 153 | 121 |  |  |  |
|  | 12.70 | 1860 | 184 | 203 | 162 |  |  |  |
|  | 15.20(15.24) | 1860 | 260 | 288 | 229 |  |  |  |
|  | 15.70 | 1860 | 279 | 309 | 246 |  |  |  |
|  | 17.80(17.78) | 1860 | 355 | 391 | 311 |  |  |  |
|  | 18.90 | 1860 | 409 | 453 | 360 |  |  |  |
|  | 21.60 | 1860 | 530 | 587 | 466 |  |  |  |
|  | 9.5(9.53) | 1960 | 107 | 118 | 94.2 |  |  |  |
|  | 11.10(11.11) | 1960 | 145 | 160 | 128 |  |  |  |
|  | 12.70 | 1960 | 193 | 213 | 170 |  |  |  |
|  | 15.20(15.24) | 1960 | 274 | 302 | 241 |  |  |  |
| 1×7I | 12.70 | 1860 | 184 | 203 | 162 |  |  |  |
|  | 15.20(15.24) | 1860 | 260 | 288 | 229 |  |  |  |
| (1×7)C | 12.70 | 1860 | 208 | 231 | 183 |  |  |  |
|  | 15.20(15.24) | 1820 | 300 | 333 | 264 |  |  |  |
|  | 18.00 | 1720 | 384 | 428 | 338 |  |  |  |

**1×19 结构钢绞线的力学性能**　　　　　　表 9-4

| 钢绞线结构 | 钢绞线公称直径 $D_a$/mm | 公称抗拉强度 $R_m$/MPa | 整根钢绞线最大力 $F_m$/kN ≥ | 整根钢绞线最大力的最大值 $F_m$/kN ≤ | 0.2%屈服力 $F_{p0.2}$/kN ≥ | 最大力总伸长率 ($L_a$≥500mm) $A_{gt}$/% ≥ | 应力松弛性能 初始负荷相当于实际最大力的百分数(%) | 1000h应力松弛 $r_t$/% ≤ |
|---|---|---|---|---|---|---|---|---|
| 1×19S (1+9+9) | 28.60 | 1720 | 915 | 1021 | 805 | 对所有规格 3.5 | 对所有规格 70 80 | 对所有规格 2.5 4.5 |
| | 17.80 | 1770 | 368 | 410 | 334 | | | |
| | 19.30 | 1770 | 431 | 481 | 379 | | | |
| | 20.30 | 1770 | 480 | 534 | 422 | | | |
| | 21.80 | 1770 | 554 | 617 | 488 | | | |
| | 28.60 | 1770 | 942 | 1048 | 829 | | | |
| | 20.30 | 1810 | 491 | 545 | 432 | | | |
| | 21.80 | 1810 | 567 | 629 | 499 | | | |
| | 17.80 | 1860 | 387 | 428 | 341 | | | |
| | 19.30 | 1860 | 545 | 503 | 400 | | | |
| | 20.30 | 1860 | 504 | 558 | 444 | | | |
| | 21.80 | 1860 | 583 | 645 | 513 | | | |
| 1×19W (1+6+6/6) | 12.70 | 1770 | 915 | 1021 | 805 | | | |
| | 15.20(15.24) | 1820 | 942 | 1048 | 829 | | | |
| | 18.00 | 1720 | 990 | 1096 | 854 | | | |

## 9.1.4 取样频率及数量

取样数量见表 9-5。

**取样数量**　　　　　　表 9-5

| 序号 | 项目 | 检验或验收依据 | 检测内容 | 组批原则或取样频率 | 取样方法及数量 | 送样时应提供的信息 |
|---|---|---|---|---|---|---|
| 1 | 预应力混凝土用钢绞线 | 《预应力混凝土用钢绞线》GB/T 5224 | 抗拉强度、伸长率、松弛率、弹性模量 | 以同一牌号、同一规格和同一加工状态≤60t为一检验批 | 在每盘卷中任意一端截取，3根/每批 | 1. 生产单位；<br>2. 产品标记(种类、结构形式、规格、承载等级、执行标准)；<br>3. 批号/生产日期；<br>4. 使用部位 |
| 2 | 预应力混凝土用钢绞线 | 《预应力混凝土用钢绞线》GB/T 5224 | 抗拉强度、反复弯曲 | 以同一牌号、同一规格和同一加工状态≤60t为一检验批 | 在每盘卷中任意一端截取，3根/每批 | 1. 生产单位；<br>2. 产品标记(种类、结构形式、规格、承载等级、执行标准)；<br>3. 批号/生产日期；<br>4. 使用部位 |

## 9.1.5 预应力钢绞线试验

**1. 试验目的**

本试验主要检验预应力钢绞线的拉伸性能、松弛性能等各项性能指标,保证预应力钢绞线的使用性能。

**2. 编制依据**

本试验依据《预应力钢筋混凝土用钢绞线》GB/T 5224 编制。

**3. 仪器设备**

钢绞线万能试验机:精度满足 1 级试验机或优于 1 级要求,经计量部门检定。

引伸计:精度不低于 1 级,经计量部门检定。

应力松弛性能试验机:应能对试样施加准确的轴向拉伸试验力,试验机力的示值误差不应超过±1%。试验机力的同轴度不应大于 15%。试验机应定期校验。应力松弛试验机应具有连续自动调节试验力的装置,以便在试验期间保持试样的初始应变或变形或标距恒定。应安装在无外来冲击、振动和温度恒定的环境中。

钢绞线应力松弛性能试验期间,试样的环境温度应保持在(20±2)℃内。

**4. 试验步骤**

(1) 表面检验

表面质量用目视检查。

(2) 尺寸检验

钢绞线的直径应用分度值为 0.02mm 的量具测量,测量位置距离端头不应小于 300mm。1×2 结构钢绞线的直径测量应测量图 9-1 所示 $D_n$ 值;1×3 结构钢绞线应测量图 9-2 所示 $A$ 值;测量 1×7 结构钢绞线直径应以横穿直径方向的相对两根外层钢丝为准,如图 9-3 所示,$D_n$ 在同一截面不同方向上测量三次,取平均值;1×19 结构钢绞线公称直径为钢绞线外接圆直径。

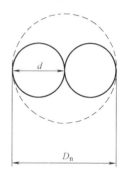

**图 9-1 1×2 结构钢绞线外形示意图**

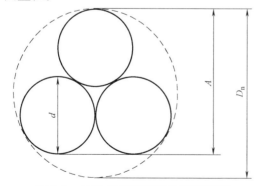

**图 9-2 1×3 结构钢绞线外形示意图**

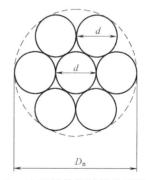

**图 9-3 1×7 结构钢绞线外形示意图**

(3) 拉伸试验

1) 最大力

整根钢绞线的最大力试验按《预应力混凝土用钢材试验方法》CB/T 21839 的规定进

行，如试样在夹头内和距钳口 2 倍钢绞线公称直径内断裂，达不到标准规定的性能要求时，试验无效。计算抗拉强度时取钢绞线的公称横截面积值。

2) 屈服力

钢绞线屈服力采用引伸计标距（不小于一个捻距）的非比例延伸达到引伸计标距 0.2%时所受的力（$F_{P0.2}$）。为便于供方日常检验，也可以测定总延伸到原标距 1%的力（$F_{t1}$），其值符合规定的 $F_{P0.2}$ 值时可以交货，但仲裁试验时测定 $F_{P0.2}$。测定 $F_{P0.2}$ 和 $F_{t1}$ 时加负荷为公称最大力的 10%。

3) 最大力总伸长率

最大力总伸长率 $A_{gt}$ 的测定按 GB/T 21839 规定进行。使用计算机采集数据或使用电子拉伸设备的，测量延伸率时预加负荷对试样所产生的延伸率应加在总延伸内。

4) 弹性模量

弹性模量的测定按 GB/T 21839 规定进行。

(4) 应力松弛性能试验

1) 试样标距长度不小于公称直径的 60 倍，试样制备后不得进行任何热处理和冷加工。

2) 试验温度应为 (20±20)℃。试样应置于试验环境中足够的时间，确认达到温度平衡后施加初始试验力。初始试验力应按相关产品标准或协议的规定。

3) 初始负荷应在 3~5min 内均匀施加完毕，持荷 1min 后开始记录松弛值。保持时间结束点作为零时间，在零时间应立即保持初始总应变或标距恒定。试验期间试样应变的波动应控制在 $±5×10^{-6}$mm/min 内。

4) 连续或定时记录试验力和温度，必要时监测试样的初始总应变或标距。采用定时记录时，如无其他规定，建议按下列时间间隔进行记录：1min、3min、6min、9min、15min、30min、45min、1h、1.5h、2h、4h、8h、10h、24h，以后每隔 24h 记录一次，直至试验结束。

5) 试验数据处理

达到规定试验时间的松弛率按下式计算：

$$R(\%)=\frac{F_0-F_t}{F_0}×100 \qquad 式（9-1）$$

式中　$R(\%)$——松弛率；

　　　$F_0$——初始试验力；

　　　$F_t$——剩余试验力。

允许用至少 100h 的测试数据推算 1000h 的松弛率值。

## 9.2　锚 夹 具

### 9.2.1　知识概要

**1. 锚具**

锚具是在后张法结构或构件中，用于保持预应力筋的拉力并将其传递到混凝土（或钢结构）上所用的永久性锚固装置。

锚具可分为两类：

1) 张拉端锚具：安装在预应力筋端部且可用以张拉的锚具。
2) 固定端锚具：安装在预应力筋固定端端部通常不用以张拉的锚具。

**2. 夹具**

在先张法构件施工时，用于保持预应力筋的拉力并将其固定在生产台座（或设备）上的临时性锚固装置；在后张法结构或构件施工时，在张拉千斤顶或设备上夹持预应力筋的临时性锚固装置（又称工具锚）。

### 9.2.2 锚夹具的分类

根据对预应力筋锚固方式，锚具、夹具和连接器可分为夹片式、支撑式、握裹式和组合式4种基本类型。

锚具、夹具和连接器的代号如表9-6所示。

锚具、夹具和连接器的代号　　　　　　　表9-6

| 分类代号 | | 锚具 | 夹具 | 连接器 |
| --- | --- | --- | --- | --- |
| 夹片式 | 圆形 | YJM | YJJ | YJL |
| | 扁形 | BJM | BJJ | BJL |
| 支撑式 | 镦头 | DTM | DTJ | DTL |
| | 螺母 | LMM | — | LML |
| 握裹式 | 挤压 | JYM | — | JYL |
| | 压花 | YHM | — | — |
| 握裹式和组合式 | 冷铸 | LZM | — | — |
| | 热铸 | RZM | — | — |

### 9.2.3 锚夹具的技术指标

**1. 锚具的技术指标**

（1）静载锚固性能

锚具效率系数 $\eta_a$ 和组装件预应力筋受力长度的总伸长率 $\varepsilon_{Tu}$ 应符合表9-7的规定。

静载锚固性能要求　　　　　　　表9-7

| 锚具类型 | 锚具效率系数 | 总伸长率 |
| --- | --- | --- |
| 体内、体外束中预应力钢材用锚具 | $\eta_a = \dfrac{F_{Ta}}{n \times F_{pm}} \geqslant 0.95$ | $\varepsilon_{Tu} \geqslant 2.0\%$ |
| 拉索中预应力钢材用锚具 | $\eta_a = \dfrac{F_{Ta}}{n \times F_{ptk}} \geqslant 0.95$ | $\varepsilon_{Tu} \geqslant 2.0\%$ |
| 纤维增强复合材料筋用锚具 | $\eta_a = \dfrac{F_{Ta}}{n \times F_{ptk}} \geqslant 0.90$ | — |

注：$F_{Tu}$——预应力锚具、夹具或连接器组装件的实测极限抗拉力，单位为千牛（kN）；

$F_{pm}$——预应力筋单根试件的实测平均极限拉力，单位为千牛（kN）；

$F_{ptk}$——预应力筋的公称拉力，单位为千牛（kN）；

$\eta_a$——预应力筋—锚具组装件静载锚固性能试验测得的锚具效率系数，（%）。

预应力的公称极限抗拉力 $F_{ptk}$ 按下式计算：
$$F_{ptk}=A_{pk}\times f_{ptk} \quad \text{式（9-2）}$$
式中 $f_{ptk}$——预应力筋的公称抗拉强度，MPa；

$A_{pk}$——预应力筋的公称界面面积，$mm^2$。

预应力筋—锚具组装件的破坏形式应是预应力筋的破断，而不应由锚具的失效导致试验的终止。

(2) 疲劳荷载性能

预应力筋—锚具组装件应通过 200 万次疲劳荷载性能试验，并应符合下列规定：

1) 当锚固的预应力筋为预应力钢材时，试验应力上限为预应力筋公称抗拉强度 $f_{ptk}$ 的 65%，疲劳应力幅度不应小于 80MPa。工程有特殊需要时，试验应力上限及疲劳应力幅度取值可另定。

2) 拉索疲劳荷载性能的试验应力上限和疲劳幅度应根据拉索的类型符合国家现行相关标准的规定，或按设计要求确定。

3) 当锚固的预应力筋为纤维复合材料筋时，试验应力上限应力为预应力公称抗拉强度 $f_{pk}$ 的 50%，疲劳应力幅度不应小于 80MPa。

预应力筋—锚具组装件经受 200 万次循环荷载后，锚具零件不应疲劳破坏。预应力筋锚具夹持作用发生疲劳破坏的截面积不应大于组装试件中预应力筋总截面面积的 5%。

(3) 锚固区传力性能

与锚具配套的锚垫板和螺旋筋应能将锚具承担的预加力传递给混凝土结构的锚固区，锚垫板和螺旋筋的尺寸应与允许张拉时要求的混凝土特征抗压强度匹配；对规定尺寸和强度的混凝土传力试验构件施加不小于 10 次循环荷载，试验时传力性能应符合下列规定：

1) 循环荷载第一次达到上限荷载 $0.8F_{ptk}$ 时，混凝土构件裂缝宽度应不大于 0.15mm；

2) 循环荷载最后一次达到下限荷载 $0.12F_{ptk}$ 时，混凝土构件裂缝宽度应不大于 0.15mm；

3) 循环荷载最后一次达到上限荷载 $0.8F_{ptk}$ 时，混凝土构件裂缝宽度应不大于 0.25mm；

4) 循环荷载过程结束时，混凝土构件裂缝宽度、纵向应变和横向 7 应变读数应达到稳定；

5) 循环荷载后，继续加载至 $F_{ptk}$ 时，锚垫板不应出现裂纹；

6) 继续加载直至混凝土构件破坏。

(4) 低温锚固性能

非自然条件下有低温锚固性能要求的锚具应进行锚固性能试验并符合下列规定：

1) 低温下预应力筋 锚具组装件的实测极限抗拉力 $F_{Tu}$ 不应低于常温下预应力筋实测平均极限抗拉力 $nF_{pm}$ 的 95%；

2) 最大荷载时预应力筋受力长度的总伸长率 $\varepsilon_{Tu}$ 应明示；

3) 破坏形式应是预应力筋破坏，而不是由锚具的失效导致试验终止。

(5) 锚板强度

6 孔及以上的夹片式锚具的锚板应进行强度检验，并应符合下列规定：静载锚固性能试验合格并卸载之后锚板表面直径中心的残余挠度不应大于配套锚垫板上口直径 $D$ 的 1/600。

(6) 内缩量

采用顶压张拉工艺时,直径 $\phi$15.2 钢绞线用夹片式锚具的预应力筋内缩量不宜大于 6mm。

(7) 锚口摩阻损失

夹片式锚具的锚口摩阻损失不宜大于 6%。

**2. 夹具的技术指标**

夹具的静载锚固性能应符合下式:

$$\eta_g = \frac{F_{Ta}}{F_{ptk}} \geqslant 0.95 \qquad 式(9-3)$$

预应力筋—夹具组装件的破坏形式是预应力筋的破断,而不是由夹具的失效导致试验的终止。

### 9.2.4 取样频率及数量

预应力筋锚夹具取样频率 9-8。

取样频率　　　　　　表 9-8

| 序号 | 项目 | 检验或验收依据 | 检测内容 | 组批原则或取样频率 | 取样方法及数量 | 送样时应提供的信息 |
|---|---|---|---|---|---|---|
| 1 | 锚具、夹具和连接器 | 《预应力筋用锚具、夹具和连接器》GB/T 14370 | 外观检查、硬度、回缩量、静载锚固性能试验 | 以同一种产品、同一批原材料、同一工艺一次投料生产的数量为一批,每个抽检组批不得超过 2000 件(套) | 外观检查锚具:抽取 5%~10%,且不少于 10 套。锚具硬度检测:抽取 3%~5%,不少于 5 套。多孔夹片式锚具每套至少抽取 5 片。静载锚固性能试验:从同批中抽取 6 套锚具(夹具或连接器)组成 3 个锚具组装件 | 1. 生产单位;<br>2. 产品标记(种类、结构型式、规格、执行标准);<br>3. 批号/生产日期;<br>4. 出厂合格证;<br>5. 使用部位 |

### 9.2.5 静载锚固性能试验

**1. 试验目的**

通过本试验检测锚具质量,检测锚板、夹片的硬度、强度、锚固能力等各方面的性能。

**2. 编制依据**

本试验依据《预应力筋用锚具、夹具和连接器》GB/T 14370 制定。

**3. 仪器设备**

试验机的测力系统应按照《静力单轴试验机的检验 第 1 部分:拉力和(或)压力试验机测力系统的检验与校准》GB/T 16825.1 的规定进行校准,并且其准确度不应低于 1 级;预应力筋总伸长率测量装置在测量范围内,示值相对误差不应超过 ±1%。

**4. 试验试件要求**

(1) 试验用的预应力筋—锚具、夹具或连接器组装件应由全部零件和预应力筋组装而成。组装时锚固零件必须擦拭干净，不得在锚固零件上添加影响锚固性能的物质，如金刚砂、石墨、润滑剂等（设计规定的除外）。

（2）多根预应力筋的组装件中各根预应力筋应等长、平行、初应力均匀，其受力长度不应小于3m。

（3）单根钢绞线的组装件及钢绞线母材力学性能试验用的试件，钢绞线的受力长度不应小于0.8m；试验用其他单根预应力筋组装件及母材力学性能试验用试件，预应力筋的受力长度可按照试验设备及国家现行相关标准确定。

（4）对于预应力筋在被夹持部位不弯折的组装件（全部锚筋孔均与锚板底面垂直），各根预应力筋应平行受拉，侧面不应设置有碍受拉或与预应力筋产生摩擦的接触点；如预应力筋在被夹持部位与组装件的轴线有转向角度（锚筋孔与锚板底面不垂直或连接器的挤压头需倾斜安装等），应在设计转角处加转向约束钢环，组装件受拉时，该转向约束钢环与预应力筋之间不应发生相对滑动。

（5）试验用预应力钢材应经过选择，全部力学性能必须严格符合该产品的国家标准或行业标准；同时，所选用的预应力钢材其直径公差应在锚具、夹具或连接器产品设计的允许范围之内。

（6）应在预应力筋有代表性的部位取至少6根试件进行母材力学性能试验，试验结果应符合国家现行标准的规定，每根预应力筋的实测抗拉强度在相应的预应力标准中规定的等级划分均应与受检锚具、夹具或连接器的设计等级相同。

（7）已受损伤或者有接头的预应力筋不应用于组装试件试验。

**5. 试验步骤**

（1）预应力筋—锚具或夹具组装件按图9-4的装置进行静载锚固性能试验，受检锚具下安装的环形支承垫板内径应与受检锚具配套使用的锚垫板上口直径一致；预应力筋—连接器组装可按图9-5的装置进行静载锚固性能试验，被连接段预应力筋（件13）安装预紧时，可在试验连接器（件8）下临时加垫对开垫片，加载后可适时撤除；单根预应力筋的组装件还可在钢绞线拉伸试验机上按GB/T 21839的规定进行静载锚固性能试验。

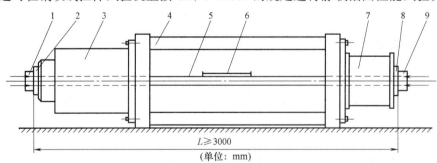

**图9-4 预应力筋—锚具或夹具组装件静载锚固性能试验装置示意图**

1、9—试验锚具或夹具；2、8—环形支撑垫板；3—加载用千斤顶；
4—承力台座；5—预应力筋；6—总伸长率测量装置；7—荷载传感器

（2）加载之前应先将各种测量仪表安装调试正确，将各根预应力筋的初应力调试均匀，初应力可取预应力筋公称抗拉强度 $f_{ptk}$ 的5%~10%；总伸长率测量装置的标距不宜小于1m。

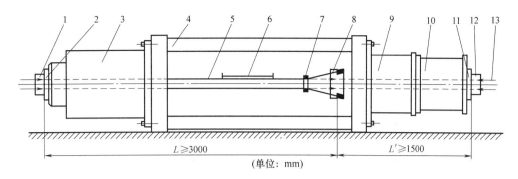

**图 9-5 预应力筋—连接器组装件静载锚固性能试验装置示意图**

1、12—试验锚具；2、11—环形支撑垫板；3—加载用千斤顶；4—承力台座；
5—续接段预应力筋；6—总伸长率测量装置；7—转向约束钢环；8—试验连接器；
9—附加承力圆筒或穿心式千斤顶；10—荷载传感器；13—被连接段预应力筋

（3）加载步骤

1）对预应力筋分级等速加载，加载步骤应符合表 9-9 的规定，加载速度不宜超过 100MPa/min；加载到最高一级荷载后，持荷 1h，然后缓慢加载至破坏。

**静载锚固性能试验的加载步骤** 表 9-9

| 预应力筋类型 | 每级应力施加的荷载 |
| --- | --- |
| 预应力钢材 | $0.20F_{ptk} \rightarrow 0.40F_{ptk} \rightarrow 0.60F_{ptk} \rightarrow 0.80F_{ptk}$ |
| 纤维增强复合料筋 | $0.20F_{ptk} \rightarrow 0.40F_{ptk} \rightarrow 0.50F_{ptk}$ |

2）用试验机或承力台座进行单根预应力筋的组装件静载锚固性能试验时，加载速度可加快，但不宜超过 200MPa/min；加载到最高一级荷载后，持荷时间可缩短，但不应小于 10min，然后缓慢加载至破坏。

（4）试验过程中应对下来内容进行测量、观察和记录

1）荷载为 $0.1F_{ptk}$ 时总伸长率测量装置的标距和预应力筋的受力长度；

2）选取有代表性的若干根预应力筋，测量试验荷载从 $0.1F_{ptk}$ 增长到 $F_{Tu}$ 时，预应力筋与锚具、夹具或连接器之间的相对位移 $\Delta a$（图 9-6）。

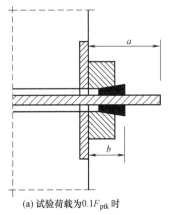 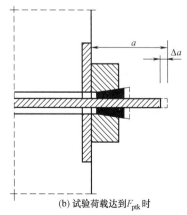

(a) 试验荷载为 $0.1F_{ptk}$ 时　　　　　　(b) 试验荷载达到 $F_{ptk}$ 时

**图 9-6 试验期间预应力筋与锚具、夹具或连接器之间的相对位移示意图**

3）组装件的实测极限抗拉力 $F_{Tu}$

4）试验荷载从 $0.1F_{ptk}$ 增长到 $F_{Tu}$ 时总伸长率测量装置的标距的增量 $\Delta L_1$，并按下式计算预应力筋受力长度的总伸长率 $\varepsilon_{Tu}$：

$$\varepsilon_{Tu} \frac{\Delta L_1 + \Delta L_2}{L_1 - L_2} \times 100\% \qquad 式（9-4）$$

式中 $\Delta L_1$——试验荷载从 $0.1F_{ptk}$ 增长到 $F_{Tu}$ 时，总伸长率测量装置标距的增量，单位为毫米（mm）；

$\Delta L_2$——试验荷载从 0 增长到 $0.1F_{Tu}$ 时，总伸长率测量装置标距的增量理论计算值，单位为毫米（mm）；

$L_1$——总伸长率测量装置在试验荷载为 $0.1F_{ptk}$ 时的标距，单位为毫米（mm）。

**6. 检测结果判定**

应进行 3 个组装件的静载锚固性能试验，全部试验结果均应作出记录。3 个组装件中如有 2 个组装件不符合要求，应判定该批产品不合格；3 个组装件中如有 1 个组装件不符合要求，应另外取双倍数量的样品重做试验，如仍有不符合要求者，应判定该批产品出厂检验不合格。

### 9.2.6 锚具的洛氏硬度试验

**1. 原理**

将压头（金刚石圆锥、钢球或硬质合金球）按图 9-7 分两个步骤压入试样表面，经规定保持时间后，卸除主试验力，测定在初试验力的残余压痕深度 $h$。

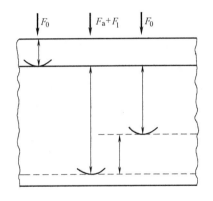

图 9-7 洛氏硬度试验原理图

根据 $h$ 值及常数 $N$ 和 $S$（表 9-10），用下式计算洛氏硬度：

$$洛氏硬度 = N - \frac{h}{S} \qquad 式（9-5）$$

符号及名称　　　　　　　　　　　　　　　表 9-10

| 符号 | 名　　称 | 单位 |
|---|---|---|
| $F_0$ | 初试验力 | N |
| $F_i$ | 主试验力 | N |
| $F$ | 总试验力 | N |
| $S$ | 给定标尺的单位 | mm |
| $N$ | 给定标尺的硬度数 | |
| $h$ | 卸除主试验力后，在初试验力下压痕残留的深度（残余压痕深度） | mm |
| HRA<br>HRC<br>HRD | 洛氏硬度=100-h/0.002 | |
| HRB<br>HRE<br>HRF<br>HRG | 洛氏硬度=130-h/0.002 | |
| HRH<br>HRK<br>HRN<br>HRT | 表面洛氏硬度=100-h/0.001 | |

**2. 编制依据**

本试验依据《金属材料 洛氏硬度试验 第1部分：试验方法》GB/T 230.1制定。

**3. 仪器设备**

硬度标尺应能按表9-11施加预定的试验力。

洛氏硬度标尺 表9-11

| 洛氏硬度标尺 | 硬度符号 | 压头类型 | 初试验力 $F_0$/N | 主试验力 $F_1$/N | 总试验力 $F$/N | 适应范围 |
|---|---|---|---|---|---|---|
| A | HRA | 金刚石圆锥 | 98.07 | 490.3 | 588.4 | 20HRA～88HRA |
| B | HRB | 直径1.5875mm球 | 98.07 | 882.6 | 980.7 | 20HRB～100HRB |
| C | HRC | 金刚石圆锥 | 98.07 | 1373 | 1471 | 20HRC～70HRC |
| D | HRD | 金刚石圆锥 | 98.07 | 882.6 | 980.7 | 40HRD～77HRD |
| E | HRE | 直径3.175mm球 | 98.07 | 882.6 | 980.7 | 70HRE～100HRE |
| F | HRF | 直径1.5875mm球 | 98.07 | 490.3 | 588.4 | 60HRF～100HRF |
| G | HRG | 直径1.5875mm球 | 98.07 | 1373 | 1471 | 30HRG～94HRG |
| H | HRH | 直径3.175mm球 | 98.07 | 490.3 | 588.4 | 80HRH～100HRH |
| K | HRK | 直径3.175mm球 | 98.07 | 1373 | 1471 | 40HRK～100HRK |
| 15N | HR15N | 金刚石圆锥 | 29.42 | 117.7 | 147.1 | 70HR15N～94HR15N |
| 30N | HR30N | 金刚石圆锥 | 29.42 | 264.8 | 294.2 | 42HR30N～86HR30N |
| 45N | HR45N | 金刚石圆锥 | 29.42 | 411.9 | 441.3 | 20HR45N～77HR45N |
| 15T | HR45T | 直径1.5875mm球 | 29.42 | 117.7 | 147.1 | 67HR15T～93HR15T |
| 30T | HR30T | 直径1.5875mm球 | 29.42 | 264.8 | 294.2 | 29HR30T～82HR30T |
| 45T | HR45T | 直径1.5875mm球 | 29.42 | 411.9 | 441.3 | 10HR45T～72HR45T |

注：使用钢球压头的标尺，硬度符号后面加"S"。使用硬质合金球压头的标尺，硬度符号后面加"W"。

金刚石圆锥压头锥为120°，顶部曲率半径为0.2mm。

钢球或硬质合金压头直径为1.5875mm或3.175mm。

压痕深度测量装置应符合《金属材料 洛氏硬度试验 第2部分：硬度计（A、B、C、D、E、F、G、H、K、N、T标尺）的检验与校准》GB/T 230.2的要求。

**4. 试验步骤**

（1）试样

1）试样表面应光滑平坦，无氧化皮及外来污物，尤其不应有油脂，建议试样表面粗糙度Ra不大于0.8μm，产品或材料标准另有规定除外。

2）试样的制备应使受热或冷加工等因素对表面硬度的影响减至最小。

3）试验后试样背面不应出现可见变形。

（2）试验步骤

1）试验一般在10～35℃室温进行，对于温度要求严格的试验，应控制在（23±5）℃之内。

2）试样应平稳地放在刚性支承物上，并使压头轴线与试样表面垂直，以避免试样产生位移。应对圆柱形试样作适当支承，例如放置在洛氏硬度值不低于60HRC的带有V形槽的钢支座上。尤其应注意使压头、试样、V形槽与硬度计支座中心对中。

3) 使压头与试样表面接触，无冲击和振动地施加初试验力 $F_0$，初试验力保持时间不超过 3s。

4) 无冲击和振动地将测量装置调整至基准位置，从初试验力 $F_0$ 施加至总试验力 $F$ 的时间应不小于 1s 且不大于 8s。

5) 总试验力 $F$ 保持时间 $(4\pm2)$s。然后卸除主试验力 $F_1$，保持初试验力 $F_0$，经短时间稳定后，进行读数。

6) 洛氏硬度值用表 9-11 给出的公式由残余压痕深度 $h$ 计算出，通常从测量装置中直接读数，图 9-7 中说明了洛氏硬度值的求出过程。

7) 试验过程中，硬度计应避免受到冲击和振动。

8) 在大量试验之前或距前一试验超过 24h，以及压头或支承台移动或重新安装后，均应检查压头和支座安装的正确性，上述调整后的两个试验结果不作为正式数据。

9) 两相邻压痕中心之间的距离至少应为压痕直径的 4 倍，并且不应小于 2mm；任一压痕中心距试样边缘的距离至少应为压痕直径的 2.5 倍，并且不应小于 1mm。

10) 如无其他规定，每个试样上的试验点数不少于 4 点，第 1 点不计。

# 第10章 沥青、沥青混合料检测

## 10.1 沥 青

### 10.1.1 定义

沥青是由不同分子量的碳氢化合物及其非金属衍生物组成的黑褐色复杂混合物,是高黏度有机液体的一种,呈液态,表面呈黑色,可溶于二硫化碳。憎水性材料,结构致密,几乎完全不溶于水、不吸水,具有良好的防水性。因此广泛用于土木工程的防水、防潮和防渗;沥青属于有机胶凝材料,与砂、石等矿质混合料具有非常好的粘结能力,所制得的沥青混凝土是现代道路工程最重要的路面材料。

沥青针入度是指在规定温度和时间内,附加一定质量的标准针垂直贯入沥青试样的深度,以 0.1mm 计。

沥青针入度指数是指沥青结合料的温度感应性指标,反映针入度随温度而变化的程度。由不同温度的针入度按规定方法计算得到,无量纲。

沥青延度是指规定形态的沥青试样,在规定温度下以一定速度受拉伸至断开时的长度,以 cm 计。

沥青软化点(环球法)是指沥青试样在规定尺寸的金属环内,上置规定尺寸和质量的钢球,放于水或甘油中,以规定的速度加热,至钢球下沉达规定距离时的温度,以℃计。

### 10.1.2 沥青的分类

沥青按其在自然界中获得的方式,可分为地沥青和焦油沥青两大类,地沥青包括天然沥青和石油沥青,焦油沥青包括煤沥青、木沥青和页岩沥青。

按用途分:道路石油沥青;建筑石油沥青;防水防潮石油沥青。

按原油中成分中所含石蜡数量分:石蜡基沥青、沥青基沥青、混合基沥青。

按加工方法分:直馏沥青、溶剂脱沥青、氧化沥青、裂化沥青。

按常温下稠度分:固体沥青、黏稠沥青和液体沥青。

### 10.1.3 沥青的技术指标

石油沥青的技术标准将沥青划分成不同的种类和标号(等级),以便选用。目前石油沥青主要划分为三大类:道路石油沥青、建筑石油沥青和普通石油沥青。

在对沥青划分等级时,主要依据沥青的针入度、延度、软化点等指标,见表 10-1。针入度是划分沥青标号的主要指标。对于同一品种的石油沥青,牌号越大,相应的黏性越小(针入度值越大)、延展性越好(塑性越大)、感温性越大(软化点越低),见表 10-2、表 10-3。

道路石油沥青技术要求 表10-1

| 指标 | 单位 | 等级 | 沥青标号 160号④ | 130号④ | 110号 | 90号 | 70号③⑤ | 50号 | 30号④ | 试验方法① |
|---|---|---|---|---|---|---|---|---|---|---|
| 针入度(25℃,5,100g) | d mm | | 140~200 | 120~140 | 100~120 | 80~100 | 60~80 | 40~60 | 20~40 | T0604 |
| 适用的气候分区⑥ | | | 注④ | 注④ | 2-1 2-2 3-2 | 1-1 1-2 1-3 2-2 2-3 | 1-3 1-4 2-2 2-3 2-4 | 1-4 | 注④ | 附录A⑤ |
| 针入度指数PI② | | A | -1.5~+1.0 | | | | | | | T0604 |
| | | B | -1.8~+1.0 | | | | | | | |
| 软化点(R&B)不小于 | | A | 38 | 40 | 43 | 45 | 44 | 46 | 46 | 49 | 55 | T0606 |
| | | B | 36 | 39 | 42 | 43 | 42 | 44 | 43 | 46 | 53 | |
| T0606 | | C | 35 | 37 | 41 | 42 | | 43 | | 45 | 50 | |
| 60℃动力黏度②不小于 | Pa·s | A | — | 60 | 120 | 160 | 140 | 180 | 160 | 200 | 260 | T0620 |
| 10℃延度②不小于 | cm | A | 50 | 50 | 40 | 45 | 30 | 20 | 30 | 20 | 20 | 15 | 25 | 20 | 15 | 15 | 10 | T0605 |
| | | B | 30 | 30 | 30 | 30 | 20 | 15 | 20 | 15 | 15 | 10 | 20 | 15 | 10 | 10 | 8 | |
| 15℃延度不小于 | cm | A/B | 100 | | | | | | | | | |
| | | C | 80 | 80 | 60 | 50 | | 40 | | 30 | 20 | |
| 蜡含量(蒸馏法)不大于 | % | A | 2.2 | | | | | | | | | T0615 |
| | | B | 3.0 | | | | | | | | | |
| | | C | 4.5 | | | | | | | | | |
| 闪点不小于 | ℃ | | 230 | | 245 | | 260 | | | T0611 |
| 溶解度不小于 | % | | 99.5 | | | | | | | | T0607 |
| 密度(15℃) | g/cm³ | | 实测记录 | | | | | | | | T0603 |
| TFOT(或RTFOT)后⑤ | | | | | | | | | | | T0610或T0609 |
| 质量变化不大于 | % | | ±0.8 | | | | | | | | |
| 残留针入度比不小于 | % | A | 48 | 54 | 55 | 57 | 61 | 63 | 65 | T0604 |
| | | B | 45 | 50 | 52 | 54 | 58 | 60 | 62 | |
| | | C | 40 | 45 | 48 | 50 | 54 | 58 | 60 | |
| 残留延度(10℃)不小于 | cm | A | 12 | 12 | 10 | 8 | 6 | 4 | — | T0605 |
| | | B | 10 | 10 | 8 | 6 | 4 | 2 | — | |

续表

| 指标 | 单位 | 等级 | 沥青标号 | | | | | | | 试验方法[①] |
|---|---|---|---|---|---|---|---|---|---|---|
| | | | 160号[④] | 130号[④] | 110号 | 90号 | 70号[③⑤] | 50号 | 30号[④] | |
| 残留延度（15℃）不小于 | cm | C | 40 | 35 | 30 | 20 | 15 | 10 | — | T0605 |

注：① 试验方法按照现行《公路工程沥青及沥青混合料试验规程》JTG E20 规定的方法执行。用于仲裁试验求取 PI 时的 5 个温度的针入度关系的相关系数不得小于 0.997。
② 经建设单位同意，表中 PI 值、60℃动力黏度、10℃延度可作为选择性指标，也可不作为施工质量检验指标。
③ 70 号沥青可根据需要要求供应商提供针入度范围为 60～70 或 70～80 的沥青，50 号沥青可要求提供针入度范围为 40～50 或 50～60 的沥青。
④ 30 号沥青仅适用于沥青稳定基层。130 号和 160 号沥青除寒冷地区可直接在中低级公路上直接应用外，通常用作乳化沥青、稀释沥青、改性沥青的基质沥青。
⑤ 老化试验以 TFOT 为准，也可以 RTFOT 代替。
⑥ 气候分区见表 10-3。

**道路石油沥青适用范围** 表 10-2

| 沥青等级 | 适 用 范 围 |
|---|---|
| A 级沥青 | 各个等级公路。适用于任何场合和层次 |
| B 级沥青 | 1. 高速公路、一级公路沥青下面层及以下的层次，二级以下公路的各个层次；<br>2. 用作改性沥青、乳化沥青、改性乳化沥青、稀释沥青的基质沥青 |
| C 级沥青 | 三级及三级以下的公路各个层次 |

**沥青及沥青混合料气候分区指标** 表 10-3

| 气候分区 | | 温度（℃） | | 雨量(mm) |
|---|---|---|---|---|
| | | 最热月平均最高气温（℃） | 年极端最低气温（℃） | 年降雨量(mm) |
| 1-1-4 | 夏炎热冬严寒干旱 | >30 | <−37.0 | <250 |
| 1-2-2 | 夏炎热冬寒湿润 | >30 | −37.0～−21.5 | 500～1000 |
| 1-2-3 | 夏炎热冬寒半干 | >30 | −37.0～−21.5 | 250～500 |
| 1-2-4 | 夏炎热冬寒干旱 | >30 | −37.0～−21.5 | <250 |
| 1-3-1 | 夏炎热冬冷潮湿 | >30 | −21.5～−9.0 | >1000 |
| 1-3-2 | 夏炎热冬冷湿润 | >30 | −21.5～−9.0 | 500～1000 |
| 1-3-3 | 夏炎热冬冷半干 | >30 | −21.5～−9.0 | 250～500 |
| 1-3-4 | 夏炎热冬冷干旱 | >30 | −21.5～−9.0 | <250 |
| 1-4-1 | 夏炎热冬温潮湿 | >30 | >−9.0 | >1000 |
| 1-4-2 | 夏炎热冬温湿润 | >30 | >−9.0 | 500～1000 |
| 2-1-2 | 夏热冬严寒湿润 | 20～30 | <−37.0 | 500～1000 |
| 2-1-3 | 夏热冬严寒半干 | 20～30 | <−37.0 | 250～500 |
| 2-1-4 | 夏热冬严寒干旱 | 20～30 | <−37.0 | <250 |
| 2-2-1 | 夏热冬寒潮湿 | 20～30 | −37.0～−21.5 | >1000 |
| 2-2-2 | 夏热冬寒湿润 | 20～30 | −37.0～−21.5 | 500～1000 |
| 2-2-3 | 夏热冬寒半干 | 20～30 | −37.0～−21.5 | 250～500 |
| 2-2-4 | 夏热冬寒干旱 | 20～30 | −37.0～−21.5 | <250 |
| 2-3-1 | 夏热冬冷潮湿 | 20～30 | −21.5～−9.0 | >1000 |
| 2-3-2 | 夏热冬冷湿润 | 20～30 | −21.5～−9.0 | 500～1000 |
| 2-3-3 | 夏热冬冷半干 | 20～30 | −21.5～−9.0 | 250～500 |
| 2-3-4 | 夏热冬冷干旱 | 20～30 | −21.5～−9.0 | <250 |
| 2-4-1 | 夏热冬温潮湿 | 20～30 | >−9.0 | >1000 |
| 2-4-2 | 夏热冬温湿润 | 20～30 | >−9.0 | 500～1000 |
| 2-4-3 | 夏热冬温半干 | 20～30 | >−9.0 | 250～500 |
| 3-2-1 | 夏凉冬寒潮湿 | <20 | −37.0～−21.5 | >1000 |
| 3-2-2 | 夏凉冬寒湿润 | <20 | −37.0～−21.5 | 500～1000 |

## 10.1.4 取样频率及数量

沥青取样频率与数量见表 10-4。

**沥青取样频率与数量**　　　　　　　　表 10-4

| 序号 | 项目 | 检验或验收依据 | 检测内容 | 组批原则或取样频率 | 取样方法及数量 | 送样时应提供的信息 |
|---|---|---|---|---|---|---|
| 1 | 道路石油沥青 | 《城镇道路工程施工与质量验收规范》CJJ 1 《公路工程沥青与沥青混合料试验规程》JTG E20 《沥青取样法》GB/T 11147 | 1. 针入度（必检）；2. 软化点（必检）；3. 延度（必检）；4. 蜡含量；5. 闪点；6. 溶解度；7. 密度；8. 老化试验；9. 弹性恢复；10. 黏韧性；11. 韧性 | 按同一生产厂家、同一品种、同一标号、同一批号连续进场的沥青（石油沥青每100t 为一批，改性沥青 50t 为一批）每批次抽检一次 | 取样方法见说明 取样数量为：黏稠或固体沥青不少于 1.5kg；液体沥青不少于 1L；沥青乳液不少于 4L（取样方法见文字说明） | 1. 生产单位/产地；2. 品种、等级、牌号、执行标准等；3. 批号/生产日期；4. 使用部位 |

取样方法：

1. 从贮油罐中取样：贮藏无搅拌设备时，用取样器按液面上、中、下位置各取规定数量样品，亦可在流出口按不同流出深度分 3 次取样，将取出的 3 个样品充分混合后取规定量作为试样；贮藏有搅拌设备时，经充分搅拌后用取样器在中部取样。

2. 从槽车、罐车、沥青洒布车中取样：旋开取样阀，流出至少 4kg 或 4L 后再取样；仅有放料阀时，待放出全部沥青的一半时再取样；从顶盖处取样，用取样器从中部取样。

3. 在装料或卸料过程中取样：按时间间隔均匀地 3 次取样，经充分混合后取规定数量作为试样。

4. 从沥青储存池中取样：在沥青加热端分间隔至取 3 个样品，经充分混合后取规定数量作为试样。

5. 从沥青桶中取：可加热后按罐车的取样方法取样；当不便加热时，亦可在桶高的中部将桶凿开取样。

6. 固体沥青取样：应在表面以下及容器侧面以内至少 5cm 处采取，或打碎后取中间部分试样。

## 10.1.5 沥青试验

**1. 沥青针入度试验**

(1) 试验目的

本方法适用于测定道路石油沥青、聚合物改性沥青针入度以及液体石油沥青蒸馏或乳化沥青蒸发后残留物的针入度，以 0.1mm 计。其标准试验条件为温度 25℃，荷重 100g，贯入时间 5s。

针入度指数 $PI$ 用以描述沥青的温度敏感性，宜在 15℃、25℃、30℃ 3 个或 3 个以上温度条件下测定针入度后按规定的方法计算得到，若 30℃ 时的针入度值过大，可采用 5℃

代替。当量软化点 $T_{800}$ 是相当于沥青针入度为 800 时的温度,用以评价沥青的高温稳定性。当量脆点 $T_{1.2}$ 是相当于沥青针入度为 1.2 时的温度,用以评价沥青的低温抗裂性能。

(2) 编制依据

本试验依据《公路沥青路面施工技术规范》JTG F40 和《公路工程沥青及沥青混合料试验规程》JTG E20 制定。

(3) 仪器设备

1) 针入度仪:为提高测试精度,针入度试验宜采用能够自动计时的针入度仪进行测,要求针和针连杆必须在无明显摩擦下垂直运动,针的贯入深度必须准确至 0.1mm。针和针连杆组合件总质量为 (50±0.05)g,(50±0.05)g 砝码一只,试验时总质量为 (100±0.05)g。仪器应有放置平底玻璃保温皿的平台,并有调节水平的装置,针连杆应与平台相垂直。应有针连杆制动按钮,使针连杆可自由下落。针连杆应易于装拆,以便检查其质量。仪器还设有可自由转动与调节距离的悬臂,其端部有一面小镜或聚光灯泡,借以观察针尖与试样表面接触情况。且应对装置的准确性经常校验。当采用其他试验条件时,应在试验结果中注明。

2) 标准针:由硬化回火的不锈钢制成,洛氏硬度 HRC54~60。表面粗糙度 Ra0.2~0.3μm,针及针杆总质量 (2.5±0.05)g。针杆上应打印有号码标志。针应设有固定用装置盒(筒),以免碰撞针尖。每根针必须附有计量部门的检验单,并定期进行检验。其尺寸及形状如图 10-1 所示。

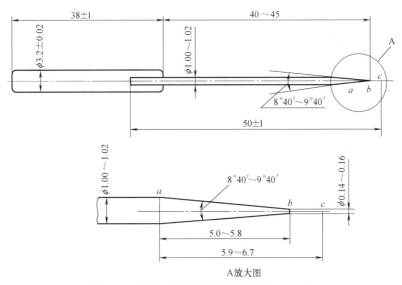

图 10-1 针入度标准针(尺寸单位:mm)

3) 盛样皿:金属制,圆柱形平底。小盛样皿的内径 55mm,深 35mm(适用于针入度小于 200 的试样);大盛样皿内径 70mm,深 45mm(适用于针入度为 200~350 的试样);对针入度大于 350 的试样需使用特殊盛样皿,其深度不小于 60mm,容积不小于 125mL。

4) 恒温水槽:容量不小于 1L,控温的准确度为 0.1℃。水槽中应设有一带孔的搁架,位于水面下不得少于 100nm,距水槽底不得少于,50mm 处。

5) 平底玻璃皿:容量不小于 1L,深度不小于 80mm。内设有一不锈钢三脚支架,能使盛样皿稳定。

6）温度计或温度传感器，（精度为 0.1℃）。

计时器：精度为 0.1s。

位移计或位移传感器：精度为 0.1mm。

盛样皿盖：平板玻璃，直径不小于盛样皿开口尺寸。

溶剂：三氯乙烯。

电护或砂浴、石棉网、金属锅或瓷把钳等。

(4) 试样制备

1）将装有试样的盛样器带盖放入恒温烘箱中，当石油沥青试样中含有水分时，将烘箱温度调在 80℃ 左右，加热至沥青全部熔化后供脱水用。当石油沥青中无水分时，烘箱温度宜为软化点温度以上 90℃，通常为 135℃ 左右。对取来的沥青试样不得直接采用电炉或煤气炉明火加热。

2）当石油沥青试样中含有水分时，将盛样器皿放在可控温的砂浴、油浴、电热套上加热脱水，不得已采用电炉、煤气炉加热脱水时必须加放石棉垫。时间不超过 30min，并用玻璃棒轻轻搅拌，防止局部过热。在沥青温度不超过 100℃ 的条件下，仔细脱水至无泡沫为止，最后的加热温度不超过软化点以上 100℃（石油沥青）或 50℃（煤沥青）。

3）将盛样器中的沥青通过 0.6mm 的滤筛过滤，不等冷却立即一次灌入各项试验的模具中，根据需要也可将试样分装入擦拭干净并干燥的一个或数个沥青盛样器皿中，数量应满足一批试验项目所需的沥青样品并有富余。

4）在沥青灌模过程中如温度下降可放入烘箱中适当加热，试样冷却后反复加热的次数不得超过 2 次，以防沥青老化影响试验结果。注意在沥青灌模时不得反复搅动沥青，应避免混进气泡。

5）灌模剩余的沥青应立即清洗干净，不得重复使用。

(5) 试验步骤

1）取出达到恒温的盛样皿，并移入水温控制在试验温度 ±0.1℃（可用恒温水槽中的水）的平底玻璃皿中的三脚支架上，试样表面以上的水层深度不小于 10mm。

2）将盛有试样的平底玻璃皿置于针入度仪的平台上。慢慢放下针连杆，用适当位置的反光镜或灯光反射观察，使针尖恰好与试样表面接触，将位移计或刻度盘指针复位为零。

3）开始试验，按下释放键，这时计时与标准针落下贯入试样同时开始，至 5s 时自动停止。

4）读取位移计或刻度盘指针的读数，准确至 0.1mm。

5）同一试样平行试验至少 3 次，各测试点之间及与盛样皿边缘的距离不应小于 10mm。每次试验后应将盛有盛样皿的平底玻璃皿放入恒温水槽，使平底玻璃皿中水温保证试验温度。每次试验应换一根干净标准针或将标准针取下用蘸有三氯乙烯溶剂的棉花或布揩净，再用于棉花或布擦干。

6）测定针入度大于 200 的沥青试样时，至少用 3 支标准针、每次试验后将针留在试样中，直至 3 次平行试验完成后，才能将标准针取出。

7）测定针入度指数 $PI$ 时，按同样的方法在 15℃、25℃、30℃（或 5℃）3 个或 3 个以上（必要时增加 10℃、20℃等）温度条件分别测定沥青的针入度，但用于仲裁试验的温度条件应为 5 个。

(6) 试验数据处理及判定

1) 公式计算法

将 3 个或 3 个以上不同温度条件下测试的针入度值取对数。令 $y=\lg P$，$x=T$，按下式的针入度对数与温度的直线关系，进行 $y=a+bx$ 一元一次方程的直线回归，求取针入度温度指数 $A_{\lg Pen}$。

$$\lg P = K + A_{\lg Pen} \times T \qquad 式（10-1）$$

式中　$\lg P$——不同温度条件下测得的针入度值对数；

　　　$T$——试验温度（℃）；

　　　$K$——回归方程的常数项 a；

　　　$A_{\lg Pen}$——回归方程的系数。

按上式回归时必须进行相关性检验，直线回归相关系数 $R$ 不得小于 0.997（置信度 95%），否则，试验无效。

按下式确定沥青的针入度指数，并记为 $PI$。

$$PI = \frac{20 - 500 A_{\lg Pen}}{1 + 50 A_{\lg Pen}} \qquad 式（10-2）$$

按下式确定沥青的当量软化点 $T_{800}$。

$$T_{800} = \frac{\lg 800 - K}{A_{\lg Pen}} = \frac{2.9031 - K}{A_{\lg Pen}} \qquad 式（10-3）$$

按下式确定沥青的塑性温度范围 $\Delta T$。

$$\Delta T = T_{800} - T_{1.2} = \frac{2.8239}{A_{\lg Pen}} \qquad 式（10-4）$$

2) 允许误差

同一试样 3 次平行试验结果的最大值和最小值之差在表 10-5 允许偏差范围内时，计算 3 次试验结果的平均值，并取至整数作为针入度试验结果，单位 0.1mm。

针入度允许偏差　　　　表 10-5

| 针入度(0.01mm) | 允许偏差值(0.1mm) | 针入度(0.01mm) | 允许偏差值(0.1mm) |
| --- | --- | --- | --- |
| 0~49 | 2 | 150~249 | 12 |
| 50~149 | 4 | 250~500 | 20 |

当试验值不符合此要求时，应重新进行试验。

当试验结果小于 50（0.1mm）时，重复性试验的允许误差为 2（0.1mm），再现性试验的允许误差为 4（0.1mm）。

当试验结果大于或等于 50（0.1mm）时，重复性试验的允许误差为平均值的 4%，再现性试验的允许误差为平均值的 8%。

**2. 沥青延度试验**

(1) 试验目的

本方法适用于测定道路石油沥青、聚合物改性沥青、液体石油沥青蒸馏残留物和乳化沥青蒸发残留物等材料的延度。

沥青延度的试验温度与拉伸速率可根据要求采用，通常采用的试验温度为 25℃、

15℃、10℃、5℃，拉伸速度为 5cm/min±0.25cm/min。当低温采用 1cm/min±0.5cm/min 拉伸速度时，应在报告中注明。

(2) 编制依据

本试验依据《公路沥青混凝土路面施工技术规范》JTG F40 和《公路工程沥青及沥青混合料试验规程》JTG E20 制定。

(3) 仪器设备

延度仪：延度仪的测量长度不宜大于 150cm，仪器应有自动控温、控速系统。应满足试件浸没于水中，能保持规定的试验温度计规定的拉伸速度拉伸试件，且试验时应无明显振动。该仪器的形状及组成如图 10-2 所示。

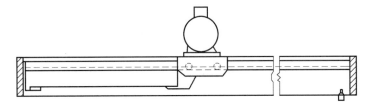

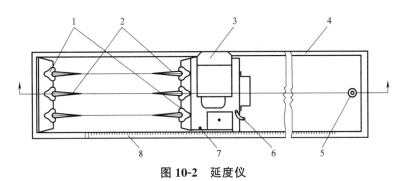

图 10-2 延度仪

1—试模；2—试样；3—电机；4—水槽；5—泄水孔；6—开关柄；7—指针；8—标尺

试模：黄铜制，由两个端模和两个侧模组成，试模内侧表面粗糙度 Ra0.2μm。其形状及尺寸如图 10-3 所示。

试模底板：玻璃板或磨光的铜板、不锈钢（表面粗糙度 Ra0.2μm）。

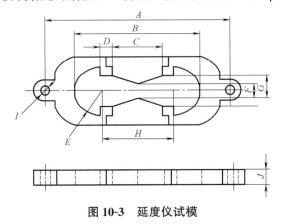

图 10-3 延度仪试模

恒温水槽：容量不少于 10L，控制温度的准确度为 0.1℃。水槽中应设有带孔搁架，搁架距水槽底不得少于 50mm。试件浸入水中深度不小于 100mm。

温度计：量程 0～50℃，分度值 0.1℃。

砂浴或其他加热炉具。

甘油滑石粉隔离剂（甘油与滑石粉的质量比 2：1）。

其他：平刮刀、石棉网、酒精、食盐等。

(4) 试验步骤

1) 将保温后的试件连同底板移入延度仪的水槽中，然后将盛有试样的试模自玻璃板或不锈钢板上取下，将试模两端的孔分别套在滑板及槽端固定板的金属柱上，并取下侧模。水面距试件表面应不小于 25mm。

2) 开动延度仪，并注意观察试样的延伸情况。此时应注意，在试验过程中，水温应始终保持在试验温度规定范围内，且仪器不得有振动，水面不得有晃动，当水槽采用循环水时，应暂时中断循环，停止水流。在试验中，当发现沥青细丝浮于水面或沉入槽底时，应在水中加入酒精或食盐，调整水的密度至于试样相近后，重新试验。

3) 试件拉断时，读取指针所指标尺上的读数，以 cm 计。在正常情况下，试件延伸时应成锥尖状、拉断时实际断面接近于零。如不能得到这种结果，则应在报告中注明。

(5) 试验数据处理及判定

同一样品，每次平行试验不少于 3 个，如 3 个测定结果均达 100cm，试验结果记作">100cm"；特殊需要也可分别记录实测值。3 个测定结果中，当有一个以上的测定值小于 100cm 时，若最大值或最小值与平均之差满足重复性试验要求，则取 3 个测定结果的平均值的整数作为延度试验结果，若平均值大于 100cm，记作"大于 100cm"；若最大值或最小值与平均值之差不符合重复性试验要求时，试验应重新进行。

当试验结果小于 100cm 时，重复性试验的允许误差为平均值的 20%，再现性试验的允许误差为平均值的 30%。

**3. 沥青软化点试验**

(1) 试验目的

本方法适用于测定道路石油沥青、聚合物改性沥青的软化点，也适用于测定液体石油沥青、煤沥青蒸馏残留物或乳化沥青蒸发残留物的软化点。

(2) 编制依据

本试验依据《公路沥青路面施工技术规范》JTG F40 和《公路工程沥青及沥青混合料试验规程》JTG E20 制定。

(3) 试验设备

软化点试验仪：如图 10-4 所示。

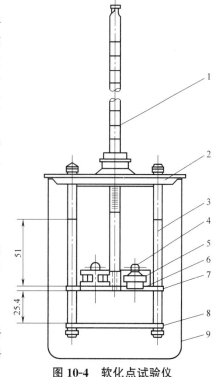

**图 10-4 软化点试验仪**
1—温度计；2—上盖板；3—立杆；4—钢球；
5—钢球定位环；6—金属环；7—中层板；
8—下层板；9—烧杯

装有温度调节器的电炉或其他加热炉具。

试样底板，恒温水槽，平直刮刀，甘油、滑石粉隔离剂，蒸馏水或纯净水，石棉网等。

(4) 试验步骤

1) 试样软化点在80℃以下者

① 将装有试样的试样环连同试样底板置于装有（5±0.5）℃水的恒温水槽中至少15min；同时将金属支架、钢球、钢球定位环等亦置于相同水槽中。

② 烧杯内注入新煮沸并冷却至5℃的蒸馏水或纯净水，水面略低于立杆上的深度标记。

③ 从恒温水槽中取出盛有试样的试样环放置在支架中层板的圆孔中，套上定位环；然后将整个环架放入烧杯中，调整水面至深度标记，并保持水温为（5±0.5）℃。环架上任何部分不得附有气泡。将0~100℃的温度计由上层板中心孔垂直插入，使端部测温头底部与试样环下面齐平。

④ 将盛有水和环架的烧杯移至放有石棉网的加热炉具上，然后将钢球放在定位环中间的试样中央，立即开动电磁振荡搅拌器，使水微微振荡，并开始加热，使杯中水温在3min内调节至维持每分钟上升（5±0.5）℃。在加热过程中，应记录每分钟上升的温度值，如温度上升速度超出此范围，则试验应重做。

⑤ 试样受热软化逐渐下坠，至与下层底板表面接触时，立即读取温度，准确至0.5℃。

2) 试样软化点在80℃以上者

① 将装有试样的试样环连同试样底板置于装有32℃±1℃甘油的恒温槽中至少15min；同时将金属支架、钢球、钢球定位环等亦置于甘油中。

② 在烧杯内注入预先加热至32℃的甘油，其液面略低于立杆上的深度标记。

③ 从恒温槽中取出装有试样的试样环，按上述（1）的方法进行测定，准确至1℃。

同一试样平行试验两次。当两次测定值的差值符合重复性试验允许误差要求时，取其平均值作为软化点试验结果，准确至0.5℃。

当试样软化点小于80℃时，重复性试验的允许误差为1℃，再现性试验的允许误差为4℃。

当试样软化点大于或等于80℃时，重复性试验的允许误差为2℃，再现性试验的允许误差为8℃。

## 10.2 沥青混合料

### 10.2.1 定义

沥青混合料是矿料（包括碎石、石屑、砂）和填料与沥青结合料经混合拌制而成的混合料的总称。其中矿料起骨架作用，沥青与填料起胶结填充作用。沥青混合料经摊铺、压实成型后成为沥青路面。

## 10.2.2 沥青混合料的分类

按材料组成及结构分为连续级配、间断级配混合料。按矿料级配组成及空隙率大小分为密级配、半开级配、开级配混合料（表10-6）。

沥青混合料分类　　　　　表10-6

| 密　级　配 | | 开　级　配 | | 半 开 级 配 |
|---|---|---|---|---|
| 连续级配 | 间断级配 | 间断级配 | | |
| 沥青混凝土 | 沥青稳定碎石 | 沥青玛蹄脂碎石 | 排水式沥青磨耗层 | 排沥青碎石基层水式 | 沥青碎石 |

## 10.2.3 沥青混合料的技术指标

不同种类的沥青混合料的技术指标要求见表10-7～表10-13。

粗型和细型密级配沥青混凝土的关键性筛孔通过率　　　　　表10-7

| 混合料类型 | 公称最大粒径(mm) | 用以分类的关键性筛孔(mm) | 粗型和细型密级配(加c) | | | |
|---|---|---|---|---|---|---|
| | | | 名称 | 关键性筛孔通过率(%) | 名称 | 关键性筛孔通过率(%) |
| AC-25 | 26.5 | 4.75 | AC-25C | <40 | AC-25F | >40 |
| AC-20 | 19 | 4.75 | AC-20C | <45 | AC-20F | >45 |
| AC-16 | 16 | 2.36 | AC-16C | <38 | AC-16F | >38 |
| AC-13 | 13.2 | 2.36 | AC-13C | <40 | AC-13F | >40 |
| AC-10 | 9.5 | 2.36 | AC-10C | <45 | AC-10F | >45 |

注：AC-25 粗粒式；AC-20、AC-16 中粒式；AC-13、AC-10 细粒式。

密级配沥青混凝土混合料矿料级配范围　　　　　表10-8

| 级配类型 | | 通过下列筛孔(mm)的质量百分率(%) | | | | | | | | | | | |
|---|---|---|---|---|---|---|---|---|---|---|---|---|---|
| | | 31.5 | 26.5 | 19 | 16 | 13.2 | 9.5 | 4.74 | 2.36 | 1.18 | 0.6 | 0.3 | 0.15 | 0.075 |
| 粗粒式 | AC-25 | 100 | 90-100 | 75-90 | 66-83 | 57-76 | 45-65 | 24-52 | 16-42 | 12-33 | 8-24 | 5-17 | 4-13 | 3-7 |
| 中粒式 | AC-20 | | 100 | 90-100 | 78-93 | 62-80 | 50-72 | 26-56 | 16-44 | 12-33 | 8-24 | 5-17 | 4-13 | 3-7 |
| | AC-16 | | | 100 | 90-100 | 76-92 | 60-80 | 34-62 | 20-48 | 13-36 | 9-26 | 7-18 | 5-14 | 4-8 |
| 细粒式 | AC-13 | | | | 100 | 90-100 | 68-82 | 38-68 | 24-50 | 15-38 | 10-28 | 7-20 | 5-15 | 4-8 |
| | AC-10 | | | | | 100 | 90-100 | 45-75 | 30-58 | 20-44 | 13-32 | 9-23 | 6-16 | 4-8 |
| 砂粒式 | AC-5 | | | | | | 100 | 90-100 | 55-75 | 35-55 | 20-40 | 12-28 | 7-18 | 5-10 |

密级配沥青稳定碎石混合料矿料级配范围　　　　　　　　表10-9

| 级配类型 | | 通过下列筛孔(mm)的质量百分率(%) | | | | | | | | | | | | |
|---|---|---|---|---|---|---|---|---|---|---|---|---|---|---|
| | | 53 | 37.5 | 31.5 | 26.5 | 19 | 16 | 13.2 | 9.5 | 4.75 | 2.36 | 1.18 | 0.6 | 0.3 | 0.15 | 0.075 |
| 粗粒式 | AC-25 | 100 | 90-100 | 75-100 | 65-92 | 49-85 | 43-71 | 37-63 | 30-57 | 20-50 | 15-40 | 10-32 | 8-25 | 5-18 | 3-14 | 2-10 | 2-6 |
| 中粒式 | AC-20 | | 100 | 90-100 | 70-90 | 53-72 | 44-66 | 39-60 | 31-51 | 20-40 | 15-32 | 10-25 | 8-18 | 5-14 | 3-10 | 2-6 |
| | AC-16 | | | 100 | 90-100 | 60-80 | 48-68 | 42-62 | 32-52 | 20-40 | 15-32 | 10-25 | 8-18 | 5-14 | 3-10 | 2-6 |

密级配沥青混凝土混合料马歇尔试验技术标准　　　　　　　　表10-10

| 试验指标 | | 单位 | 高速公路、一级公路 | | | | 其他等级公路 | 行人道路 |
|---|---|---|---|---|---|---|---|---|
| | | | 夏炎热区(1-1、1-2、1-3、1-4区) | | 夏热区及夏凉区(2-1、2-2、2-3、2-4、3-2区) | | | |
| | | | 中轻交通 | 重载交通 | 中轻交通 | 重载交通 | | |
| 击实次数(双面) | | 次 | 75 | | | | 50 | 50 |
| 试件尺寸 | | mm | Φ101.6mm×63.5mm | | | | | |
| 空隙率 VV | 深约90mm以内 | % | 3～5 | 4～6 | 2～4 | 3～5 | 3～6 | 2～4 |
| | | | 3～5 | 2～4 | 3～6 | | 3～6 | — |
| 稳定度 MS 不小于 | | KN | 8 | | | | 5 | 3 |
| 流值 FL | | mm | 2～4 | 1.5～4 | 2～4.5 | 2～4 | 2～4.5 | 2～5 |
| 矿料间隙率 VMA(%) 不小于 | 设计空隙率(%) | 相应于以下公称最大粒径(mm)的最小VMA及VFA的技术要求(%) | | | | | | |
| | 3 | 11 | 12 | 12.5 | 13 | 14 | 16 | |
| | 4 | 12 | 13 | 13.5 | 14 | 15 | 17 | |
| | 5 | 13 | 14 | 14.5 | 15 | 16 | 18 | |
| | 6 | 14 | 15 | 15.5 | 16 | 17 | 19 | |
| 沥青饱和度 VPA(%) | | 50～70 | | 65～75 | | 70～85 | | |

注：① 对空隙率在于5%的夏炎热区重载交通路段，施工时应至少提高压实度1个百分点。
② 当设计的空隙率不是整数时，由内插确定要求的VMA最小值。
③ 对改性沥青混合粒，马歇尔试验的流值可适当放宽。

沥青稳定碎石混合料马歇尔试验配合比设计技术标准　　　　　　　　表10-11

| 试验指标 | 单位 | 密级配基层(ATB) | 半开级配面层(AM) | 排水式开级配磨耗层(OGFC) | 排水式开级配基层(ATPB) |
|---|---|---|---|---|---|
| 公称最大的粒径 | mm | 26.5mm | 等于或大于31.5mm | 等于或小于26.5mm | 等于或小于26.5mm | 所有尺寸 |
| 马歇尔试件尺寸 | mm | Φ101.6mm×63.5mm | Φ152.4mm×95.3mm | Φ101.6mm×63.5mm | Φ101.6mm×63.5mm | Φ152.4mm×95.3mm |

续表

| 试验指标 | 单位 | 密级配基层(ATB) | | 半开级配面层(AM) | 排水式开级配磨耗层(OGFC) | 排水式开级配基层(ATPB) |
|---|---|---|---|---|---|---|
| 击实次数(双面) | 次 | 75 | 112 | 50 | 50 | 75 |
| 空隙率VV | % | 3~6 | | 6~10 | 不小于18 | 不小于18 |
| 稳定度,不小于 | KN | 7.5 | 15 | 3.5 | 3.5 | — |
| 流值 | mm | 1.5~4 | 实测 | — | | |
| 沥青饱和度VFA | % | 55~70 | | 40~70 | — | |
| 密级配基层ATB的矿料间隙率VMA(%),不小于 | | 设计空隙率(%) | | ATB-40 | ATB-30 | ATB-25 |
| | | 4 | | 11 | 11.5 | 12 |
| | | 5 | | 12 | 12.5 | 13 |
| | | 6 | | 13 | 13.5 | 14 |

注：在干旱地区，可将密级配沥青稳定碎石基层的空隙率适当放宽到8%。

**沥青混合料车辙试验动稳定度技术要求**　　　　表 10-12

| 气候条件与技术指标 | | 相应于下列气候分区所要求的动稳定度(次/mm) | | | | | | | 试验方法 |
|---|---|---|---|---|---|---|---|---|---|
| 七月平均最高气温(℃)及气候分区 | | >30 | | 20~30 | | | | <20 | |
| | | 1. 夏炎热区 | | 2. 夏热区 | | | | 3. 夏凉区 | |
| | | 1-1 | 1-2 | 1-3 | 1-4 | 2-1 | 2-2 | 2-3 | 2-4 | 3-2 |
| 普通沥青混合料,不小于 | | 800 | | 1000 | | 600 | | 800 | 600 | T0719 |
| 改性沥青混合料,不小于 | | 2400 | | 2800 | | 2000 | | 2400 | 1800 | |
| SMA混合料 | 非改性,不小于 | 1500 | | | | | | | | |
| | 改性,不小于 | 3000 | | | | | | | | |
| OGFC混合料 | | 1500(一般交通路段)、3000(重交通量路段) | | | | | | | | |

注：① 如果其他的平均最高气温高于七月时，可使用该月平均最高气温。
② 在特殊情况下，如钢桥面铺装、承载车特别多或纵坡较大的长距离上坡路段、厂砖专用道路，可酌情提高动稳定。
③ 对因气候寒冷确需使用针入度很大沥青（如大于100），动稳定度难以达到要求，工因采用石灰岩等不很坚硬的石料，改性沥青混合料的动稳定度难以达到要求等特殊情况，可酌情降低要求。
④ 为满足炎热地区及重载车要求，在配合比设计的时采取减少最佳沥青用量的技术措施时，可适当提高试验温度或增加试验荷载进行试验，同时增加计划体制的碾压成型密度和施工压实度的要求。
⑤ 车辙试验不得采用二次加热的混合料，试验必须检验其密度是否符合试验规程的要求。
⑥ 如需要对公称最大粒径等于和大于26.5mm的混合料进行车辙试验，可适当增加试件的厚度，但不宜作为评定合格与否的依据。

**沥青路面抗滑性能标准**　　　　表 10-13

| 公路等级 | 竣工验收值 | | |
|---|---|---|---|
| | 横向力系数SFC | 摆值BPN | 构造深度TD(mm) |
| 高级、一级公路 | ≥54 | ≥45 | ≥55 |

水泥混凝土路面抗滑标准用构造深度表示，即高速、一级公路的构造深度（TD）为0.8mm；其他公路的构造深度（TD）为0.6mm。

## 10.2.4 取样频率及数量

**1. 取样方法**

(1) 沥青混合料应随机取样,并且有充分的代表性。在检查拌合质量(如油石化、矿料级配)时,应从拌合机一次放料的下方或提升斗中取样,不得多次取样混合后使用。用以评定混合料质量时,必须分多次取样,拌合均匀后作为代表性试样。

(2) 热拌沥青混合料在不同地方取样的要求

1) 在沥青混合料拌合厂取样

在拌合厂取样时,宜使用专用的容器(一次可装 5～8kg)装在拌合机卸料斗下方,每放一次料取样一次,顺次装入试样容器中,每次倒在清扫干净的平板上,连续几次取样,混合均匀,按四分法取样至足够数量。

2) 在沥青混合料运料车上取样

在运料汽车上取沥青混合料样品时,宜在汽车装料一半后,分别用铁锹从不同方向的 3 个不同高度处取样;然后混在一起用铁锹适当拌和均匀,取出规定数量。在施工现场的运料车上取样时,应在卸料一半后从不同方向取样,样品宜从 3 辆不同的车上取样混合后使用。

3) 在道路施工现场取样

在施工现场取样时,应在摊铺后未碾压前,摊铺宽度两侧的 1/3～1/2 位置处取样,用铁锹取该摊铺层的料。每摊铺一车取一次样,连续 3 车取样后,混合均匀按四分法取样至足够数量。

4) 热拌沥青混合料每次取样时,都必须用温度计测量温度,精确至 1℃。

5) 从碾压成型的路面上取样时,应随机选取 3 个以上不同地点,钻孔、切割或刨取该层混合料。需要重新制作试件时,应加热拌匀按四分法取样至足够数量。

**2. 取样数量**

试样数量由试验目的决定,宜不少于试验用量的 2 倍。一般情况取样可按表 10-14 取样。平行试验应加倍取样。在现场取样直接装入试模成型时,也可等量取样。

取样材料用于仲裁试验时,取样数量除应满足本取样方法规定外,还应多取一份备样,保留到仲裁结束。

常用沥青混合料试验项目的样品数量　　　表 10-14

| 试 验 项 目 | 目 的 | 最少试样量 | 取样量(kg) |
|---|---|---|---|
| 马歇尔试验、抽提筛分 | 施工质量检验 | 12 | 20 |
| 车辙试验 | 高温稳定检验 | 40 | 60 |
| 浸水马歇尔试验 | 水稳定检验 | 12 | 20 |
| 冻融劈裂试验 | 水稳定检验 | 12 | 20 |
| 弯曲试验 | 低温性能检验 | 15 | 25 |

## 10.2.5 沥青混合料试验

**1. 沥青混合料试件制作方法**

(1) 试验目的

本方法适用于标准击实法或大型击实法制作沥青混合料试件,以供试验室进行沥青混合料物理力学性质试验使用。

标准击实法适用于马歇尔试验、间接抗拉试验（劈裂法）等所使用的 $\varphi$101.6mm×63.5mm 圆柱体试件的成型。大型击实法适用于 $\varphi$152.4mm×95.3mm 的大型圆柱体试件的成型。

(2) 编制依据

本试验依据《公路工程沥青及沥青混合料试验规程》JTG E20 制定。

(3) 试件制备

沥青混合料试件制作时的矿料规格及试件数量应符合如下规定：

1) 沥青混合料配合比设计及在试验室人工配制沥青混合料制作试件时，试件尺寸应符合试件直径不于小集料公称最大粒径的 4 倍，厚度不小于集料公称最大粒径的 1~1.5 倍的规定。对直径 $\varphi$101.6mm 的试件，集料公称最大粒径大于 26.5mm。对粒径大于 26.5mm 的粗粒式沥青混合料，其大于 26.5mm 的集料应用等量的 13.2~26.5mm 集料代替（替代法），也可采用直径 $\varphi$152.4mm 的大型圆柱体试件。大型圆柱试件适用于集料公称最大粒径不大于 37.5mm 的情况。试验室成型的一组试件的数量不得少于 4 个，必要时宜增加至 5~6 个。

2) 用拌合厂及施工现场采集的拌合沥青混合料成品试样制作直径 $\varphi$101.6mm 的试件时，按下列规定选用不同的方法及试件数量：

① 当集料公称最大粒径小于或等于 26.5mm 时，可直接取样（直接法）。一组试件的数量通常为 4 个。

② 当集料公称最大粒径大于 26.5mm，但不大于 31.5mm，宜将大于 26.5mm 的集料筛除后使用（过筛法），一组试件数量仍为 4 个，如采用直接法，一组试件的数量应增加至 6 个。

③ 当集料公称最大粒径大于 31.5mm 时，必须采用过筛法。过筛的筛孔为 26.5mm，一组试件仍为 4 个。

(4) 仪器设备

标准击实仪：由击实锤、$\varphi$(98.5±0.5)mm 平圆形压实头及带手柄的导向棒组成。用机械将压实锤提升至 (457.2±1.5)mm 高度沿导向棒自由落下连续击实，标准击实锤质量 4536±9g。

大型击实仪：由击实锤、$\varphi$(149.4±0.1)mm 平圆形压实头及带手柄的导向棒组成。用机械将压实锤提升至 (457.2±2.5)mm 高度沿导向棒自由落下连续击实，标准击实锤质量 (10210±10)g。

试验室用沥青混合料拌合机：能保证拌合温度并充分拌合均匀，可控制拌合时间，容量不小于 10L。搅拌叶自转速度 70~80r/min，公转速度 40~50r/min。

脱模器：电动或手动，应能无破损地推出圆柱体试件，备有标准试件及大型试件尺寸的推出环。

试模：标准击实仪试模的内径为 (101.6±0.2)mm，圆柱形金属筒高 87nnrt，底座直径约 120.6mm，套筒内径 104.8mm，高 70mm。大型击实仪的试模套筒外径 165.1mm，内径 (155.6±0.3)mm，总高 83mm；试模内径 (152.4±0.2)mm，总高 115mm；底座板厚 12.7mm，直径 172mm。

烘箱：大、中型各1台，应有温度调节器。

天平或电子秤：用于称量沥青的，感量不大0.1g；用于称量矿料的，感量不大于0.5g。

其他：沥青运动黏度测定设备、插刀或大螺丝刀、温度计、电炉或煤气炉、沥青熔化锅、拌合铲、标准筛、滤纸（或普通纸）、胶布、卡尺、秒表、粉笔、棉纱等。

(5) 准备工作

1) 确定制作沥青混合料试件的拌合与压实温度。

① 按本规程测定的沥青的黏度，绘制黏温曲线。按要求确定适宜于沥青混合料拌合及压实的等黏湿度。

② 当缺乏沥青黏度测定条件时，试件的拌合与压实温度可按要求选用，根据沥青品种和标号做适当调整。针入度小、黏度大的沥青取上限，针入度大、稠度小的沥青取下限，一半取中值。对改性沥青应根据改性剂的品种和用量，适当提高混合料的拌合和压实温度，对大部分聚合物改性沥青，需要在基质沥青的基础上提高15～30℃，掺加纤维时，尚需再提高10℃左右。

③ 常温沥青混合料的拌合和及击实在常温下进行。

2) 在拌合厂或施工现场采集沥青混合料试样。将试样置于烘箱或加热的砂浴上保温，在混合料中插入温度计测量温度，待混合料温度符合要求后成型。需要适当拌合时可倒入已加热的小型沥青混合料拌合机中适当拌合，时间不超过1min。但不得用铁锅在电路或明火上加热炒拌。

3) 在实验室人工配制沥青混合料时，材料准备按下列步骤进行：

① 将各种规格的矿料按（105±5）℃的烘箱烘干至恒重（一般不少于4～6h）。根据需要，粗集料先用水冲洗干净后烘干。也可将粗集料过筛后用水冲洗再烘干备用。

② 按规定试验方法分别测定不同粒径规格粗、细集料及填料（矿粉）的各种密度，以及测定沥青的密度。

③ 将烘干分级的粗细集料，按每个时间设计级配要求称其质量，在一金属盘中混合均匀，矿粉单独加热，置烘箱中预热至沥青拌合温度以上约15℃（采用石油沥青时通常为163℃；采用改性沥青时约为180℃）备用。一般按一组时间（每组4～6个）备料，但进行配合比设计时宜对每个试件分别备料。当采用替代法时，对粗集料中粒径大于26.5mm的部分，以13.2～26.5mm粗集料等量代替。常温沥青混合料的矿料不应加热。

④ 将采集的沥青试样用恒温烘箱或油浴、电热套熔化加热至规定的沥青混合料拌合温度备用，但不得超过175℃。当不得已采用燃气炉或电炉直接加热进行脱水时，必须采用石棉垫隔开。

4) 用沾有少许黄油的棉纱擦净试模、套筒及击实座等置100℃左右烘箱中加热1h备用。常温沥青混合料用试模不加热。

(6) 拌制沥青混合料

1) 黏稠石油沥青或煤沥青混合料

① 将沥青混合料拌合机预热至拌合温度以上10℃左右备用（对试验室试验研究、配合比设计及采用机械拌合施工的工程，严禁用人工炒拌法热拌沥青混合料）。

② 将每个试件预热的粗细集料置于拌合机重，用小铲子适当混合，然后再加入需要数量的已加热至拌合温度的沥青（如沥青已称量在一专用容器内时，可在倒沥青后用一部分热矿粉将沾在容器壁上的沥青擦拭一起倒入拌合锅中），开动拌合机一边搅拌一边将拌合叶片插入混合料中拌合 1~1.5min，然后暂停拌合，加入单独加热的矿粉，继续拌合至均匀为止，并使沥青混合料保持在要求的拌合温度范围内。标准的总拌合试件为 3min。

2）液体石油沥青混合料

将每组（或每个）试件的矿料置已加热至 55~100℃ 的沥青混合料拌合机中，注入要求数量的液体沥青，并将混合料边加热边拌合，使液体沥青中的溶剂挥发至 50% 以下。拌合试件应事先试拌决定。

3）乳化沥青混合料

将每个试件的粗细集料，置于沥青混合料拌合机（不加热，也可用人工炒拌）中，注入计算的用水量（阴离子乳化沥青不加水）后，拌合均匀并使矿料表面完全湿润，再注入设计的沥青乳液用量，在 1min 内使混合料拌匀，然后加入矿粉后迅速拌合，使混合料拌成褐色为止。

(7) 成型方法

马歇尔标准击实法的成型步骤如下：

① 将拌好的沥青混合料，均匀称取一个试件所需要的用量（标准马歇尔试件约为 1200g，大型马歇尔试件约为 4050g）。当已知沥青混合料的密度时，可根据试件的标准尺寸计算并乘以 1.03 得到要求的混合料数量。当一次拌合几个试件时，宜将其倒入经预热的金属盘中，用小铲适当拌合均匀分成几份，分别取用。在试件制作过程中，为防止混合料温度下降，应连盘放在烘箱中保温。

② 从烘箱中取出预热的试模及套筒，用沾有少许黄油的棉纱擦拭套筒、底座及实锤底面，将试模装在底座上，垫一张圆形的吸油性小的纸，按四分法从四个方向用小铲将混合料铲入试模中，用插刀或大螺丝刀沿周边插捣 15 次，中间 10 次。插捣后将沥青混合料表面整平成凸圆弧面。对大型马歇尔试件，混合料分两次加入，每次插捣次数同上。

③ 插入温度计，至混合料中心附近，检查混合料温度。

④ 待混合料温度符合要求的压实温度后，将试模连同底座一起放在击实台上固定，在装好的混合料上面垫一张吸油性小的原纸，再将装有击实锤及导向棒的压实头插入试模中，然后开启电动机或人工击实锤从 457mm 的高度自由落下击实规定的次数（75、50 或 35 次）。对大型马歇尔试件，击实次数为 75 次（相应于标准击实 50 次的情况）或 112 次（相应于标准击实 75 次的情况）。

⑤ 试件击实一面后，取下套筒，将试模掉头，装上套筒，然后以同样的方法和次数击实另一面。乳化沥青混合料试件在两面击实后，将一组试件在室温下横向放置 24h；另一组试件置温度为（105±5）℃ 的烘箱中养生 24h。将养生试件取出后立即两面锤击各 25 次。

⑥ 试件击实结束后，立即用镊子去掉上下面的纸，用卡尺量取试件离试模上口的高度并由此计算试件高度，如高度不符合要求时，试件应作废，并按下式调整试件的混合料质量，以保证高度符合（63.5±1.3）mm（标准试件）或（95.3±2.5）mm（大型试件）的要求。

$$\text{调整后混合料质量} = \frac{\text{要求试件高度} \times \text{原用混合料质量}}{\text{所得试件的高度}} \qquad \text{式（10-5）}$$

卸去套筒和底座，将装有试件的试模横向放置冷却至室温后（不少于12h），置脱模机上脱出试件。用于做现场马歇尔指标检验的试件，在施工质量检验过程中如急需试验，允许采用电风扇吹冷1h或浸水冷却3min以上的方法脱模；但浸水脱模法不能用于测量密度、空隙率等各项物理指标。

将试件仔细置于干燥洁净的平面上，供试验用。

**2. 压实沥青混合料密度试验（表干法）**

(1) 试验目的

表干法适用于测定吸水率不大于2%的各种沥青混合料试件，包括Ⅰ型或较密实的Ⅱ型沥青混凝土、抗滑表层混合料、沥青玛蹄脂碎石混合料（SMA）试件的毛体积相对密度或毛体积密度。

本方法测定的毛体积密度适用于计算沥青混合料试件的空隙率、矿料间隙率等各项体积指标。

(2) 编制依据

本试验依据《公路工程沥青及沥青混合料试验规程》JTG E20 制定。

(3) 仪器设备

浸水天平或电子秤：当最大称量在3kg以下时，感量不大于0.1g；最大称量3kg以上时，感量不大于0.5g。应有测量水中重的挂钩。

网篮、溢流水箱、试件悬吊装置、秒表、毛巾、电风扇或烘箱等。

(4) 试验步骤

1) 选择适宜的浸水天平或电子秤，最大感量应不小于试件质量的1.25倍，且不大于试件质量的5倍。

2) 除去试件表面的浮粒，称取干燥试件的空中质量（$m_a$），根据选择的天平感量读数，准确至0.1g、0.5g或5g。

3) 挂上网篮，浸入溢流水箱中，调节水位，将天平调平或复零，把试件置于网篮中（注意不要晃动水）浸水中3～5min，称取水中质量（$m_w$）。若天平读数持续变化，不能很快达到稳定，说明试件吸水较严重，不适用于此法测定，应根据JTG E20—2011规程T0707的封蜡法测定。

4) 从水中取出试件，用洁净柔软的拧干湿毛巾轻轻擦去试件的表面水（不得吸走空隙内的水），称取试件的表干质量（$m_f$）。

5) 对从路上钻取的非干燥试件可先称取水中质量（$m_w$），然后用电风扇将试件吹干至恒重（一般不少于12h），当不需进行其他试验时，也可用60℃±5℃（烘箱烘干至恒重），再称取空中质量（$m_a$）。

(5) 数据处理及判定

1) 计算试件的吸水率，取1位小数。

将试件的吸水率即试件吸水体积占沥青混合料毛体积的百分率，按下式计算：

$$S_a = \frac{m_f - m_a}{m_f - m_w} \times 100 \qquad \text{式（10-6）}$$

式中 $S_a$——试件的吸水率,%;

$m_a$——干燥试件的空中质量,g;

$m_w$——试件的水中质量,g;

$m_f$——试件的表干质量,g。

2)计算试件的毛体积相对密度和毛体积密度,取 3 位小数。

当试件的吸水率符合 $S_a<2\%$ 要求时,试件的毛体积相对密度和毛体积密度按下式计算;当吸水率 $S_a>2\%$ 要求时,应改用蜡封法测定。

$$\gamma_f = \frac{m_a}{m_f - m_w} \qquad 式(10\text{-}7)$$

$$\rho_f = \frac{m_a}{m_f - m_w} \times \rho_w \qquad 式(10\text{-}8)$$

式中 $\gamma_f$——用表干法测定的试件毛体积相对密度,无量纲;

$\rho_f$——用表干法测定的试件毛体积密度,$g/cm^3$;

$\rho_w$——常温水的密度,约等于 $1g/cm^3$。

3)试件的空隙率按下计算,取 1 位小数。

$$VV = \left(1 - \frac{\gamma_f}{\gamma_t}\right) \times 100 \qquad 式(10\text{-}9)$$

式中 $VV$——试件的空隙率,%。

$\gamma_t$——按 JTG E20—2011 规程 T0711 或 T0712 测定的沥青混合料理论最大相对密度,当实测理论最大相对密度有困难时,也可采用按(4)计算的理论最大相对密度;

$\gamma_f$——试件的毛体积相对密度,用表干法测定,当试件吸水率 $s_a>2\%$ 时,由封蜡法或体积法测定;当按规定容许采用水中重法测定时,也可采用表观相对密度 $\gamma_a$ 代替。

4)计算矿料的合成毛体积相对密度,取 3 位小数。

$$\gamma_{sb} = \frac{100}{\frac{P_1}{\gamma_1} + \frac{P_2}{\gamma_2} + \cdots + \frac{P_n}{\gamma_n}} \qquad 式(10\text{-}10)$$

式中 $\gamma_{sb}$——理论最大相对密度,无量纲;

$P_1 \cdots P_n$——各种矿料占矿料总质量的百分率(%),其和为 100;

$\gamma_1 \cdots \gamma_n$——各种矿料的相对密度。

5)按下式计算矿料的合成表观相对密度,取 3 位小数。

$$\gamma_{sb} = \frac{100}{\frac{P_1}{\gamma'_1} + \frac{P_2}{\gamma'_2} + \cdots + \frac{P_n}{\gamma'_n}} \qquad 式(10\text{-}11)$$

式中 $\gamma_{sb}$——矿料的合成表观相对密度,无量纲;

$\gamma'_1$、$\gamma'_2 \cdots \gamma'_n$——各种矿料的表观相对密度。

6)确定矿料的有效相对密度,取 3 位小数。

① 对非改性沥青混合料,采用真空法实测理论最大相对密度,取平均值。按下式计

算合成矿料的有效相对密度。

$$\gamma_{sb}=\frac{100-P_b}{\frac{100}{\gamma_t}-\frac{P_b}{\gamma_b}} \quad \text{式（10-12）}$$

式中 $\gamma_{sb}$——合成矿料的有效相对密度，无量纲；
$P_b$——沥青用量，即沥青质量占沥青混合料总质量的百分比（%）；
$\gamma_t$——实测的沥青混合料理论最大相对密度，无量纲；
$\gamma_b$——25℃时沥青的相对密度，无量纲。

② 对改性沥青及 SMA 等难以分散的混合料，有效相对密度宜直接由矿料的合成毛体积相对密度与合成表观相对密度按式（10-13）算确定，其中沥青吸收系数 $C$ 值根据材料的吸水率由式（10-14）求得。合成矿料的吸水率按式（10-15）计算。

$$\gamma_{se}=C\times\gamma_{sa}+(1-C)\times\gamma_{sb} \quad \text{式（10-13）}$$

$$C=0.033\omega_x^2-0.2936\omega_x+0.9339 \quad \text{式（10-14）}$$

$$\omega_x=\left(\frac{1}{\gamma_{sb}}-\frac{1}{\gamma_{sa}}\right)\times 100 \quad \text{式（10-15）}$$

式中 $C$——沥青吸收系数、无量纲；
$\omega_x$——合成矿料的吸水率处（%）。

7）确定沥青混合料的理论最大相对密度，取 3 位小数。

① 对非改性的普通沥青混合料，采用真空法实测沥青混合料的理论最大相对密度。

② 对改性沥青或 SMA 混合料宜按式（10-16）或式（10-17）计算沥青混合料对应油石比的理论最大相对密度。

$$\gamma_t=\frac{100+P_a}{\frac{100}{\gamma_{se}}+\frac{P_a}{\gamma_b}} \quad \text{式（10-16）}$$

$$\gamma_t=\frac{100+P_a+P_x}{\frac{100}{\gamma_{se}}+\frac{P_a}{\gamma_b}+\frac{P_x}{\gamma_x}} \quad \text{式（10-17）}$$

式中 $\gamma_t$——计算沥青混合料对应油石比的理论最大相对密度，无量纲；
$P_a$——油石比、即沥青质量占矿料总质量的百分比（%）；

$$P_a=\frac{P_b}{100-P_b}\times 100 \quad \text{式（10-18）}$$

$P_x$——纤维用量，即纤维质量占矿料总质量的百分比（%）；
$\gamma_x$——合成矿料的有效相对密度，无量纲；
$\gamma_b$——25℃时沥青的相对密度，无量纲。

③ 对旧路面钻芯样的试件缺乏材料密度、配合比及油石的沥青混合料，可以采用真空法实测沥青混合料的理论最大相对密度 $\gamma_t$。

8）按式（10-19）～式（10-21）计算试件的空隙率、矿料间隙率 VMA 和有效沥青的饱和度 VFA，取 1 位小数。

$$VV=\left(1-\frac{\gamma_f}{\gamma_t}\right) \quad \text{式（10-19）}$$

$$VMA = \left(1 - \frac{\gamma_f}{\gamma_{sb}} \times P_s\right) \times 100 \qquad 式（10-20）$$

$$VFA = \frac{VA}{VA + VV} \times 100 \qquad 式（10-21）$$

式中　$VV$——沥青混合料试件的空隙率，%；

　　　$VMA$——沥青混合料试件的矿料间隙率，%；

　　　$VFA$——沥青混合料试件的沥青饱和度，%。

　　　$P_s$——沥青混合料中各种矿料占沥青混合料总质量的百分率之和，%。

$$P_s = 100 - P_b \qquad 式（10-22）$$

　　　$\gamma_{sb}$——矿料的合成毛体积相对密度，无量纲。

9）按式（10-23）~式（10-25）计算沥青结合料被矿料吸收的比例及有效沥青含量、有效沥青体积百分率，取1位小数。

$$P_{ba} = \frac{\gamma_{se} - \gamma_{ab}}{\gamma_{se} \times \gamma_{ab}} \times \gamma_b \times 100 \qquad 式（10-23）$$

$$P_{be} = P_b - \frac{P_{ba}}{100} \times P_s \qquad 式（10-24）$$

$$V_{be} = \frac{\gamma_f \times P_{be}}{\gamma_b} \qquad 式（10-25）$$

式中　$P_{ba}$——沥青混合料中被矿料吸收的沥青质量占矿料总质量的百分率（%）；

　　　$P_{be}$——沥青混合料中的有效沥青含量（%）；

　　　$V_{be}$——沥青混合料试件的有效沥青体积百分率（%）。

10）按下式计算沥青混合料的粉胶比，取1位小数。

$$FB = \frac{P_{0.075}}{P_{be}} \qquad 式（10-26）$$

式中　$FB$——粉胶比，沥青混合料的矿料中0.075mm通过率与有效沥青含量的比值，无量纲；

　　　$P_{0.075}$——矿料级配中0.075mm的通过百分率（水洗法）（%）。

11）按式（10-27）计算集料的比表面积，按式（10-28）计算沥青混合料沥青膜有效厚度。各种集料粒径的表面积系数按表10-15取用。

$$SA = \sum P_i \times FA_i \qquad 式（10-27）$$

$$DA = \frac{P_{be}}{\rho_b \times P_s \times SA} \times 1000 \qquad 式（10-28）$$

式中　$SA$——集料的比表面积（m²/kg）；

　　　$P_i$——集料各粒径的质量通过百分率（%）；

　　　$FA_i$——各筛孔对其集料的表面积系数（m²/kg）；

　　　$DA$——沥青膜有效厚度（μm）；

　　　$\rho_b$——沥青25℃时的密度（g/cm³）。

**集料的表面积系数及比表面积计算示例**　　　　　　　表 10-15

| 筛孔尺寸(mm) | 19 | 16 | 13.2 | 9.5 | 4.75 | 2.36 | 1.18 | 0.6 | 0.3 | 0.15 | 0.075 |
| --- | --- | --- | --- | --- | --- | --- | --- | --- | --- | --- | --- |
| 表面积系数 $FA_i$(m²/kg) | 0.0041 | — | — | — | 0.0041 | 0.0082 | 0.0164 | 0.0287 | 0.0614 | 0.1229 | 0.3277 |
| 集料各粒径的质量通过百分率 $P_i$(%) | 100 | 92 | 85 | 76 | 60 | 42 | 32 | 23 | 16 | 12 | 6 |
| 集料的比表面积 $FA_i P_i$(m²/kg) | 0.14 | — | — | — | 0.25 | 0.34 | 0.52 | 0.66 | 0.98 | 1.47 | 1.97 |
| 集料比表面积总和 $SA$(m²/kg) | \multicolumn{11}{c}{$SA=0.41+0.25+0.34+0.52+0.66+0.98+1.47+1.97=6.60$} |

注：矿料级配中大于 4.75mm 集料的表面积系数 $FA$ 均取 0.0041。计算集料比表面积时，大于 4.75mm 集料的比表面积只计算一次，即只计算最大粒径对应那部分。如表 10-15，该例的 $SA=6.60 \text{m}^2/\text{kg}$，若沥青混合料的有效沥青含量为 4.65%，沥青混合料的沥青用量为 4.8%，沥青的密度 1.03g/cm³，Ps=95.2，则沥青膜厚度 $DA=4.65/(95.2 \times 1.03 \times 6.60) \times 1000 = 7.19 \mu m$。

12) 粗集料骨架间隙率可按下式计算，取 1 位小数。

$$VCA_{mix}=100-\frac{\gamma_f}{\gamma_{ca}} \times P_{ca} \quad \text{式（10-29）}$$

式中　$VCA_{mix}$——粗集料骨架间隙率（%）；

　　　$P_{ca}$——矿料中所有粗集料质量占沥青混合料总质量的百分率（%），按下式计算得到。

$$P_{ca}=P_a \times PA_{4.75}/100 \quad \text{式（10-30）}$$

　　　$PA_{4.75}$——矿料级配中 4.75mm 筛余量，即 100 减去 4.75mm 通过率；

　　　$\gamma_{ca}$——矿料中所有粗集料的合成毛体积相对密度。按下式计算，无量纲；

$$\gamma_{ca}=\frac{P_{1c}+P_{2c}+\cdots+P_{nc}}{\frac{P_{1c}}{\gamma_{1c}}+\frac{P_{2c}}{\gamma_{2c}}+\cdots+\frac{P_{nc}}{\gamma_{nc}}} \quad \text{式（10-31）}$$

式中　$P_{1c} \cdots P_{nc}$——矿料中各种粗集料占矿料总质量的百分比（%）；

　　　$\gamma_{1c} \cdots \gamma_{nc}$——矿料中所有粗集料的毛体积相对密度。

(6) 允许误差

试件毛体积密度试验重复性的允许误差为 0.020g/cm³。试件毛体积相对密度试验重复性的允许误差为 0.020。

**3. 压实沥青混合料密度试验（水中重法）**

(1) 试验目的

水中重法适用于测定几乎不吸水的密实的 I 型沥青混合料试件的表观相对密度或表观密度。

当试件很密实，几乎不存在与外界连通的开口孔隙时，可用本方法测定的表现相对密度代替表干法测定的毛体积相对密度，并据此计算沥青混合料试件的空隙率、矿料间隙率等各项体积指标。

(2) 编制依据

本试验依据《公路工程沥青及沥青混合料试验规程》JTG E20 制定。

(3) 仪器设备

1) 浸水天平或电子天平：当最大称量在 3kg 以下时，感量不大于 0.1g；最大称量 3kg 以上时，感量不大于 0.5g。应有测量水中重的挂钩。

2) 网篮。

3) 溢流水箱：使用洁净水，有水位溢流装置，保持试件和网篮浸入水中后的水位一定。调整水温并保持在（250±0.5）℃内。

4) 试件悬吊装置：天平下方悬吊网篮及试件的装置，吊线应采用不吸水的细尼龙线绳，并有足够的长度。对轮碾成型机成型的板块状试件可用铁丝悬挂。

5) 其他：秒表、电双扇或烘箱。

(4) 试验步骤

1) 选择适宜的浸水天平或电子秤，最大称量应不小于时间质量的 1.25 倍，且不大于试件质量的 5 倍。

2) 除去试件表面的浮粒，称取干燥时间的空中质量（$m_a$），根据选择的天平的感量读数，准确至 0.1g、0.5g。

3) 挂上网篮，浸入溢流水箱的水中，调节水位，将天平调平或复零，把试件置于网篮中（注意不要使水晃动），待天平稳定后立即读数，称取水中质量（$m_w$）。若天平读数持续变化，不能在数秒钟内达到稳定，说明试件有吸水情况，不适用于此法测定，应改用 JTG E20 规程 T0705 或 T0707 的方法测定。

4) 对从路上钻取的非干燥试件，可先称取水中质量（$m_w$），然后用电风扇将试件吹干至恒重（一般不少于 12h，当不需要进行其他试验时，也可用（60±5）℃烘箱烘干至恒重），再称取空中质量（$m_a$）。

(5) 试验数据处理及判定

1) 按下式计算水中重法测定的沥青混合料试件的表观相对密度及表观密度，取 3 位小数。

$$\gamma_a = \frac{m_a}{m_a - m_w} \qquad 式（10-32）$$

$$\rho_a = \frac{m_a}{m_a - m_w} \times \rho_w \qquad 式（10-33）$$

式中 $\gamma_a$——在 25℃温度条件下试件的表观相对密度，无量纲；

$\rho_s$——在 25℃温度条件下试件的表观密度，g/cm³；

$m_a$——干燥试件的空中质量，g；

$m_w$——试件的水中质量，g；

$\rho_w$——常温水的密度，取 1g/cm³。

2) 当试件的吸水率小于 0.5% 时，以表观相对密度代替毛体积相对密度，按表干法计算试件的理论最大相对密度及空隙率、沥青的体积百分率、矿料间隙率、粗集料骨架间隙率、沥青饱和度等各项体积指标。

**4. 压实沥青混合料密度试验（蜡封法）**

(1) 试验目的

本方法适用于测定吸水率大于 2% 的沥青混凝土或沥青碎石混合料试件的毛体积相对

密度或毛体积密度。标准温度为（25±0.5）℃。

测定的毛体积相对密度适用于计算沥青混合料试件的空隙率、矿料间隙率等各项体积指标。

(2) 编制依据

本试验依据《公路工程沥青及沥青混合料试验规程》JTG E20制定。

(3) 仪器设备

1) 浸水天平或电子天平：当最大称量在3kg以下时，感量不大于0.1g；最大称量3kg以上时，感量不大于0.5g。应有测量水中重的挂钩。

2) 网篮。

3) 水箱：使用洁净水，有水位溢流装置，保持试件和网篮浸入水中后的水位一定。

4) 试件悬吊装置：天平下方悬吊网篮及试件的装置，吊线应采用不吸水的细尼龙线绳，并有足够的长度。对轮碾成型机成型的板块状试件可用铁丝悬挂。

5) 石蜡：熔点已知。

6) 冰箱：可保持温度为4~5℃。

7) 其他：铅或铁块等重物、滑石粉、秒表、电风扇、电炉或燃气炉。

(4) 试验步骤

1) 选择适宜的浸水天平或电子秤，最大感量应不小于试件质量的1.25倍，且不大于试件质量的5倍。

2) 称取干燥试件的空中质量（$m_a$），根据选择的天平感量读数，准确至0.1g、0.5g。当为钻芯法取得的非干燥试件时，应用电风扇吹干12h以上至恒重作为空中质量，但不得用烘干法。

3) 将试件置于冰箱中，在4~5℃条件下冷却不少于30min。

4) 将石蜡熔化至其熔点以上（5.5±0.5）℃。

5) 从冰箱中取出试件立即浸入石蜡液中，至全部表面被石蜡封住后迅速取出试件，在常温下放置30min，称取蜡封试件的空中质量（$m_p$）。

6) 挂上网篮，浸入溢流水箱中，调节水位，将天平调平或复零。将蜡封试件放入网篮浸水1min，读取水中质量（$m_c$）。

7) 如果试件在测定密度后还需要做其他试验时，为便于除去石蜡，可事先在干燥时间表面涂一薄层滑石粉，称取涂滑石粉后的试件质量（$m_s$），然后再蜡封测定。

8) 用蜡封法测定时，石蜡对水的相对密度按下列步骤实测确定：

① 取一块铅或铁块之类的重物，称取空中质量（$m_g$）；

② 测定重物的水中质量（$m'_g$）；

③ 待重物干燥后，按上述试件蜡封的步骤将重物蜡封后测定其空中质量（$m_d$）及水中质量（$m'_d$）；

④ 按下式计算石蜡对水的相对密度。

$$\gamma_p = \frac{m_d - m_g}{(m_d - m_g) - (m'_d - m'_g)} \qquad 式（10-34）$$

式中 $\gamma_p$——在常温条件下石蜡对水的相对密度；

$m_g$——重物的空中质量，g；

$m'_g$——重物的水中质量，g；

$m_d$——蜡封后重物的空中质量，g；

$m'_d$——蜡封后重物的水中质量，g。

(5) 试验数据处理及判定

1) 计算试件顶峰毛体积相对密度，取3位小数。

蜡封法测定的试件毛体积相对密度按下式计算。

$$\gamma_f = \frac{m_a}{m_p - m_c - (m_p - m_a)/\gamma_p} \quad 式（10-35）$$

式中 $\gamma_f$——由蜡封法测定的试件毛体积相对密度；

$m_a$——试件的空中质量，g；

$m_p$——蜡封试件的空中质量，g；

$m_c$——蜡封试件的水中质量，g。

涂滑石粉后用蜡封法测定的试件毛体积相对密度按下式计算：

$$\gamma_f = \frac{m_a}{m_p - m_c - [(m_p - m_s)/r_p + (m_s - m_a)/r_s]} \quad 式（10-36）$$

式中 $m_s$——试件涂滑石粉后的空中质量，g；

$\gamma_s$——滑石粉对水的相对密度。

试件的毛体积密度按下式计算。

$$\rho_f = \gamma_f \times \rho_w \quad 式（10-37）$$

式中 $\rho_f$——蜡封法测定的试件毛体积密度，g/cm³；

$\rho_w$——常温水的密度，取1g/cm³。

2) 按JTG E20规程T0706的方法计算试件的理论最大相对密度及空隙率、沥青的体积百分率、矿料间隙率、粗集料骨架间隙率、沥青饱和度等各项体积指标。

**5. 压实沥青混合料试密度试验（体积法）**

(1) 试验目的

本方法采用体积法测定沥青混合料的毛体积相对密度或毛体积密度。本方法仅适用于不能用表干法、蜡封法测定的空隙率较大的沥青碎石混合料及大空隙透水性级配沥青混合料（OGFC）等。

本方法测定的毛体积相对密度适用于计算沥青混合料试件的空隙率、矿料间隙率等各项体积指标。

(2) 编制依据

本试验依据《公路工程沥青及沥青混合料试验规程》JTG E20制定。

(3) 仪器设备

1) 电子天平：当最大称量在3kg以下时，感量不大于0.1g；最大称量在3kg以上时，感量不大于0.5g。

2) 卡尺。

(4) 试验步骤

1) 选择适宜的天平或电子秤，最大称量应不小于试件质量的1.25倍，且不大于试件质量的5倍。

2) 清理试件表面，刮去突出试件表面的残留混合料，称取干燥试件的空中质量（$m_a$），根据选择的天平感量读数，准确至 0.1g 或 0.5g。当为钻芯法取得的非干燥试件时，应用电风扇吹干 12h 以上至恒重作为空中质量，但不得用烘干法。

3) 用卡尺测定试件的各种尺寸，准确至 0.01cm，圆柱体试件的直径取上下 2 个断面测定结果的平均值，高度取十字对称四次测定的平均值；棱柱体试件的长度取上下 2 个位置的平均值，高度或宽度取两端及中间 3 个断面测定的平均值。

(5) 试验数据处理及判定

1) 圆柱体试件毛体积按下式计算。

$$V = \frac{\pi \times d^2}{4} \times h \qquad \text{式（10-38）}$$

式中　$V$——试件的毛体积，cm³；

　　　$d$——圆柱体试件的直径，cm；

　　　$h$——试件的高度，cm。

2) 棱柱体试件的毛体积按下式计算。

$$V = l \times b \times h \qquad \text{式（10-39）}$$

式中　$l$——试件的长度，cm；

　　　$b$——试件的宽度，cm；

　　　$h$——试件的高度，cm。

3) 试件的毛体积密度按下式计算，取 3 位小数。

$$\rho_{sv} = \frac{m_a}{V} \qquad \text{式（10-40）}$$

式中　$\rho_{sv}$——用体积法测定的试件的毛体积密度，g/cm³；

　　　$m_a$——干燥试件的空中质量，g。

4) 试件的毛体积相对密度按下式计算，取 3 位小数。

$$\gamma_s = \frac{\rho_s}{0.9971} \qquad \text{式（10-41）}$$

式中　$\gamma_s$——用体积法测定的试件的 25℃ 条件的毛体积相对密度，无量纲。

**6. 马歇尔稳定度**

(1) 试验目的

本方法适用于马歇尔稳定度试验和浸水马歇尔稳定度试验，以进行沥青混合料的配合比设计或沥青路面施工质量检验。浸水马歇尔稳定度试验（根据需要，也可进行真空饱水马歇尔试验）供检验沥青混合料受水损害时抵抗剥落的能力时使用，通过测试其水稳定性检验配合比设计的可行性。

(2) 编制依据

本试验依据《公路工程沥青及沥青混合料试验规程》JTG E20 制定。

(3) 仪器设备

1) 沥青混合料马歇尔试验仪：分为自动式和手动式。自动马歇尔试验仪应具备控制装置、记录荷载—位移曲线、自动测定荷载与试件的垂直变形，能自动显示和存储或打印试验结果等功能。手动式由人工操作，试验数据通过操作者目测后读取数据。

对用于高速公路和一级公路的沥青混合料宜采用自动马歇尔试验仪。

2) 恒温水槽：控温准确至1℃，深度不小于150mm。

3) 真空饱水容器：包括真空泵及真空干燥器。

4) 其他：烘箱、天平（感量不大于0.1g）、温度计（分度值1℃）、卡尺、棉纱、黄油。

(4) 试验准备工作

1) 按JTG E20规程T 0702标准击实法成型的标准马歇尔试件，标准马歇尔试件应符合（101.6±0.2)mm、高（63.5±1.3）mm的要求。对大型马歇尔试验试件，尺寸应符合直径（152.4±0.2)mm，高（95.3±2.5）mm的要求。一组试件的数量不得少于4个，并符合T 0702的规定。

2) 量测试件的直径及高度：用卡尺测量试件中部的直径，马歇尔试件高度测定器或用卡尺在十字对称的4个方向量测离试件边缘10mm处得高度，准确至0.1mm，并以其平均值作为试件的高度。如试件高度不符合（63.5±1.3)mm或（95.3±2.5）mm要求或量测高度相差大于2mm时，此试件作废。

3) 按本规定的方法测定试件的密度、空隙率、沥青体积百分率、沥青饱和度、矿物间隙率等物理指标。

4) 将恒温水槽调节至要求的试验温度，对黏稠石油沥青或烘箱养生锅的乳化沥青混合料为（60±1）℃，对煤沥青混合料为（33.8±1）℃，对空气养生的乳化沥青或液体沥青混合料为（25±1）℃。

(5) 试验步骤

1) 将试件置于已达规定温度的恒温水槽中保温，保温试件对马歇尔标准试件需30～40min，对大型马歇尔试件需45～65min。试件之间应有间隔，底下应垫起，离容器底部不小于5cm。

2) 将马歇尔试验仪上的上下压头放入水槽或烘箱中达到同样温度。将上下压头从水槽或烘箱中取出擦拭干净内面。为使上下压头滑动自如，可在下压头的导棒上涂少量黄油。再将试件取出置于下压头上，盖上上压头，然后装在加载设备上。

3) 在上压头的球座上放妥钢球，并对准荷载测定装置的压头。

4) 当采用自动马歇尔试验仪时，将有自动马歇尔试验仪的压力传感器、位移传感器与计算机或将X-Y记录仪正确连接，调整好适宜的放大比例。调整好计算机程序或将X-Y记录仪的记录笔对准原点。

5) 当采用压力环和流值计时，将流值计安装在导棒上，使导向套管轻轻地压住上压头，同时将流值计读数调零。调整压力环中百分表，对零。

6) 启动加载设备，使试件承受荷载，加载速度为（50±5）mm/min。计算机或X-Y记录仪自动记录传感器压力和试件变形曲线并将数据自动存入计算机。

7) 当试验荷载达到最大值的瞬间，取下流值计，同时读取压力环中百分表读数及流值计的流值读数。

8) 从恒温水槽中取出试件至测出最大荷载值的试件，不得超过30s。

(6) 浸水马歇尔试验方法

浸水马歇尔试验方法与标准马歇尔试验方法的不同之处在于，试件在已达规定温度恒温水槽中的保温试件为48h，其余均与标准马歇尔试验方法相同。

(7) 真空饱水马歇尔试验方法

试件先放入真空干燥器中，关闭进水胶管，开动真空泵，使干燥器的真空度达到 98.3kPa（730mmHg）以上，维持 15min 后恢复常压，取出试件再放入已达规定温度的恒温水槽中保温 48h，其余均与标准马歇尔试验方法相同。

(8) 试验数据处理及判定

1) 试件的稳定度及流值

当采用自动马歇尔试验仪时，将计算机采集的数据绘制成压力和试件变形曲线，或由 X-Y 记录仪自动记录的荷载～变形曲线，按图 10-5 所示的方法在切线方向延长曲线与横坐标相交于 $O_1$，将 $O_1$ 作为修正原点，从 $O_1$ 起量相应于荷载最大值时的变形作为流值（FL），以 mm 计，准确至 0.1mm。最大荷载即为稳定度（MS），以 kN 计，准确至 0.01kN。

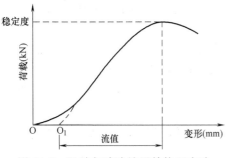

图 10-5 马歇尔试验结果的修正方法

采用压力环和流值计测定时，压力环标定曲线，将压力环中间分表的读数换算为荷载值，或者由荷载测定装置读取的最大值即为试样的稳定度（MS），以 kN 计，准确至 0.1kN。由流值计及位移传感器测定装置读取的试件垂直变形，即为试件的流值（FL），以 mm 计，准确至 0.1mm。

2) 试件的马歇尔模数按下式计算。

$$T=\frac{MS}{FL} \qquad 式（10-42）$$

式中 $T$——试件的马歇尔模数，kN/mm；
$MS$——试件的稳定度，kN；
$FL$——试件的流值，mm。

3) 试件的浸水残留稳定度按下式计算。

$$MS_0=\frac{MS_1}{MS}\times 100 \qquad 式（10-43）$$

式中 $MS_0$——试件的浸水残留稳定度，％；
$MS_1$——试件浸水 48h 后的稳定度，kN。

4) 试件的真空饱水残留稳定度按下式计算。

$$MS_0'=\frac{MS_2}{MS}\times 100 \qquad 式（10-44）$$

式中 $MS_0'$——试件的真空饱水残留稳定度，％；
$MS_2$——试件真空饱水后浸水 48h 后的稳定度，kN。

当一组测定值中某个测定值与平均值之差大于标准差的 $k$ 倍时，改测定值应予以舍弃，并以其余测定值的平均值作为实验结果。当试件数目 $n$ 为 3、4、5、6 个时，$k$ 值分别为 1.15、1.46、1.67、1.82。

**7. 沥青混合料理论最大相对密度（真空法）**

(1) 试验目的

本方法适用于真空法测定沥青混合料理论最大相对密度，供沥青混合料配合比设计、路况调查或路面施工质量管理计算空隙率、压实度等使用。

本方法不适用于吸水率大于 3%的多孔性集料的沥青混合料。

(2) 编制依据

本试验依据《公路工程沥青及沥青混合料试验规程》JTG E20 制定。

(3) 仪器设备

1) 天平：称量 5kg 以上，感量不大于 0.1kg；称量 2kg 以下；称量不大于 0.05g。

2) 负压容器：根据试样数量选用表 10-16 中的 A、B、C 任何一种类型。负压容器口带橡皮塞，上接橡胶管，管口下方有滤网，防止细料部分吸入胶管。为便于抽真空时观察气泡情况，负压容器至少有一面透明或者采用透明的密封盖。

负压筛类型　　　　　表 10-16

| 类型 | 容　器 | 附　属　设　备 |
| --- | --- | --- |
| A | 耐压玻璃，塑料或金属制的罐，容积大于 2000mL | 有密封盖，接真空胶管，分别与真空装置和压力表连接 |
| B | 容积大于 2000mL 的真空容量瓶 | 带胶皮塞，接真空胶管，分别与真空装置和压力表连接 |
| C | 4000mL 耐压真空器皿或干燥器 | 带胶皮塞，接真空胶管，分别与真空装置和压力表连接 |

3) 真空负压装置：由真空泵、真空表、调压装置、压力表及干燥或积水装置等组成。

4) 恒温水槽：水温控制（25±0.5)℃。

5) 温度计：分度为 0.5℃。

6) 其他：玻璃板等。

(4) 试验准备

1) 按 JTG E20 规程 T 0701 沥青混合料取样方法或从沥青路面上采取（或钻取）沥青混合料试样。试样数量不小于如下规定数量：

| 沥青混合料中集料公称最大粒径（mm） | 最少试样数量（g） |
| --- | --- |
| 37.5 | 4000 |
| 26.5 | 2500 |
| 19.0 | 2000 |
| 13.2、16.0 | 1500 |
| 9.5 | 1000 |
| 4.75 | 500 |

2) 将沥青混合料团块仔细分散，粗集料不破碎，细集料团块分散到小于 6.4mm。若混合料坚硬时可采用烘箱适当加热后分散，一般加热温度不超过 60℃，分散试样应用手掰开，为防止集料破碎，不得用捶打碎。当试样时从路上采取的非干燥混合料时，应用电风扇吹干至恒重后再操作。

3) 负压容器标定方法

采用 A 类容器时，将容器全部浸入（25±0.5)℃的恒温水槽中，负压容器完全侵没恒温（10±1)min 后，称取容器的水中质量（$m_1$）。

将 B、C 类负压容器装满（25±0.5)℃的水（上面用玻璃板盖住保持完全充满水），正确称取负压容器与水的总质量 $m_b$。

将负压容器干燥，编号称取其质量。

(5) 实验步骤

1) 将沥青混合料试样装入干燥的负压容器中，秤容器及沥青混合料总质量，得到试样的净质量 $m_a$，试样质量应不小于上述规定的最小数量。

2) 在负压容器中注入 25℃ 的水，将混合料全部浸没，并较混合料顶面高出约 2cm。

3) 将负压容器放到试验仪上，与真空泵、压力表等连接，开动真空泵，使负压容器内负压在 2min 内达至 (3.7±0.3)kPa (27.5±2.5)mmHg 时，开始计时，同时开动振动装置和抽真空，持续 (15±2)min。为使气泡容易除去，试验前可在水中加 0.01% 浓度的表面活性剂（如每 100mL 水中加 0.01g 洗涤灵）。

4) 当抽真空结束后，关闭真空装置和振动装置，打开调压阀慢慢卸压，卸压速度不得大于 8kPa/s（通过真空表读数控制），使负压容器内压力逐渐恢复。

5) 当负压容器采用 A 类容器时，将盛试样的容器浸入保温至 (25±0.5)℃ 的恒温水槽中，恒温 (10±1)min 后，称取负压容器与沥青混合料的水中质量 $m_2$。

6) 当负压容器采用 B、C 类容器时，将装有沥青混合料试样的容器浸入保温至 (25±0.5)℃ 的恒温水槽中，恒温 (10±1)min 后，注意容器中不得有气泡，擦净容器外的水分，称取容器、水和沥青混合料试样的总质量 $m_c$。

(6) 试验数据处理及判定

1) 采用 A 类容器时，沥青混合料的理论最大相对密度按下式计算。

$$\gamma_t = \frac{m_a}{m_a - (m_2 - m_1)} \quad \text{式 (10-45)}$$

式中　$\gamma_t$——沥青混合料理论最大相对密度；

$m_a$——干燥沥青混合料试样的空气中质量，g；

$m_1$——负压容器在 25℃ 水中的质量，g；

$m_2$——负压容器与沥青混合料一起在 25℃ 水中的质量，g。

2) 采用 B、C 类容器作负压容器时，沥青混合料的最大相对密度按下式计算。

$$\gamma_t = \frac{m_a}{m_a + m_b - m_c} \quad \text{式 (10-46)}$$

式中　$m_b$——装满 25℃ 水的负压容器质量，g。

$m_c$——25℃ 时试样、水与负压容器的总质量，g。

3) 沥青混合料 25℃ 时的理论最大密度按下式计算。

$$\rho_t = \gamma_t \times \rho_w \quad \text{式 (10-47)}$$

式中　$\rho_t$——沥青混合料的理论最大密度，g/cm³；

$\rho_w$——25℃ 时水的密度，0.9971g/cm³。

同一试样至少平行试验两次，取平均值作为试验结果，计算至小数点后三位。

(7) 修正试验

1) 需要进行修正试验的情况

① 对现场钻取芯样或切割后的试件，粗集料有破碎情况，破碎面没有裹覆沥青。

② 沥青与集料拌合不均匀，部分集料没有完全裹覆沥青。

2) 修正试验方法

① 完成试验步骤（5）后，将负压容器静置一段时间使混合料沉淀后，使容器慢慢倾斜，使容器内水通过 0.075mm 筛滤掉。

② 将残留部分水的沥青混合料细心倒入一个平底盘中，然后用适当水测容器和 0.075mm 筛网，并将其也倒入平底盘中，重复几次直到无残留混合料。

③ 静置一段时间后，稍微提高平底盘一端，使试样中部分水倒出平底盘，并用吸耳球慢慢吸去水。

④ 将试样在平底盘中尽量摊开，用吹风机或电风扇吹干，并不断翻拌试样。每 15min 称量一次、当两次质量相差小于 0.05% 时，认为达到表干状态，称取质量为表干质量，用表干质量代替 $m_a$，重新计算。

**8. 沥青混合料中沥青含量**

(1) 试验目的

离心分离法适用于热拌热铺沥青混合料路面施工时的沥青用量检测，以评定拌合厂产品质量，也适用于旧路调查时检测沥青混合料的沥青用量，用此法抽提的沥青溶液可用于回收沥青，以评定沥青的老化性质。

(2) 编制依据

本试验依据《公路工程沥青及沥青混合料试验规程》JTG E20 制定。

(3) 仪器设备

离心抽提仪（离心分离器转速大于 3000r/min）、圆环形滤纸、回收瓶（大于 1700mL）、压力过滤装置、天平（感量 0.01g、1mg 各一个）、量筒、电烘箱（能自动调节温度）、三氯乙烯、碳酸铵饱和溶液等。

(4) 试验准备

1) 施工现场可以从拌合场直接进行取样，温度下降至 100℃ 以下时，用大烧杯去混合料试样质量 1000～1500（粗粒式用高限，细粒式用低限，中粒式用中限），准确至 0.1g。

2) 旧路可用钻机法或切割法进行取样的，用电风扇将其吹干燥，并置微波炉或烘箱中适当加热成松散状态后称取规定的数量，但不得用锤击以防集料破碎。

(5) 试验步骤

1) 向装有试样的烧杯中注入三氯乙烯溶剂，将其浸泡 30min，并用玻璃棒适当搅动混合料，且记录溶剂用量，使沥青充分溶解。

2) 将混合料及溶液全部倒入离心分离器，用少量溶剂将烧杯及玻璃棒上的附着物全部洗入分离器中。

3) 称取洁净的圆环形滤纸质量，准确至 0.01g。注意滤纸不宜多次反复使用，有破损者不能使用，有石粉黏附时应用毛刷清除干净。

4) 将滤纸垫在分离器边缘上，紧固盖子，将回收瓶放在分离器出口处。注意上口密封，防止流出液成雾状散失。

5) 开动离心机，转速逐渐增至 3000r/min，沥青溶液停止流出后停机。

6) 从上盖的孔中加入数量相同的新溶剂，稍停 3～5min 后，重复上述操作，如此数次直至流出的抽屉液成清澈的淡黄色为止。

7) 卸下上盖，取下圆环形滤纸，在通风橱或室内空气中蒸发干燥，然后放入（105±5）℃的烘箱中干燥，称取质量，其增重部分（$m_2$）为矿粉的一部分。

8) 将容器中的集料仔细取出，在通风橱或室内空气中蒸发后放入（105±5）℃烘箱中烘干（一般需 4h），然后放入大干燥器中冷却至室温，称取集料质量（$m_1$）。

9) 用压力过滤器过滤回收瓶中的沥青溶液，由滤纸的增重 $m_3$ 得泄漏入滤液中矿粉质。如无压力过滤器时，也可用燃烧法测定。

10) 用燃烧法测定抽提液中矿粉质量的步骤如下：

① 将回收瓶的抽屉液倒入量筒中，准确定量至 mL（$V_a$）。

② 充分搅匀抽屉液，取出 10mL（$V_b$）放入坩埚中，在热浴上适当加热使溶液试样发成暗黑色后，置高温炉（500～600℃）中烧成残渣，取出坩埚冷却。

③ 向坩埚中按每 1g 残渣 5mL 的用量比例，注入碳酸铵饱和溶液，静置 1h，放入（105±5）℃烘箱中干燥。

④ 取出放在干燥器中冷却，称取残渣质量（$m_4$），准确至 1mg。

(6) 试验数据处理及判定

1) 沥青混合料中矿料的总质量按下式计算。

$$m_a = m_1 + m_2 + m_3 \quad \text{式（10-48）}$$

式中　$m_a$——沥青混合料中矿料部分的总质量，g；
　　　$m_1$——容器中留下的集料干燥质量，g；
　　　$m_2$——圆环形滤纸在试验前后的增重，g；
　　　$m_3$——泄漏入抽屉液中的矿粉质量，g。

$$m_3 = m_4 \times \frac{V_a}{V_b} \quad \text{式（10-49）}$$

式中　$V_a$——抽屉液的总量，mL；
　　　$V_b$——取出燃烧干燥的抽提液数量，mL；
　　　$m_4$——坩埚中燃烧干燥的残渣质量，g。

2) 沥青混合料中沥青含量、油石比按下式计算。

$$P_b = \frac{m - m_a}{m} \quad \text{式（10-50）}$$

$$P_a = \frac{m - m_a}{m_a} \quad \text{式（10-51）}$$

式中　$m$——沥青混合料的总质量，g；
　　　$P_b$——沥青混合料的沥青含量，%；
　　　$P_a$——沥青混合料的油石比，%。

同一沥青混合料试样至少平行试验两次，取其平均值作为试验结果。两次实验结果的差值应小于 0.3%，当大于 0.3% 但小于 0.5% 时，应补充平行试验 1 次，以三次实验结果的平均值作为试验结果，3 次试验的最大值与最小值之差不得大于 0.5%。

**9. 沥青路面芯样马歇尔试验**

(1) 试验目的

本试验适用于从沥青路面钻取的芯样进行马歇尔试验，供评定沥青路面施工质量是否符合设计要求或进行路况调出。标准芯样钻孔试件直径为 100mm，适用的试件高度为 30~80mm；大型钻孔试件的直径为 150mm，适用的花时间高度为 80~100mm。

本实验用体积法测出沥青混合料的密度、空隙率、沥青体积百分率、沥青饱和度、矿料间隙率等物理指标。

(2) 编制依据

本试验依据《公路工程沥青及沥青混合料试验规程》JTG E20 制定。

(3) 仪器设备

1) 沥青混合料马歇尔试验仪：分为自动式和手动式。自动马歇尔试验仪应具备控制装置、记录荷载—位移曲线、自动测定荷载与试件的垂直变形，能自动显示和存储或打印试验结果等功能。手动式由人工操作，试验数据通过操作者目测后读取数据。

对用于高速公路和一级公路的沥青混合料宜采用自动马歇尔试验仪。

2) 恒温水槽：控温准确至 1℃，深度不小于 150mm。

3) 真空饱水容器：包括真空泵及真空干燥器。

4) 其他：烘箱、天平（感量不大于 0.1g）、温度计（分度值 1℃）、卡尺、棉纱、黄油。

(4) 试验步骤

1) 按现行《公路路基路面现场测试规程》JTG E60 的方法钻取压实沥青混合料路面芯样试件。

2) 试验前必须将芯样试件黏附的乳层油、透层油和松散颗粒等清理干净。对与多层沥青混合料联结的芯样，宜采用以下方法进行分离：

① 在芯样上对不同沥青混合料层间画线作标记，然后将芯样在 0℃ 以下冷却 20~25min。

② 取出芯样，用宽 5cm 以上的凿子对准层间画线标记处，用锤子敲打凿子，在敲打过程中不断旋转试件，直到试件分开。

③ 如果以上方法无法将试件分开，特别是层与层之间的界线难易分清时，宜采用切割方法进行分离。切割时需要连续加冷却水切割，并注意观察切割后的试件不能含有其他层次的混合料。

3) 试件宜在阴凉处存放（温度不宜高于 35℃），且放置在水平的地方，注意不要使试件产生变形等。

4) 如缺乏沥青用量、矿料配合比及各种材料的密度数据时。应按 JTG E20 规程 T0711 测定沥青混合料的理论最大相对密度。

5) 按本 JTG E20 规程规定的方法测定试件的密度，并计算空隙率、沥青体积百分率、沥青饱和度、矿料间隙率等体积指标。

6) 用卡尺测定试件的直径，取两个方向的平均值。

7) 测定试件的高度，取 4 个对称位置的平均值，准确至 0.1m。

8) 按规程 JTG E20 T0709 的方法进行马歇尔试验，由试验实测稳定度乘以表 10-17 或表 10-18 的试件高度修正系数 $K$ 得到标准高度试件的稳定度 MS，其余与 JGJ E20 规程 T X709。

现场钻取芯样试件高度修正系数（适用于 $\Phi$100mm 试件） 表10-17

| 试件高度(cm) | 修正系数 $K$ | 试件高度(cm) | 修正系数 $K$ |
| --- | --- | --- | --- |
| 2.47～2.61 | 5.56 | 5.16～5.31 | 1.39 |
| 2.62～2.77 | 5.00 | 5.32～5.46 | 1.32 |
| 2.78～2.93 | 4.55 | 5.47～5.62 | 1.25 |
| 2.94～3.09 | 4.17 | 5.63～5.80 | 1.19 |
| 3.10～3.25 | 3.85 | 5.81～5.94 | 1.14 |
| 3.26～3.40 | 3.57 | 5.95～6.10 | 1.09 |
| 3.41～3.56 | 3.33 | 6.11～6.26 | 1.04 |
| 3.57～3.72 | 3.03 | 6.27～6.44 | 1 |
| 3.73～3.88 | 2.78 | 6.45～6.60 | 0.96 |
| 3.89～4.04 | 2.50 | 6.61～6.73 | 0.93 |
| 4.05～4.20 | 2.27 | 6.74～6.89 | 0.89 |
| 4.21～4.36 | 2.08 | 6.90～7.06 | 0.86 |
| 4.37～4.51 | 1.92 | 7.07～7.21 | 0.83 |
| 4.52～4.67 | 1.79 | 7.22～7.37 | 0.81 |
| 4.68～4.87 | 1.67 | 7.38～7.54 | 0.78 |
| 4.88～4.99 | 1.50 | 7.55～7.69 | 0.76 |
| 5.00～5.15 | 1.47 | | |

现场钻取芯样试件高度修正系数（适用于 $\Phi$150mm 试件） 表10-18

| 试件高度(cm) | 试件体积(cm³) | 修正系数 $K$ |
| --- | --- | --- |
| 8.81～8.97 | 1608～1636 | 1.12 |
| 8.98～9.13 | 1637～1665 | 1.09 |
| 9.14～9.29 | 1666～1694 | 1.06 |
| 9.30～9.45 | 1695～1723 | 1.03 |
| 9.46～9.60 | 1724～1752 | 1.00 |
| 9.61～9.76 | 1753～1781 | 0.97 |
| 9.77～9.92 | 1782～1810 | 0.95 |
| 9.93～10.08 | 1811～1839 | 0.92 |
| 10.09～10.24 | 1840～1868 | 0.900 |

**10. 沥青混合料组成设计**

（1）沥青混合料必须在对同类公路配合比设计和使用情况调查研究的基础上，充分借鉴成功的经验，选用符合要求的材料，进行配合比设计。

（2）沥青混合料的矿料级配应符合工程规定的设计级配范围。密级配沥青混合料宜根据公路等级、气候及交通条件按表10-19选择采用粗型（C型）或细型（F型）混合料，并在表10-20范围内确定工程设计级配范围，通常情况下工程设计级配范围不宜超出表10-21的要求。其他类型的混合料宜直接以表10-22～表10-25作为工程设计级配范围。

## 第10章 沥青、沥青混合料检测

**粗型和细型密级配沥青混凝土的关键性筛孔通过率** 表10-19

| 混合料类型 | 公称最大粒径（mm） | 用以分类的关键性筛孔（mm） | 粗型密级配 名称 | 粗型密级配 关键性筛孔通过率（%） | 细型密级配 名称 | 细型密级配 关键性筛孔通过率（%） |
|---|---|---|---|---|---|---|
| AC-25 | 26.5 | 4.75 | AC-25C | <40 | AC-25F | >40 |
| AC-20 | 19 | 4.75 | AC-20C | <45 | AC-20F | >45 |
| AC-16 | 16 | 2.36 | AC-16C | <38 | AC-16F | >38 |
| AC-13 | 13.2 | 2.36 | AC-13C | <40 | AC-13F | >40 |
| AC-10 | 9.5 | 2.36 | AC-10C | <45 | AC-10F | >45 |

**密级配沥青混凝土混合料矿料级配范围** 表10-20

| 级配类型 | | 通过下列筛孔(mm)的质量百分率(%) | | | | | | | | | | | |
|---|---|---|---|---|---|---|---|---|---|---|---|---|---|
| | | 31.5 | 26.5 | 19 | 16 | 13.2 | 9.5 | 4.75 | 2.36 | 1.18 | 0.6 | 0.3 | 0.15 | 0.075 |
| 粗粒式 | AC-25 | 100 | 90-100 | 75-90 | 65-83 | 57-76 | 45-65 | 24-52 | 16-42 | 12-33 | 8-24 | 5-17 | 4-13 | 3-7 |
| 中粒式 | AC-20 | | 100 | 90-100 | 78-92 | 62-80 | 50-72 | 26-56 | 16-44 | 12-33 | 8-24 | 5-17 | 4-13 | 3-7 |
| 中粒式 | AC-16 | | | 100 | 90-100 | 76-92 | 60-80 | 34-62 | 20-48 | 13-36 | 9-26 | 7-18 | 5-14 | 4-8 |
| 细粒式 | AC-13 | | | | 100 | 90-100 | 68-85 | 38-68 | 24-50 | 15-38 | 10-28 | 7-20 | 5-15 | 4-8 |
| 细粒式 | AC-10 | | | | | 100 | 90-100 | 45-75 | 30-58 | 20-44 | 13-32 | 9-23 | 6-16 | 4-8 |
| 砂粒式 | AC-5 | | | | | | 100 | 90-100 | 55-75 | 35-55 | 20-40 | 12-28 | 7-18 | 5-10 |

**沥青玛琋脂碎石混合料矿料级配范围** 表10-21

| 级配类型 | | 通过下列筛孔(mm)的质量百分率(%) | | | | | | | | | | | |
|---|---|---|---|---|---|---|---|---|---|---|---|---|---|
| | | 26.5 | 19 | 16 | 13.2 | 9.5 | 4.75 | 2.36 | 1.18 | 0.6 | 0.3 | 0.15 | 0.075 |
| 中粒式 | SMA-20 | 100 | 90-100 | 72-92 | 62-82 | 40-55 | 18-30 | 13-22 | 12-20 | 10-16 | 9-14 | 8-13 | 8-12 |
| 中粒式 | SMA-16 | | 100 | 90-100 | 65-85 | 45-65 | 20-32 | 15-24 | 14-22 | 12-18 | 10-15 | 9-14 | 8-12 |
| 细粒式 | SMA-13 | | | 100 | 90-100 | 50-75 | 20-34 | 15-26 | 14-24 | 12-20 | 10-16 | 9-15 | 8-12 |
| 细粒式 | SMA-10 | | | | 100 | 90-100 | 28-60 | 20-32 | 14-26 | 12-22 | 10-18 | 9-16 | 8-13 |

**开级配排水式磨耗层混合料矿料级配范围** 表10-22

| 级配类型 | | 通过下列筛孔(mm)的质量百分率(%) | | | | | | | | | | |
|---|---|---|---|---|---|---|---|---|---|---|---|---|
| | | 19 | 16 | 13.2 | 9.5 | 4.75 | 2.36 | 1.18 | 0.6 | 0.3 | 0.15 | 0.075 |
| 中粒式 | OGFC-16 | 100 | 90-100 | 70-90 | 45-70 | 12-30 | 10-22 | 6-18 | 4-15 | 3-12 | 3-8 | 2-6 |
| 中粒式 | OGFC-13 | | 100 | 90-100 | 60-80 | 12-30 | 10-22 | 6-18 | 4-15 | 3-12 | 3-8 | 2-6 |
| 细粒式 | OGFC-10 | | | 100 | 90-100 | 50-70 | 10-22 | 6-18 | 4-15 | 3-12 | 3-8 | 2-6 |

密级配沥青碎石混合料矿料级配范围　　　　　表10-23

| 级配类型 | | 通过下列筛孔(mm)的质量百分率(%) | | | | | | | | | | | | |
|---|---|---|---|---|---|---|---|---|---|---|---|---|---|---|
| | | 53 | 37.5 | 31.5 | 26.5 | 19 | 16 | 13.2 | 9.5 | 4.75 | 2.36 | 1.18 | 0.6 | 0.3 | 0.15 | 0.075 |
| 特粗式 | ATB-40 | 100 | 90-100 | 75-92 | 65-85 | 49-71 | 43-63 | 37-57 | 30-50 | 20-40 | 15-32 | 10-25 | 8-18 | 5-14 | 3-10 | 2-6 |
| | ATB-30 | | 100 | 90-100 | 70-90 | 53-72 | 44-66 | 39-60 | 31-51 | 20-40 | 15-32 | 10-25 | 8-18 | 5-14 | 3-10 | 2-6 |
| 粗粒式 | ATB-25 | | | 100 | 90-100 | 60-80 | 48-68 | 42-62 | 32-52 | 20-40 | 15-32 | 10-25 | 8-18 | 5-14 | 3-10 | 2-6 |

半开级配沥青碎石混合料矿料级配范围　　　　　表10-24

| 级配类型 | | 通过下列筛孔(mm)的质量百分率(%) | | | | | | | | | | |
|---|---|---|---|---|---|---|---|---|---|---|---|---|
| | | 26.5 | 19 | 16 | 13.2 | 9.5 | 4.75 | 2.36 | 1.18 | 0.6 | 0.3 | 0.15 | 0.075 |
| 中粒式 | AM-20 | 100 | 90-100 | 60-85 | 50-75 | 40-65 | 15-40 | 5-22 | 2-16 | 1-12 | 0-10 | 0-8 | 0-5 |
| | AM-16 | | 100 | 90-100 | 60-85 | 45-68 | 18-40 | 6-25 | 3-18 | 1-14 | 0-10 | 0-8 | 0-5 |
| 细粒式 | AM-13 | | | 100 | 90-100 | 50-80 | 20-45 | 8-28 | 4-20 | 2-16 | 0-10 | 0-8 | 0-6 |
| | AM-10 | | | | 100 | 90-100 | 35-65 | 10-35 | 5-22 | 2-16 | 0-12 | 0-9 | 0-6 |

开级配沥青碎石混合料矿料级配范围　　　　　表10-25

| 级配类型 | | 通过下列筛孔(mm)的质量百分率(%) | | | | | | | | | | | | |
|---|---|---|---|---|---|---|---|---|---|---|---|---|---|---|
| | | 53 | 37.5 | 31.5 | 26.5 | 19 | 16 | 13.2 | 9.5 | 4.75 | 2.36 | 1.18 | 0.6 | 0.3 | 0.15 | 0.075 |
| 特粗式 | ATPB-40 | 100 | 70-100 | 65-90 | 55-85 | 43-75 | 32-70 | 20-65 | 12-50 | 0-3 | 0-3 | 0-3 | 0-3 | 0-3 | 0-3 | 0-3 |
| | ATPB-30 | | 100 | 80-100 | 70-95 | 53-85 | 36-80 | 26-75 | 14-60 | 0-3 | 0-3 | 0-3 | 0-3 | 0-3 | 0-3 | 0-3 |
| 粗粒式 | ATPB-25 | | | 100 | 80-100 | 60-100 | 45-90 | 30-82 | 16-70 | 0-3 | 0-3 | 0-3 | 0-3 | 0-3 | 0-3 | 0-3 |

（3）规范采用马歇尔试验配合比设计方法，沥青混合料技术要求应符合表10-26～表10-29的规定，并有良好的施工性能。当采用其他方法设计沥青混合料时，应按本规范规定进行马歇尔试验及各项配合比设计检验，并报告不同设计方法各自的试验结果。二级公路宜参照一级公路的技术标准执行。长大坡度的路段按重载交通路段考虑。

（4）对用于高速公路和一级公路的公称最大粒径等于或小于19mm的密级配沥青混合料（AC）及SMA、OGFC混合料需在配合比设计的基础上按下列步骤进行各种使用性能检验，不符要求的沥青混合料，必须更换材料或重新进行配合比设计。二级公路参照此要求执行。

1）必须在规定的试验条件下进行车辙试验，并符合表10-30的要求。

2）必须在规定的试验条件下进行浸水马歇尔试验和冻融劈裂试验检验沥青混合料的水稳定性，并同时符合表10-31中的两个要求。调整最佳沥青用量后再次试验。

## 第10章 沥青、沥青混合料检测

**密级配沥青混凝土混合料马歇尔试验技术标准** 表10-26

（本表适用于公称最大粒径≤26.5mm的密级配沥青混凝土混合料）

| 试验指标 | | 单位 | 高速公路、一级公路 | | | | 其他等级公路 | 行人道路 |
|---|---|---|---|---|---|---|---|---|
| | | | 夏炎热区(1-1、1-2、1-3、1-4区) | | 夏热区及夏凉区(2-1、2-2、2-3、2-4、3-2区) | | | |
| | | | 中轻交通 | 重载交通 | 中轻交通 | 重载交通 | | |
| 击实次数（双面） | | 次 | 75 | | | | 50 | 50 |
| 试件尺寸 | | mm | $\varphi 101.6mm \times 63.5mm$ | | | | | |
| 空隙率VV | 深约90mm以内 | % | 3~5 | 4~6 | 2~4 | 3~5 | 3~6 | 2~4 |
| | 深约90mm以下 | % | 3~6 | 2~4 | 3~6 | 2~4 | 3~6 | — |
| 稳定度 MS 不小于 | | kN | 8 | | | | 5 | 3 |
| 流值 F | | mm | 2~4 | 1.5~4 | 2~4.5 | 2~4 | 2~4.5 | 2~5 |
| 矿料间隙率VMA（%）不小于 | 设计空隙率（%） | 相应于以下公称最大粒径(mm)的最小VMA及VFA技术要求(%) | | | | | | |
| | | 26.5 | 19 | 16 | 13.2 | | 9.5 | 4.75 |
| | 2 | 10 | 11 | 11.5 | 12 | | 13 | 15 |
| | 3 | 11 | 12 | 12.5 | 13 | | 14 | 16 |
| | 4 | 12 | 13 | 13.5 | 14 | | 15 | 17 |
| | 5 | 13 | 14 | 14.5 | 15 | | 16 | 18 |
| | 6 | 14 | 15 | 15.5 | 16 | | 17 | 19 |
| 沥青饱和度VFA（%） | | | 55~70 | | 65~75 | | 70~85 | |

注：① 对空隙率大于5%的夏炎热区重载交通路段，施工时至少提高压实度1%。
② 当设计的空隙率不是整数时，由内插确定要求的VMA最小值。
③ 对改性沥青混合料，马歇尔试验的流值可适当放宽。

**沥青稳定碎石混合料马歇尔试验配合比设计技术标准** 表10-27

| 试验指标 | 单位 | 密级配基层（ATB） | 半开级配面层（AM） | 排水式开级配磨耗层（OGFC） | 排水式开级配基层（ATPB） |
|---|---|---|---|---|---|
| 公称最大粒径 | mm | 26.5mm | 等于或大于31.5mm | 等于或小于26.5mm | 等于或小于26.5mm | 所有尺寸 |
| 马歇尔试件尺寸 | mm | $\varphi 101.6mm \times 63.5mm$ | $\varphi 152.4mm \times 95.3mm$ | $\varphi 101.6mm \times 63.5mm$ | $\varphi 101.6mm \times 63.5mm$ | $\varphi 152.4mm \times 95.3mm$ |
| 击实次数（双面） | 次 | 75 | 112 | 50 | 50 | 75 |
| 空隙率VV[①] | % | 3~6 | | 6~10 | 不小于18 | 不小于18 |
| 稳定度，不小于 | kN | 7.5 | 15 | 3.5 | 3.5 | — |
| 流值 | mm | 1.5~4 | 实测 | — | — | — |
| 沥青饱和度VFA | % | 55~70 | 40~70 | — | — | |
| 密级配基层ATB的矿料间隙率VMA不小于（%） | 设计空隙率（%） | ATB-40 | ATB-30 | | ATB-25 | |
| | 4 | 11 | 11.5 | | 12 | |
| | 5 | 12 | 12.5 | | 13 | |
| | 6 | 13 | 13.5 | | 14 | |

注：① 在干旱地区，可将密级配沥青稳定碎石基层的空隙率适当放宽到8%。

**SMA 混合料马歇尔试验配合比设计技术要求**　　　　　表 10-28

| 试验项目 | | 单位 | 技术要求 | | 试验方法 |
|---|---|---|---|---|---|
| | | | 不使用改性沥青 | 使用改性沥青 | |
| 马歇尔试件尺寸 | | mm | $\varphi 101.6mm \times 63.5mm$ | | T 0702 |
| 马歇尔试件击实次数① | | | 两面击实 50 次 | | T 0702 |
| 空隙率 VV② | | % | 3～4 | | T 0708 |
| 矿料间隙率 VMA② | 不小于 | % | 17.0 | | T 0708 |
| 粗集料骨架间隙率 $VCA_{mix}$③ | 不大于 | | $VCA_{DRC}$ | | T 0708 |
| 沥青饱和度 VFA | | % | 75～85 | | T 0708 |
| 稳定度④ | 不小于 | kN | 5.5 | 6.0 | T 0709 |
| 流值 | | mm | 2～5 | — | T 0709 |
| 谢伦堡沥青析漏试验的结合料损失 | | % | 不大于 0.2 | 不大于 0.1 | T 0732 |
| 肯塔堡飞散试验的混合料损失或浸水飞散试验 | | % | 不大于 20 | 不大于 15 | T 0733 |

注：① 对集料坚硬不易击碎，通行重载交通的路段，也可将击实次数增加为双面 75 次。
　　② 对高温稳定性要求较高的重交通路段或炎热地区，设计空隙率允许放宽到 4.5%，VMA 允许放宽到 16.5%（SMA-16）或 16%（SMA-19），VFA 允许放宽到 70%。
　　③ 试验粗集料骨架间隙率 VCA 的关键性筛孔，对 SMA-19、SMA-16 是指 4.75mm，对 SMA-13、SMA-10 是指 2.36mm。
　　④ 稳定度难以达到要求时，容许放宽到 5.0kN（非改性）或 5.5kN（改性），但动稳定度检验必须合格。

**OGFC 混合料技术要求**　　　　　表 10-29

| 试验项目 | | 单位 | 技术要求 | 试验方法 |
|---|---|---|---|---|
| 马歇尔试件尺寸 | | mm | $\varphi 101.6mm \times 63.5mm$ | T 0702 |
| 马歇尔试件击实次数 | | | 两面击实 50 次 | T 0702 |
| 空隙率 | | % | 18～25 | T 0708 |
| 马歇尔稳定度 | 不小于 | kN | 3.5 | T 0709 |
| 析漏损失 | | % | <0.3 | T 0732 |
| 肯特堡飞散损失 | | % | <20 | T 0733 |

**沥青混合料车辙试验动稳定度技术要求**　　　　　表 10-30

| 气候条件与技术指标 | | 相应于下列气候分区所要求的动稳定度(次/mm) | | | | | | | | 试验方法 |
|---|---|---|---|---|---|---|---|---|---|---|
| 七月平均最高气温(℃)及气候分区 | | >30 | | | | 20～30 | | | <20 | |
| | | 1. 夏炎热区 | | | | 2. 夏热区 | | | 3. 夏凉区 | |
| | | 1-1 | 1-2 | 1-3 | 1-4 | 2-1 | 2-2 | 2-3 | 2-4 | 3-2 | |
| 普通沥青混合料　不小于 | | 800 | | | 1000 | 600 | | 800 | | 600 | |
| 改性沥青混合料　不小于 | | 2400 | | | 2800 | 2000 | | 2400 | | 1800 | |
| SMA 混合料 | 非改性　不小于 | 1500 | | | | | | | | | T 0719 |
| | 改性　不小于 | 3000 | | | | | | | | | |
| OGFC 混合料 | | 1500（一般交通路段）、3000（重交通量路段） | | | | | | | | | |

注：① 如果其他月份的平均最高气温高于七月时，可使用该月平均最高气温；
　　② 在特殊情况下，如钢桥面铺装、重载车特别多或纵坡较大的长距离上坡路段、厂矿专用道路，可酌情提高动稳定度的要求；
　　③ 对因气候寒冷确需使用针入度很大的沥青（如大于 100），动稳定度难以达到要求，或因采用石灰岩等不很坚硬的石料，改性沥青混合料的动稳定度难以达到要求等特殊情况，可酌情降低要求；
　　④ 为满足炎热地区及重载车要求，在配合比设计时采取减少最佳沥青用量的技术措施时，可适当提高试验温度或增加试验荷载进行试验，同时增加试件的碾压成型密度和施工压实要求；
　　⑤ 车辙试验不得采用二次加热的混合料，试验必须检验其密度是否符合试验规程的要求；
　　⑥ 如需要对公称最大粒径等于和大于 26.5mm 的混合料进行车辙试验，可适当增加试件的厚度，但不宜作为评定合格与否的依据。

**沥青混合料水稳定性检验技术要求** 表10-31

| 气候条件与技术指标 | | 相应于下列气候分区的技术要求(%) | | | | 试验方法 |
|---|---|---|---|---|---|---|
| 年降雨量(mm)及气候分区 | | >1000 | 500~1000 | 250~500 | <250 | |
| | | 1. 潮湿区 | 2. 湿润区 | 3. 半干区 | 4. 干旱区 | |
| 浸水马歇尔试验残留稳定度(%)不小于 | | | | | | |
| 普通沥青混合料 | | 80 | | 75 | | T 0709 |
| 改性沥青混合料 | | 85 | | 80 | | |
| SMA混合料 | 普通沥青 | 75 | | | | |
| | 改性沥青 | 80 | | | | |
| 冻融劈裂试验的残留强度比(%)不小于 | | | | | | |
| 普通沥青混合料 | | 75 | | 70 | | T 0729 |
| 改性沥青混合料 | | 80 | | 75 | | |
| SMA混合料 | 普通沥青 | 75 | | | | |
| | 改性沥青 | 80 | | | | |

3) 宜对密级配沥青混合料在温度-10℃、加载速率50mm/min的条件下进行弯曲试验,测定破坏强度、破坏应变、破坏劲度模量,并根据应力应变曲线的形状,综合评价沥青混合料的低温抗裂性能。其中沥青混合料的破坏应变宜不小于表10-32的要求。

**沥青混合料低温弯曲试验破坏应变(με)技术要求** 表10-32

| 气候条件与技术指标 | 相应于下列气候分区所要求的破坏应变(με) | | | | | | | | 试验方法 |
|---|---|---|---|---|---|---|---|---|---|
| 年极端最低气温(℃)及气候分区 | <-37.0 | | -21.5~-37.0 | | | -9.0~-21.5 | | >-9.0 | |
| | 1. 冬严寒区 | | 2. 冬寒区 | | | 3. 冬冷区 | | 4. 冬温区 | |
| | 1-1 | 2-1 | 1-2 | 2-2 | 3-2 | 1-3 | 2-3 | 1-4 2-4 | |
| 普通沥青混合料 不小于 | 2600 | | 2300 | | | 2000 | | | T 0728 |
| 改性沥青混合料 不小于 | 3000 | | 2800 | | | 2500 | | | |

4) 宜利用轮碾机成型的车辙试验试件,脱模架起进行渗水试验,并符合表10-33的要求。

**沥青混合料试件渗水系数(ml/min)技术要求** 表10-33

| 级配类型 | | 渗水系数要求(ml/min) | 试验方法 |
|---|---|---|---|
| 密级配沥青混凝土 | 不大于 | 120 | |
| SMA混合料 | 不大于 | 80 | T 0730 |
| OGFC混合料 | 不小于 | 实测 | |

5) 对使用钢渣作为集料的沥青混合料,进行活性和膨胀性试验,钢渣沥青混凝土的膨胀量不得超过1.5%。

6) 对改性沥青混合料的性能检验,应针对改性目的进行。以提高高温抗车辙性能为主要目的时,低温性能可按普通沥青混合料的要求执行;以提高低温抗裂性能为主要目的时,高温稳定性可按普通沥青混合料的要求执行。

(5) 高速公路、一级公路沥青混合料的配合比设计应在调查以往类同材料的配合比设计经验和使用效果的基础上，按以下步骤进行：

1) 目标配合比设计阶段。用工程实际使用的材料按规范要求，优选矿料级配、确定最佳沥青用量，符合配合比设计技术标准和配合比设计检验要求，以此作为目标配合比，供拌合机确定各冷料仓的供料比例、进料速度及试拌使用。

2) 生产配合比设计阶段。对间歇式拌合机，应按规定方法取样测试各热料仓的材料级配，确定各热料仓的配合比，供拌合机控制室使用。同时选择适宜的筛孔尺寸和安装角度，尽量使各热料仓的供料大体平衡。并取目标配合比设计的最佳沥青用量 $OAC$、$OAC \pm 0.3\%$ 等 3 个沥青用量进行马歇尔试验和试拌，通过室内试验及从拌合机取样试验综合确定生产配合比的最佳沥青用量，由此确定的最佳沥青用量与目标配合比设计的结果的差值不宜大于 $\pm 0.2\%$。对连续式拌合机可省略生产配合比设计步骤。

3) 生产配合比验证阶段。拌合机按生产配合比结果进行试拌、铺筑试验段，并取样进行马歇尔试验，同时从路上钻取芯样观察空隙率的大小，由此确定生产用的标准配合比。标准配合比的矿料合成级配中，至少应包括 0.075mm、2.36mm、4.75mm 及公称最大粒径筛孔的通过率接近优选的工程设计级配范围的中值，并避免在 0.3～0.6mm 处出现"驼峰"。对确定的标准配合比，宜再次进行车辙试验和水稳定性检验。

4) 确定施工级配允许波动范围。根据标准配合比及质量管理要求中各筛孔的允许波动范围，制订施工用的级配控制范围，用以检查沥青混合料的生产质量。

5) 经设计确定的标准配合比在施工过程中不得随意变更。但生产过程中应加强跟踪检测，严格控制进场材料的质量，如遇材料发生变化并经检测沥青混合料的矿料级配、马歇尔技术指标不符要求时，应及时调整配合比，使沥青混合料的质量符合要求并保持相对稳定，必要时重新进行配合比设计。

6) 二级及二级以下其他等级公路热拌沥青混合料的配合比设计可按上述步骤进行。当材料与同类道路完全相同时，也可直接引用成功的经验。

# 第 11 章 墙体材料检测

## 11.1 知识概要

### 11.1.1 定义

墙体是建筑物的重要组成部分。它的作用是承重、围护或分隔空间。按墙体受力情况和材料分为承重墙和非承重墙。

目前一般建筑工程所用的墙体材料有砖、砌块和板材三大类。

墙体材料的改革是一个重要而难度大的问题，发展新型墙体材料不仅是取代实心黏土砖的问题，首要是保护环境、节约资源、能源。另外是建筑结构体系的发展，包括抗震以及多功能。还有是给传统建筑行业带来变革性新工艺，摆脱人海式施工，采用工厂化、现代化、集约化施工。新型墙体材料正朝着大型化、轻质化、节能化、利废化、复合化、装饰化以及集约化等方面发展。

### 11.1.2 墙体材料的分类

**1. 砌墙砖分类**

(1) 烧结普通砖

凡通过焙烧而得的普通砖，称为烧结普通砖。氧化气氛下可得红砖，还原气氛下可得青砖。

目前主要是黏土砖，但黏土砖耗用大量农田，且生产中会逸放氟、硫等有害气体，能耗高，需限制生产，并逐步淘汰，不少城市已经禁止使用。

(2) 蒸压灰砂砖

蒸养（压）砖属于硅酸盐制品，是以石灰和含硅原料（砂、粉煤灰、炉渣、矿渣、煤矸石）加水拌合，经成型、蒸养（压）而制成。目前使用的主要有：粉煤灰砖、灰砂砖、炉渣砖。

(3) 烧结空心砖

烧结空心砖是以黏土、页岩或煤矸石为主要原料经焙烧而成的顶面有孔洞的砖，孔的尺寸大而数量少，孔洞为矩形条孔或其他条孔，其孔洞率大于40%，由于承压面与孔洞平行，使用时大面承压，用于非承重部位。

(4) 烧结多孔砖

烧结多孔砖是以黏土、页岩或煤矸石为主要原料经焙烧而成主要用于承重部位的多孔砖。主要原料与烧结空心砖相同，但为大面有孔洞的砖，孔的尺寸小而数量多，其孔洞率不小于15%，用于承重部位。使用时孔洞垂直于承压面。

**2. 砌块分类**

砌块是砌筑用的人造块材。砌块系列中主规格的长度、宽度或高度有一项或一项以上分别大于 365mm、240mm 或 115mm。但高度不大于长度或宽度的六倍,长度不超过高度的三倍。砌块按其尺寸规格分为小型砌块、中型砌块和大型砌块;按用途分为承重砌块和非承重砌块;按孔洞设置状况分为空心砌块(空心率≥25%)和实心砌块(空心率<25%)。

(1) 蒸压加气混凝土砌块

凡以钙质材料或硅质材料为基本的原料,以铝粉等为发气剂,经过切割、蒸压养护等工艺制成的、多孔、块状墙体材料称蒸压加气混凝土砌块。蒸压加气混凝土砌块的特性为多孔轻质、保温隔热性能好、加工性能好,但其干缩较大。使用不当,墙体会产生裂纹。

(2) 普通混凝土小型空心砌块

普通混凝土小型空心砌块是以水泥、砂、碎石和砾石为原料,加水搅拌、振动加压或冲击成型,再经养护制成的一种墙体材料,其空心率不小于 25%。普通混凝土小型空心砌块可用于多层建筑的内外墙。

常用的建筑砌块还有轻集料混凝土小型空心砌块、粉煤灰砌块、粉煤灰小型空心砌块、石膏砌块等。

**3. 墙用板材的分类**

常用的墙用板材有多种:石膏空心条板、纸面石膏板、金属面硬质聚氨酯夹芯板、玻璃纤维增强水泥板和钢丝网架水泥聚苯乙烯夹芯板等。

(1) 玻璃纤维增强水泥复合板(简称 GRC 墙板)

玻璃纤维增强水泥复合板是以低碱水泥和硫酸盐早强水泥为胶结料,耐碱(或抗碱)玻璃纤维作增强材料,填充保温心材,如水泥珍珠岩、岩棉等,经成型、养护而成的一种轻质复合板材。

GRC 墙板的主要特点是轻质、高强、韧性好、加工简易、施工方便。但其中一些 GRC 板会在接缝处开裂,影响了其推广应用。

(2) 钢丝网架水泥聚苯乙烯夹芯板

钢丝网架水泥聚苯乙烯夹芯板由三维空间焊接钢丝网架和内填阻燃型聚苯乙烯泡沫塑料板条(或整板)构成的网架芯板(简称 GJ 板),在 GJ 板两面分别喷抹水泥砂浆后形成的构件称为钢丝网架水泥聚苯乙烯夹芯板(简称 GSJ 板)。

## 11.1.3 墙体材料的技术指标

**1. 烧结砖的强度技术指标**

(1) 烧结普通砖(《烧结普通砖》GB/T 5101)

尺寸允许偏差应符合表 11-1 要求,外观质量应符合表 11-2 要求,抗压强度值符合表 11-3 要求。

尺寸允许偏差(单位:mm) 表 11-1

| 公称尺寸 | 优等品 | | 一等品 | | 合格品 | |
|---|---|---|---|---|---|---|
| | 样本平均偏差 | 样本极差≤ | 样本平均偏差 | 样本极差≤ | 样本平均偏差 | 样本极差≤ |
| 240 | ±2.0 | 6 | ±2.5 | 7 | ±3.0 | 8 |
| 115 | ±1.5 | 5 | ±2.0 | 6 | ±2.5 | 7 |
| 53 | ±1.5 | 4 | ±1.6 | 5 | ±2.0 | 6 |

**外观质量（mm）** 表 11-2

| 项　目 | | 优等品 | 一等品 | 合格品 |
|---|---|---|---|---|
| 两条面高度差≤ | | 2 | 3 | 4 |
| 弯曲≤ | | 2 | 3 | 4 |
| 杂质凸出高度≤ | | 2 | 3 | 4 |
| 缺棱掉角的三个破坏尺寸不得同时大于 | | 5 | 20 | 30 |
| 裂纹长度≤ | a. 大面上宽度方向及其延伸至条面的长度 | 30 | 60 | 80 |
| | b. 大面上长度方向及其延伸至顶面的长度或条顶面上水平裂纹的长度 | 50 | 80 | 100 |
| 完整面 a 不得少于 | | 二条面和二顶面 | 一条面和一顶面 | — |
| 颜色 | | 基本一致 | — | — |

注：为装饰而施加的色差、凹凸纹、拉毛、压花等不算缺陷。
凡有下列缺陷之一者，不得称为完整面：
a）缺损在条面或顶面上造成的破坏面尺寸同时大于 10mm×10mm。
b）条面或顶面上裂纹宽度大于 1mm，其长度超过 30mm。
c）压陷、粘底、焦化在条面上或顶面上的凹陷或凸出超过 2mm，区域尺寸同时大于 10mm×10mm。

**烧结普通砖砌体的抗压强度设计值（MPa）** 表 11-3

| 强度等级 | 抗压强度平均值 $\bar{f}$≥ | 变异系数 $\delta$≤0.21 强度标准值 $f_k$≥ | 变异系数 $\delta$>0.21 单块最小抗压强度值 $f_{min}$≥ |
|---|---|---|---|
| MU30 | 30.0 | 22.0 | 25.0 |
| MU25 | 25.0 | 18.0 | 22.0 |
| MU20 | 20.0 | 14.0 | 16.0 |
| MU15 | 15.0 | 10.0 | 12.0 |
| MU10 | 10.0 | 6.5 | 7.5 |

（2）蒸压粉煤灰砖（《蒸压粉煤灰砖》JC/T 239）

1）尺寸允许偏差和外观质量

尺寸允许偏差和外观质量应符合表 11-4 要求。

**尺寸允许偏差和外观质量（mm）** 表 11-4

| 项目名称 | | | 技术指标 |
|---|---|---|---|
| 外观质量 | 缺棱掉角 | 个数/个 | ≤2 |
| | | 三个方向投影尺寸的最大值/mm | ≤15 |
| | 裂纹 | 裂纹延伸的投影尺寸累计/mm | ≤20 |
| | 层裂 | | 不允许 |
| 尺寸偏差 | | 长度/mm | +2 −1 |
| | | 宽度/mm | ±2 |
| | | 高度/mm | +2 −1 |

2）强度要求

粉煤灰砖的抗压强度设计值表 11-5 要求。

**粉煤灰砖的抗压强度设计值（MPa）** 表 11-5

| 强度等级 | 抗压强度 | | 抗折强度 | |
|---|---|---|---|---|
| | 10块平均值≥ | 单块值≥ | 10块平均值≥ | 单块值≥ |
| MU30 | 30.0 | 24.0 | 6.2 | 5.0 |
| MU25 | 25.0 | 20.0 | 5.0 | 4.0 |
| MU20 | 20.0 | 16.0 | 4.0 | 3.2 |
| MU15 | 15.0 | 12.0 | 3.3 | 2.6 |
| MU10 | 10.0 | 8.0 | 2.5 | 2.0 |

（3）烧结多孔砖和多孔切块（《烧结多孔砖和多孔砌砖》GB 13544）

1）尺寸允许偏差

尺寸允许偏差应符合表 11-6 要求。

**尺寸允许偏差（mm）** 表 11-6

| 尺寸 | 样本平均偏差 | 样本极差≤ | 尺寸 | 样本平均偏差 | 样本极差≤ |
|---|---|---|---|---|---|
| >400 | ±3.0 | 10.0 | 100～200 | ±2.0 | 7.0 |
| 300～400 | ±2.5 | 9.0 | <100 | ±1.5 | 6.0 |
| 200～300 | ±2.5 | 8.0 | | | |

2）外观质量

外观质量应符合表 11-7 要求。

**外观质量（mm）** 表 11-7

| 项 目 | | 指标 |
|---|---|---|
| 完整面 | 不得少于 | 一条面和一顶面 |
| 缺棱掉角的三个破坏尺寸 | 不得同时大于 | 30 |
| 裂纹长度 | a. 大面(有孔面)上深入孔壁15mm以上宽度方向及其延伸至条面的长度 不大于 | 80 |
| | b. 大面(有孔面)上深入孔壁15mm以上长度方向及其延伸至顶面的长度 不大于 | 100 |
| | c. 条顶面上水平裂纹的长度 不大于 | 100 |
| 杂质在砖或砌块面上造成的凹凸高度 | 不大于 | 5 |

注：凡有下列缺陷之一者，不得称为完整面：
a）缺损在条面或顶面上造成的破坏面尺寸同时大于20mm×30mm。
b）条面或顶面上裂纹宽度大于1mm，其长度超过70mm。
c）压陷、粘底、焦化在条面上或顶面上的凹陷或凸出超过2mm，区域最大投影尺寸同时大于20mm×30mm。

3）密度等级

密度等级应符合表 11-8 的要求。

**密度等级（kg/m³）** 表 11-8

| 密度等级 | | 3块砖或砌块干燥表观密度平均值 |
|---|---|---|
| 砖 | 砌块 | |
| — | 900 | ≤900 |
| 1000 | 1000 | 900～1000 |
| 1100 | 1100 | 1000～1100 |
| 1200 | 1200 | 1100～1200 |
| 1300 | — | 1200～1300 |

4）强度等级

强度等级应符合表 11-9 的要求。

**强度等级（MPa）** 表 11-9

| 强度等级 | 抗压强度平均值 $\bar{f}\geqslant$ | 强度标准值 $f_k\geqslant$ |
| --- | --- | --- |
| MU30 | 30.0 | 22.0 |
| MU25 | 25.0 | 18.0 |
| MU20 | 20.0 | 14.0 |
| MU15 | 15.0 | 10.0 |
| MU10 | 10.0 | 6.5 |

5）孔型孔结构及孔洞率

孔型孔结构及孔洞率应符合表 11-10 的规定。

**孔型孔结构及孔洞率** 表 11-10

| 孔型 | 孔洞尺寸(mm) | | 最小壁厚(mm) | 最小肋厚(mm) | 孔洞率（%） | | 孔洞排列 |
| --- | --- | --- | --- | --- | --- | --- | --- |
| | 孔宽度尺寸 $b$ | 孔长度尺寸 $L$ | | | 砖 | 砌块 | |
| 矩形条孔或矩形孔 | ≤13 | ≤40 | ≥12 | ≥5 | ≥28 | ≥33 | 1. 所有孔宽应相等。孔采用单向或双向交错排列；<br>2. 孔洞排列上下、左右应对称，分布均匀，手抓孔的长度方向尺寸必须平行于砖的条面 |

注：① 矩形孔的孔长 $L$、孔宽 $b$ 满足式 $L\geqslant 3b$ 时，为矩形条孔。
② 孔四个角应做成过渡圆角，不得做成直尖角。
③ 如果有砌筑砂浆槽，则砌筑砂浆槽不计算在孔洞率内。
④ 规格大的砖和砌块应设置手抓孔，手抓孔尺寸为（30～40）mm×（75～85）mm。

(4) 烧结空心砖（《烧结空心砖和空心砌块》GB/T 13545）

1）尺寸偏差

尺寸允许偏差应符合表 11-11 要求。

**尺寸允许偏差（mm）** 表 11-11

| 尺寸 | 样本平均偏差 | 样本极差≤ |
| --- | --- | --- |
| >300 | ±3.0 | 7.0 |
| >200～300 | ±2.5 | 6.0 |
| 100～200 | ±2.0 | 5.0 |
| <100 | ±1.7 | 4.0 |

2）外观质量

外观质量应符合表 11-12 要求。

外观质量（mm）　　　　　　　　　　　　　表 11-12

| 项　　目 | | 指标 |
|---|---|---|
| 1. 弯曲　　　　　　　　　　　　　　　　　　　　不大于 | | 4 |
| 2. 缺棱掉角的三个破坏尺寸　　　　　　　　　不得同时大于 | | 30 |
| 3. 垂直度差　　　　　　　　　　　　　　　　　不大于 | | 4 |
| 4. 未贯穿裂纹长度 | a. 大面上宽度方向及其延伸至条面的长度　　不大于 | 100 |
| | b. 大面上长度方向或条面上水平方向的长度　不大于 | 120 |
| 5. 贯穿裂纹长度 | a. 大面上宽度方向及其延伸至条面的长度　　不大于 | 40 |
| | b. 壁、肋沿长度方向、宽度方向及其水平方向的长度　不大于 | 40 |
| 6. 壁、肋内残缺长度　　　　　　　　　　　　　不大于 | | 40 |
| 7. 完整面　　　　　　　　　　　　　　　　　　不少于 | | 一条面或一大面 |

注：凡有下列缺陷之一者，不得称为完整面：
a) 缺损在大面、条面上造成的破坏面尺寸同时大于 20mm×30mm；
b) 大面、条面上裂纹宽度大于 1mm，其长度超过 70mm；
c) 压陷、粘底、焦花在条面上或顶面上的凹陷或凸出超过 2mm，区域尺寸同时大于 20mm×30mm。

3）密度等级

密度应符合表 11-13 的要求。

密度等级（kg/m³）　　　　　　　　　　　　表 11-13

| 密 度 等 级 | 五块体积密度平均值 |
|---|---|
| 800 | ≤800 |
| 900 | 801～900 |
| 1000 | 901～1000 |
| 1100 | 1001～1100 |

4）强度等级

强度等级应符合表 11-14 的指标。

强度等级（MPa）　　　　　　　　　　　　　表 11-14

| 类别 | 强度等级 | 抗压强度平均值 ≥（MPa） | 变异系数≤0.21 | 变异系数＞0.21 |
|---|---|---|---|---|
| | | | 强度标准值≥（MPa） | 单块最小抗压强度值≥（MPa） |
| 烧结普通砖 | MU30 | 30.0 | 22.0 | 25.0 |
| | MU25 | 25.0 | 18.0 | 22.0 |
| | MU20 | 20.0 | 14.0 | 16.0 |
| | MU15 | 15.0 | 10.0 | 12.0 |
| | MU10 | 10.0 | 6.5 | 7.5 |
| 烧结多孔砖 | MU30 | 30.0 | 22.0 | 25.0 |
| | MU25 | 25.0 | 18.0 | 22.0 |
| | MU20 | 20.0 | 14.0 | 16.0 |
| | MU15 | 15.0 | 10.0 | 12.0 |
| | MU10 | 10.0 | 6.5 | 7.5 |

## 2. 非烧结砖的强度技术指标（表 11-15、表 11-16）

蒸压灰砂砖和蒸压粉煤灰砖强度等级（MPa）　　表 11-15

| 类别 | 强度等级 | 抗压强度(MPa) | | 抗折强度(MPa) | |
|---|---|---|---|---|---|
| | | 平均值不小于 | 单块值不小于 | 平均值不小于 | 单块值不小于 |
| 蒸压灰砂砖 | MU25 | 25.0 | 20.0 | 5.0 | 4.0 |
| | MU20 | 20.0 | 16.0 | 4.0 | 3.2 |
| | MU15 | 15.0 | 12.0 | 3.3 | 2.6 |
| | MU10 | 10.0 | 8.0 | 2.5 | 2.0 |
| 粉煤灰砖 | MU30 | 30.0 | 24.0 | 6.2 | 5.0 |
| | MU25 | 25.0 | 20.0 | 5.0 | 4.0 |
| | MU20 | 20.0 | 16.0 | 4.0 | 3.2 |
| | MU15 | 15.0 | 12.0 | 3.3 | 2.6 |
| | MU10 | 10.0 | 8.0 | 2.5 | 2.0 |

普通混凝土小型空心砌块和轻骨料混凝土小型空心砌块强度等级（MPa）　表 11-16

| 类别 | 强度等级 | 砌块抗压强度(MPa) | | 密度等级范围(kg/m³) |
|---|---|---|---|---|
| | | 平均值不小于 | 单块最小值不小于 | |
| 普通混凝土小型空心砌块 | MU3.5 | 3.5 | 2.8 | — |
| | MU5.0 | 5.0 | 4.0 | — |
| | MU7.5 | 7.5 | 6.0 | — |
| | MU10.0 | 10.0 | 8.0 | — |
| | MU15.0 | 15.0 | 12.0 | — |
| | MU20.0 | 20.0 | 16.0 | — |
| 轻骨料混凝土小型空心砌块 | 1.5 | 1.5 | 1.2 | ≤600 |
| | 2.5 | 2.5 | 2.0 | ≤800 |
| | 3.5 | 3.5 | 2.8 | ≤1200 |
| | 5.0 | 5.0 | 4.0 | ≤1200 |
| | 7.5 | 7.5 | 6.0 | ≤1400 |
| | 10.0 | 10.0 | 8.0 | ≤1400 |

## 3. 加气混凝土砌块技术指标

（1）砌块强度等级分为 A1.0，A2.0，A2.5，A3.5，A5.0，A7.5，A10 七个级别，见表 11-17。

砌块的强度级别表　　表 11-17

| 干密度级别 | | B03 | B04 | B05 | B06 | B07 | B08 |
|---|---|---|---|---|---|---|---|
| 强度级别 | 优等品（A） | A1.0 | A2.0 | A3.5 | A5.0 | A7.5 | A10.0 |
| | 合格品（B） | | | A2.5 | A3.0 | A5.5 | A7.5 |

(2) 砌块按尺寸偏差与外观质量符合表 11-18 要求。

尺寸偏差与外观质量表　　　　　　　表 11-18

| 项　目 | | | | 指标 | |
|---|---|---|---|---|---|
| | | | | 优等品(A) | 合格品(B) |
| 尺寸允许偏差/mm | | 长度 | L | ±3 | ±4 |
| | | 宽度 | B | ±1 | ±2 |
| | | 高度 | H | ±1 | ±2 |
| 缺棱掉角 | 最小尺寸不得大于/mm | | | 0 | 30 |
| | 最大尺寸不得大于/mm | | | 0 | 70 |
| | 大于以上尺寸的缺棱掉角个数,不多于/个 | | | 0 | 2 |
| 裂纹长度 | 贯穿一棱二面裂纹长度不得大于裂纹所在面的裂纹方向尺寸总和的 | | | 0 | 1/3 |
| | 任一面上的裂纹长度不得大于裂纹方向尺寸的 | | | 0 | 1/2 |
| | 大于以上尺寸的裂纹条数,不多于/条 | | | 0 | 2 |
| 爆裂、粘模和损坏深度不得大于/mm | | | | 10 | 30 |
| 平面弯曲 | | | | 不允许 | |
| 表面疏松、层裂 | | | | 不允许 | |
| 表面油污 | | | | 不允许 | |

(3) 加气混凝土砌块的抗压强度满足表 11-19 要求。

加气混凝土砌块的抗压强度（MPa）　　　　　　　表 11-19

| 强度级别 | 立方体抗压强度 | |
|---|---|---|
| | 平均值不小于 | 单组最小值不小于 |
| A1.0 | 1.0 | 0.8 |
| A2.0 | 2.0 | 1.6 |
| A2.5 | 2.5 | 2.0 |
| A3.5 | 3.5 | 2.8 |
| A5.0 | 5.0 | 4.0 |
| A7.5 | 7.5 | 6.0 |
| A10.0 | 10.0 | 8.0 |

(4) 砌块的干密度要符合表 11-20 要求。

砌块的干密度（kg/m³）　　　　　　　表 11-20

| 干密度级别 | | B03 | B04 | B05 | B06 | B07 | B08 |
|---|---|---|---|---|---|---|---|
| 干密度 | 优等品(A)≤ | 300 | 400 | 500 | 600 | 700 | 800 |
| | 合格品(B)≤ | 325 | 425 | 525 | 625 | 725 | 825 |

(5) 干燥收缩值、抗冻性和导热系数符合表 11-21 要求。

干燥收缩值、抗冻性和导热系数　　　　　表 11-21

| 干密度级别 | | | B03 | B04 | B05 | B06 | B07 | B08 |
|---|---|---|---|---|---|---|---|---|
| 干燥收缩值[a] | 标准法/(mm/m) ≤ | | 0.50 | | | | | |
| | 快速法/(mm/m) ≤ | | 0.80 | | | | | |
| 抗冻性 | 质量损失/% ≤ | | 5.0 | | | | | |
| | 冻后强度/MPa≥ | 优等品(A) | 0.8 | 1.6 | 2.8 | 4.0 | 6.0 | 8.0 |
| | | 合格品(B) | | | 2.0 | 2.8 | 4.0 | 6.0 |
| 导热系数(干态)/[W/(M*K)] ≤ | | | 0.10 | 0.12 | 0.14 | 0.16 | 0.18 | 0.20 |

注：[a] 规定采用标准法、快速法测定砌块干燥收缩值，若测定结果发生矛盾不能判定时，则以测定的结果为准。

**4. 普通混凝土小型砌块技术指标**

(1) 尺寸偏差和外观质量

尺寸允许偏差和外观质量应符合表 11-22 要求。

尺寸允许偏差和外观质量　　　　　表 11-22

| 项 目 名 称 | | 技术指标 | |
|---|---|---|---|
| 长度 | | ±2mm | |
| 宽度 | | ±2mm | |
| 高度 | | +3，-2mm | |
| 弯曲 | | 不大于 | 2mm |
| 掉角缺棱 | 个数 | 不超过 | 1个 |
| | 三个方向投影尺寸的最小值 | 不大于 | 20 mm |
| 裂纹延伸的投影尺寸累计 | | 不大于 | 30mm |

注：免浆砌块的尺寸允许偏差，应由企业根据块型特点自行给出。尺寸偏差不应影响垒砌和墙片性能。

(2) 强度等级

砌块的强度等级应符合表 11-23 的要求。

强度等级（MPa）　　　　　表 11-23

| 强度等级 | 砌块抗压强度 | | 强度等级 | 砌块抗压强度 | |
|---|---|---|---|---|---|
| | 平均值≥ | 单块最小值≥ | | 平均值≥ | 单块最小值≥ |
| MU5.0 | 5.0 | 4.0 | MU25 | 25.0 | 20.0 |
| MU7.5 | 7.5 | 6.0 | MU30 | 30.0 | 24.0 |
| MU10 | 10.0 | 8.0 | MU35 | 35.0 | 28.0 |
| MU15 | 15.0 | 12.0 | MU40 | 40.0 | 32.0 |
| MU20 | 20.0 | 16.0 | | | |

**5. 轻骨料小型空心砌块**

(1) 尺寸偏差和外观质量

尺寸偏差和外观质量应符合表 11-24 的要求。

(2) 强度等级

强度等级应符合表 11-25 的要求。

**尺寸偏差和外观质量（mm）** 表11-24

| 项 目 | | | 指标 |
|---|---|---|---|
| 尺寸偏差/mm | 长度 | | ±3 |
| | 宽度 | | ±3 |
| | 高度 | | ±3 |
| 最小外壁厚/mm | 用于承重墙体 | ≥ | 30 |
| | 用于非承重墙体 | ≥ | 20 |
| 肋厚/mm | 用于承重墙体 | ≥ | 25 |
| | 用于非承重墙体 | ≥ | 20 |
| 缺棱掉角 | 个数/块 | ≤ | 2 |
| | 三个方向投影的最大值/mm | ≤ | 20 |
| 裂缝延伸的累计尺寸/mm | | ≤ | 30 |

**强度等级（MPa）** 表11-25

| 强度等级 | 砌块抗压强度 MPa | | 密度等级 kg/m³ |
|---|---|---|---|
| | 平均值 | 最小值 | |
| MU2.5 | ≥2.5 | ≥2.0 | ≤800 |
| MU3.5 | ≥3.5 | ≥2.8 | ≤1000 |
| MU5.0 | ≥5.0 | ≥4.0 | ≤1200 |
| MU7.5 | ≥7.5 | ≥6.0 | ≤1200a<br>≤1300b |
| MU10.0 | ≥10.0 | ≥8.0 | ≤1200a<br>≤1400b |

注：当砌块的抗压强度同时满足2个强度等级或2个以上强度等级要求时，应以满足要求的最高强度等级为准。
　a 除自然煤矸石掺量不小于砌块质量35%以外的其他砌块；
　b 自然煤矸石掺量不小于砌块质量35%的砌块。

(3) 密度等级

密度等级应符合表11-26的要求。

**密度等级（kg/m³）** 表11-26

| 密度等级 | 干表观密度范围 |
|---|---|
| 700 | ≥510，≤700 |
| 800 | ≥710，≤800 |
| 900 | ≥810，≤900 |
| 1000 | ≥910，≤1000 |
| 1100 | ≥1010，≤1100 |
| 1200 | ≥1110，≤1200 |
| 1300 | ≥1210，≤1300 |
| 1400 | ≥1310，≤1400 |

### 6. 粉煤灰混凝土小型空心砌块技术指标

(1) 尺寸偏差和外观质量

尺寸偏差和外观质量应符合表 11-27 要求。

尺寸偏差和外观质量　　　　　　　　　　　　　表 11-27

| 项　　目 | | 指标 |
|---|---|---|
| 尺寸允许偏差/mm | 长度 | ±2 |
| | 宽度 | ±2 |
| | 高度 | ±2 |
| 最小外壁厚/mm | 用于承重墙体 ≥ | 30 |
| | 用于非承重墙体 ≥ | 20 |
| 肋厚/mm | 用于承重墙体 ≥ | 25 |
| | 用于非承重墙体 ≥ | 15 |
| 缺棱掉角 | 个数/块 ≤ | 2 |
| | 三个方向投影的最小值/mm ≤ | 20 |
| 裂缝延伸的累计尺寸/mm | ≤ | 20 |
| 弯曲,mm | ≤ | 2 |

(2) 强度等级

强度等级应符合表 11-28 的要求。

强度等级（MPa）　　　　　　　　　　　　　表 11-28

| 强度等级 | 砌块抗压强度 | |
|---|---|---|
| | 平均值不小于 | 单块最小值不小于 |
| MU3.5 | 3.5 | 2.8 |
| MU5 | 5.0 | 4.0 |
| MU7.5 | 7.5 | 6.0 |
| MU10 | 10.0 | 8.0 |
| MU15 | 15.0 | 12.0 |
| MU20 | 20.0 | 16.0 |

(3) 密度等级

密度等级应符合表 11-29 的要求。

密度等级（kg/m³）　　　　　　　　　　　　　表 11-29

| 密度等级 | 砌块块体密度的范围 |
|---|---|
| 600 | ≤600 |
| 700 | 610～700 |
| 800 | 710～800 |
| 900 | 810～900 |
| 1000 | 910～1000 |
| 1200 | 1010～1200 |
| 1400 | 1210～1400 |

### 11.1.4 墙体材料的取样

**1. 烧结多孔砖和多孔砌块（《烧结多孔砖和多孔砌块》GB 13544）**

3.5万~15万块为一批，不足3.5万块按一批计。外观质量检验的试样采用随机抽样法，在每一检验批的产品堆垛中抽取，其他检验项目的样品用随机抽样法从外观质量检验合格的样品中抽取。抽样数量按表11-30进行。

烧结多孔砖和多孔砌块抽样数量　　　　表11-30

| 序号 | 检验项目 | 抽样数量/块 |
| --- | --- | --- |
| 1 | 外观质量 | 50（$n_1=n_2=50$） |
| 2 | 尺寸允许偏差 | 20 |
| 3 | 密度等级 | 3 |
| 4 | 强度等级 | 10 |
| 5 | 孔形孔结构及孔洞率 | 3 |
| 6 | 泛霜 | 5 |
| 7 | 石灰爆裂 | 5 |
| 8 | 吸水率和饱和系数 | 5 |
| 9 | 冻融 | 5 |
| 10 | 放射性核素限量 | 3 |

**2. 烧结普通砖（《烧结普通砖》GB/T 5101）**

3.5万~15万块为一批，不足3.5万块按一批计。外观质量检验的试样采用随机抽样法，在每一检验批的产品堆垛中抽取，其他检验项目的样品用随机抽样法从外观质量检验合格的样品中抽取。抽样数量按表11-31进行。

烧结普通砖抽样数量　　　　表11-31

| 序号 | 检验项目 | 抽样数量/块 |
| --- | --- | --- |
| 1 | 外观质量 | 50（$n_1=n_2=50$） |
| 2 | 尺寸偏差 | 20 |
| 3 | 强度等级 | 10 |
| 4 | 泛霜 | 5 |
| 5 | 石灰爆裂 | 5 |
| 6 | 吸水率和饱和系数 | 5 |
| 7 | 冻融 | 5 |
| 8 | 放射性核素限量 | 4 |

**3. 蒸压灰砂砖（《蒸压灰砂实心砖和实心砌块》GB/T 11945）**

同类型的灰砂砖每10万块为一批，不足10万块亦为一批。尺寸偏差和外观质量检验的样品中堆场中抽取。其他检验项目的样品用随机抽样法从尺寸偏差和外观质量检验合格的样品中抽取。抽样数量按表11-32进行。

蒸压灰砂砖抽样数量　　　　表11-32

| 检验项目 | 抽样数量/块 |
| --- | --- |
| 尺寸偏差和外观质量 | 50（$n_1=n_2=50$） |
| 颜色 | 36 |
| 抗折强度 | 5 |
| 抗压强度 | 5 |
| 抗冻性 | 5 |

**4. 蒸压加气混凝土砌块（《蒸压加气混凝土砌块》GB/T 11968）**

同品种、同规格、同等级的砌块，以10000块为一批，不足10000万块的亦为一批。随机抽取50块，进行尺寸偏差、外观检验。

从外观与尺寸偏差检验合格的砌块中，随机抽取6块砌块制作试件，进行如下项目检验：

| | |
|---|---|
| 干密度 | 3组9块 |
| 强度级别 | 3组9块 |

**5. 蒸压粉煤灰砖（《蒸压粉煤灰砖》JC/T 239）**

以同一批原材料、同一生产工艺生产、同一规格型号、同一强度等级和同一龄期的每10万块砖为一批，不足10万块的按一批计。

尺寸偏差和外观质量的检验样品用随机抽样法从每一检验批的产品中抽取，其他检验项目的样品用随机抽样法从尺寸偏差和外观质量检验合格的样品中抽取。抽样数量按表11-33进行。

蒸压粉煤灰砖抽样数量　　　　　　表11-33

| 检验项目 | 抽样数量/块 |
|---|---|
| 尺寸偏差和外观质量 | 100（$n_1=n_2=50$） |
| 强度等级 | 20 |
| 吸水率 | 3 |
| 线性干燥收缩值 | 3 |
| 抗冻性 | 20 |
| 碳化系数 | 25 |
| 放射性核素限量 | 3 |

**6. 普通混凝土小型砌块（《普通混凝土小型砌块》GB/T 8239）**

砌块按规格、种类、龄期和强度等级分批验收。以同一批原材料配制成的相同规格、龄期、强度等级和相同生产工艺生产的$500m^3$且不超过3万块为一批，每周生产不足$500m^3$且不超过3万块的按一批计。

每批随机抽取32块做尺寸偏差和外观质量检验。从尺寸偏差和外观质量合格的检验批中，随机抽取表11-34中所示数量进行其他项目检验。

普通混凝土小型砌块抽样数量　　　　　　表11-34

| 检验项目 | 样品数量 | |
|---|---|---|
| | （$H/B$）≥0.6 | （$H/B$）<0.6 |
| 空心率 | 3 | 3 |
| 外壁和肋厚 | 3 | 3 |
| 强度等级 | 5 | 10 |
| 吸水率 | 3 | 3 |
| 线性干燥收缩值 | 3 | 3 |
| 抗冻性 | 10 | 20 |
| 碳化系数 | 12 | 22 |
| 软化系数 | 10 | 20 |
| 放射性核素限量 | 3 | 3 |

注：$H/B$（高宽比）是指试样在实际使用状态下的承压高度（$H$）与最小水平尺寸（$B$）之比。

**7. 轻骨料混凝土小型空心砌块（《轻骨料混凝土小型空心砌块》GB/T 15229）**

砌块按密度等级和强度等级分批验收。以同一品种轻骨料和水泥按同一生产工艺制成的相同密度等级和强度等级的 300m³ 砌块为一批；不足 300m³ 者亦按一批计。

出厂检验时，每批随机抽取 32 块做尺寸偏差和外观质量检验；再从尺寸偏差和外观质量检验合格的砌块中，随机抽取如下数量进行以下项目的检验：

(1) 强度：5 块

(2) 密度、吸水率和相对含水率：3 块

型式检验时，每批随机抽取 64 块，并在其中随机抽取 32 块进行尺寸偏差、外观质量检验；如尺寸偏差和外观质量合格，则在 64 块中抽取尺寸偏差和外观质量合格的试样按表 11-35 取样进行其他项目检验。

轻骨料混凝土小型空心砌块抽样数量　　　　表 11-35

| 检验项目 | 抽样数量/块 |
| --- | --- |
| 强度 | 5 |
| 密度、吸水率、相对含水率 | 3 |
| 干燥收缩率 | 3 |
| 抗冻性 | 10 |
| 软化系数 | 10 |
| 碳化系数 | 12 |
| 放射性核素限量 | 2 |

## 11.2 墙体材料的检测试验

### 11.2.1 砖试验

**1. 试验目的**

本试验检测砖的各项性能指标，以保证砌墙砖的尺寸、强度等满足工程的要求，保证结构的可靠性、准确性和操作的一致性。

**2. 编制依据**

《烧结空心砖和空心砌块》GB/T 13545

《砌墙砖试验方法》GB/T 2542

《烧结普通砖》GB/T 5101

《烧结多孔砖和多孔砌块》GB 13544

**3. 尺寸测量**

(1) 仪器设备（图 11-1）

砖用卡尺：分度值为 0.5mm。砖用卡尺分度值为 0.5mm。

(2) 试验步骤

1) 长度应在砖的两个大面的中间处分别测量两个尺寸，宽度应在砖的两个大面的中间处分别测量两个尺寸，高度应在两个条面的中间处分别测量两个尺寸。当被测处有缺损或凸出时，可在其旁边测量，但应选择不利的一侧，精确至 0.5mm。

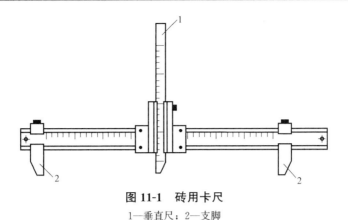

图 11-1 砖用卡尺

1—垂直尺；2—支脚

2）其中每一尺寸测量不足 0.5mm 按 0.5mm 计。样本平均偏差是 20 块试样同一方向 40 个测量尺寸的算术平均值减去其公称尺寸的差值，样本极差是抽检的 20 块试样中同一方向 40 个测量尺寸中最大测量值与最小测量值之差值。

(3) 试验数据处理及判定

每一方向的尺寸以两个测量值的算术平均值表示，尺寸允许偏差应符合相应表要求。

**4. 外观质量检查**

(1) 仪器设备

砖用卡尺：分度值为 0.5mm；

钢直尺：分度值不应大于 1mm。

(2) 缺损测量方法

缺棱掉角在砖上造成的破损程度，以破损部分对长、宽、高三棱边的投影尺寸来度量称为破坏尺寸，如图 11-3、图 11-2 所示。

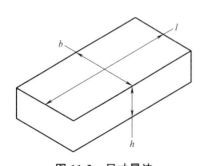

图 11-2 尺寸量法

$l$—长度；$b$—宽度；$h$—高度

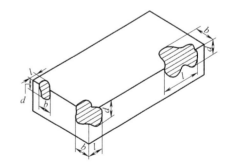

图 11-3 缺棱掉角破坏尺寸量法

$l$—长度方向的投影尺寸；$b$—宽度方向的投影尺寸；$d$—高度方向的投影尺寸

缺损造成的破坏面，系指缺损部分对条、顶面（空心砖为条、大面）的投影面积，如图 11-4 所示。空心砖内壁残缺及肋残缺尺寸，以长度方向的投影尺寸来度量。

两个条面的高度差：测量两个条面的高度，以测得的较大值减去较小值作为测量结果。

(3) 弯曲测量

1）弯曲分别在大面和条面上测量，测量时将砖用卡尺的两支脚沿棱边两端放置，择其弯曲最大处将垂直尺推至砖面。但不应将因杂质或碰伤造成的凹处计算在内。

2）以弯曲中测得的较大者作为测量结果。

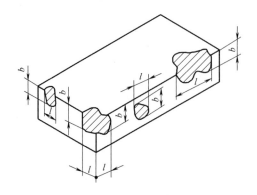

**图 11-4 缺损在条、顶面上造成破坏面量法**

$l$—长度方向的投影尺寸；$b$—宽度方向的投影尺寸

（4）裂纹的检验

1）裂纹分为长度方向、宽度方向、水平方向三种，多孔砖的孔洞与裂纹相通时，则将孔洞包括在裂纹内一并测量。以对被测方向的投影长度表示，如果裂纹从一个面延伸到其他面上时，则累计其延伸的投影长度，如图 11-5 所示。

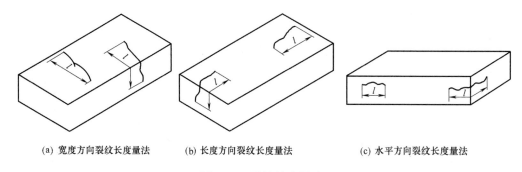

（a）宽度方向裂纹长度量法　　（b）长度方向裂纹长度量法　　（c）水平方向裂纹长度量法

**图 11-5 裂纹长度量法**

2）裂纹长度以在三个方向上分别测得的最长裂纹作为测量结果。

（5）杂质凸出的测量

杂质在砖面上造成的凸出高度，以杂质距砖面的最大距离表示。测量时将砖用卡尺的两支脚置于凸出两边的砖平面上，以垂直尺测量。

（6）色差检测

20 块检测试样装饰面朝上随机分两排并列，在自然光下距离砖样 2m 处目测，色差基本一致。

（7）垂直度差（GB/T 13545）

砖各面之间构成的夹角不等于 90°时应测量垂直度差，直角尺准确度等级为 1 级。

（8）结果处理及判定

1）烧结普通砖、烧结空心砖、烧结多孔砖外观质量采用《砌墙砖检验规则》JC 466

二次抽样方案,应根据相应表的质量指标,检查出其中不合格品数 $d_1$,按下列规则判定:

$d_1 \leqslant 7$ 时,外观质量合格;

$d_1 \geqslant 11$ 时,外观质量不合格。

$d_1 > 7$ 时,且 $d_1 < 11$ 时,需再次从该产品批中抽样 50 块,检查出不合格品数 $d_2$,按下列规则判定:

$(d_{1+}, d_2) \leqslant 18$ 时,外观质量合格;

$(d_{1+}, d_2) \geqslant 19$ 时,外观质量不合格。

2)粉煤灰砖:尺寸偏差和外观质量采用二次抽样方案,首先抽取第一样本($n_1 = 50$),检查出其中不合格品数 $d_1$,按下列规则判定:

$d_1 \leqslant 5$ 时,尺寸偏差和外观质量合格;

$d_1 \geqslant 9$ 时,尺寸偏差和外观质量不合格。

$d_1 > 5$ 时,且 $d_1 < 9$ 时,需再次从该产品批中抽样 50 块,检查出不合格品数 $d_2$,按下列规则判定:

$(d_{1+}, d_2) \leqslant 12$ 时,尺寸偏差和外观质量合格;

$(d_{1+}, d_2) \geqslant 12$ 时,尺寸偏差和外观质量不合格。

**5. 抗压强度试验**

(1) 仪器设备

材料试验机:试验机的示值相对误差不超过 $\pm 1\%$,其上、下加压板至少应有一个球铰支座,预期最大破坏荷载应在量程的 20%~80%。

钢直尺分度值不大于 1mm。

振动台、制样模具、搅拌机:应符合《砌墙砖抗压强度试样制备设备通用要求》GB/T 25044 的要求。

切割设备。

抗压强度试验用净浆材料:应符合《砌墙砖抗压强度试验用净浆材料》GB/T 25183 的要求。

试样数量:试样数量为 10 块。

(2) 试样制备

1)一次成型制样

① 一次成型制样适用于采用样品中间部位切割,交错叠加灌浆制成强度试验试样的方式。

② 将试样锯成两个半截砖,两个半截砖用于叠合部分的长度不得小于 100mm。如果不足 100mm,应另取备用试样补足。

③ 将已切割开的半截砖放入室温的净水中浸 20~30min 后取出,在铁丝网架上滴水 20~30min,以断口相反方向装入制样模具中。用插板控制两个半砖间距不应大于 5mm,砖大面与模具间距不应大于 3mm,砖断面、顶面与模具间垫以橡胶垫或其他密封材料,模具内表面涂油或脱膜剂。

④ 将净浆材料按照配制要求,置于搅拌机中搅拌均匀。

⑤ 将装好试样的模具置于振动台上,加入适量搅拌均匀的净浆材料,振动时间为 0.5~1min,停止振动,静置至净浆材料达到初凝时间(15~19min)后拆模。

2) 二次成型制样

① 二次成型制样适用于采用整块样品上下表面灌浆制成强度试验试样的方式。

② 将整块试样放入室温的净水中浸 20～30min 后取出，在铁丝网架上滴水 20～30min。

③ 按照净浆材料配制要求，置于搅拌机中搅拌均匀。

④ 模具内表面涂油或脱膜剂，加入适量搅拌均匀的净浆材料，将整块试样一个承压面与净浆接触，装入制样模具中，承压面找平层厚度不应大于 3mm。接通振动台电源，振动 0.5～1min，停止振动，静置至净浆材料初凝（15～19min）后拆模。按同样方法完成整块试样另一承压面的找平。

3) 非成型制样

① 非成型制样适用于试样无需进行表面找平处理制样的方式。

② 将试样锯成两个半截砖，两个半截砖用于叠合部分的长度不得小于 100mm。如果不足 100mm，应另取备用试样补足。

③ 两半截砖切断口相反叠放，叠合部分不得小于 100mm，即为抗压强度试样。

(3) 试样养护

1) 一次成型制样、二次成型制样在不低于 10℃的不通风室内养护 4h。

2) 非成型制样不需养护，试样在干状态直接进行试验。

(4) 试验步骤

1) 测量每个试样连接面或受压面的长、宽尺寸各两个，分别取其平均值，精确至 1mm。

2) 将试样（有孔的面）平放在加压板的中央，垂直于受压面加荷，应均匀平稳，不得发生冲击或振动。加荷速度粉煤灰砖、烧结空心砖以 2～6kN/s 为宜，烧结普通砖（5±0.5)kN/s 直至试样破坏为止，记录最大破坏荷载 $P$。

(5) 试验数据处理

每块试样的抗压强度（$R_p$）按下式计算。

$$R_p = \frac{P}{L \times B} \qquad 式（11-1）$$

式中 $R_p$——抗压强度，MPa；

$P$——最大破坏荷载，N；

$L$——受压面（连接面）的长度，mm；

$B$——受压面（连接面）的宽度，mm。

试验后按下列式子计算出强度变异系数 $\delta$ 和标准差 $S$。

$$\delta = \frac{S}{f} \qquad 式（11-2）$$

$$S = \sqrt{\frac{1}{9} \sum_{i=1}^{10} (f_i - \overline{f})^2} \qquad 式（11-3）$$

式中 $\delta$——砖强度变异系数，精确至 0.01；

$S$——10 块试样的抗压强度标准差（MPa），精确至 0.01；

$\overline{f}$——10 块试样的抗压强度平均值（MPa），精确至 0.01；

$f_i$——单块试样抗压强度测定值（MPa），精确至 0.01。

(6) 结果计算与评定

1) 抗压强度平均值——标准值方法评定

变异系数 $\delta \leqslant 0.21$ 时，按标相应表中抗压强度平均值 $\overline{f}$，强度标准值 $f_k$ 评定砖的强度等级；样本量 $n$（块数）=10 时的强度标准值按下式计算。

$$f_k = \overline{f} - (烧结普通砖 1.8、烧结空心砖 1.83)s$$

式中  $f_k$——强度标准值，单位为兆帕（MPa），精确至 0.01。

$S$——10 块试样的抗压强度标准差，单位为兆帕（MPa），精确至 0.1。

2) 抗压强度平均值——最小值方法评定

变异系数 $\delta > 0.21$ 时，按相应表中的抗压强度平均值 $\overline{f}$，单块最小抗压强度 $f_{min}$ 评定砖的强度等级，单块最小值精确至 0.1MPa。

评定：以试样（烧结普通砖、烧结空心砖）抗压强度的算术平均值和标准值或单块最小值表示；（烧结多空）以抗压强度的算术平均值和标准值表示；（粉煤灰砖）抗压强度的算术平均值和单块最小值表示。

强度等级的试验结果应符合相应表的规定。否则，判不合格。

**6. 抗折强度试验**

(1) 仪器设备

材料试验机：试验机的示值相对误差不超过±1%，其上、下加压板至少应有一个球铰支座，预期最大破坏荷载应在量程的 20%～80%。

钢直尺分度值不大于 1mm。

振动台、制样模具、搅拌机：应符合 GB/T 25044 的要求。

切割设备。

抗压强度试验用净浆材料：应符合 GB/T 25183 的要求。

试样数量：试样数量为 10 块。

(2) 试样制备

试样数量 10 块

试样处理：试样应放在温度（20±5）℃的水中浸泡 24h 后取出，用湿布拭去表面水分进行抗折强度试验。

(3) 试验步骤

1) 测量每个试件的高度和宽度尺寸各两个，分别求出各个方向的平均值，精确至 1mm。

2) 调整抗折夹具下支棍的跨距为砖规格长度减去 40mm，但规格长度为 190mm 的砖，其跨距为 160mm。

3) 将试样大面平放在支棍上，试样两端面与下支棍的距离应相同，当试样有裂缝或凹陷时，应使有裂缝或凹陷的大面朝下，以 50～150N/s 的速度均匀加荷，直至试样断裂，记录最大破坏荷载。

(4) 试验数据处理

每个试件的抗折强度按下式计算，精确至 0.1MPa。

$$R_c = \frac{3PL}{2BH^2} \qquad 式（11-4）$$

式中 $R_c$——试件的抗折强度，MPa；

　　　$P$——破坏荷载，N；

　　　$L$——跨距，mm；

　　　$B$——试件宽度，mm；

　　　$H$——试件高度，mm。

试验结果以试样抗折强度的算术平均值和单块最小值表示。

强度等级的试验结果应符合相应表的规定。否则，判不合格。

**7. 体积密度试验**

(1) 仪器设备

电热鼓风干燥箱：最高温度200℃。

台秤：分度值不应大于5g。

钢直尺：分度不应大于1mm。

砖用卡尺：分度值为0.5mm。

(2) 试样

试样数量为5块，所取试样应外观完整。

(3) 试验步骤

1) 清理试样表面，然后将试样置于（105±5）℃电热鼓风干燥箱中干燥至恒质（在干燥过程中，前后两次称量相差不超过0.2%，前后两次称量时间间隔为2h），称其质量$m$，并检查外观情况，不得有缺棱、掉角等破损。如有破损，须重新换取备用试样。

2) 按标准规定测量干燥后的试样尺寸各两次，取其平均值计算体积$V$。

(4) 试验数据处理及判定

每块试样的体积密度（$\rho$）按下式计算。

$$\rho = \frac{m}{V} \times 10^9 \qquad 式（11-5）$$

式中 $\rho$——体积密度，kg/m³；

　　　$m$——试样干质量，kg；

　　　$V$——试样体积，mm³。

试验结果以试样体积密度的算术平均值表示。

**8. 吸水率和饱和系数试验**

(1) 仪器设备

电热鼓风干燥箱：最高温度200℃。台秤：分度值不应大于5g。蒸煮箱。

(2) 试样

吸水率试验为5块，饱和系数试验为5块（所取试样尽可能用整块试样，如需制取应为整块试样的1/2或1/4）。

(3) 试验步骤

1) 清理试样表面，然后置于（105±5）℃电热鼓风干燥箱中干燥至恒质（在干燥过程中，前后两次称量相差不超过0.2%，前后两次称量时间间隔为2h），除去粉尘后，称其

干质量 $m_0$。

2）将干燥试样浸入水中 24h，水温 10～30℃。

3）取出试样，用湿毛巾拭去表面水分，立即称量。称量时试样表面毛细孔渗出于秤盘中水的质量也应计入吸水质量中，所得质量为浸泡 24h 的湿质量 $m_{24}$。

4）将浸泡 24h 后的湿试样侧立放入蒸煮箱的篦子板上，试样间距不得小于 10mm，注入清水，箱内水面应高于试样表面 50mm，加热至沸腾，沸煮 5h，饱和系数试验沸煮 5h，停止加热冷却至常温。

5）按标准规定称量沸煮 5h 的湿质量 $m_3$。饱和系数试验称量沸煮 5h 的湿质量 $m_5$。

(4) 试验数据处理及判定

1）常温水浸泡 24h 试样吸水率（$W_{24}$）按下式计算。

$$W_{24}=\frac{m_{24}-m_0}{m_0}\times 100 \qquad 式（11-6）$$

式中　$W_{24}$——常温水浸泡 24h 试样吸水率，%；
　　　$m_0$——试样干质量，kg；
　　　$m_{24}$——试样浸水 24h 的湿质量，kg。

2）试样沸煮 5h 吸水率（$W_3$）按下式计算。

$$W_5=\frac{m_5-m_0}{m_0}\times 100 \qquad 式（11-7）$$

式中　$W_5$——试样沸煮 5h 的吸水率，%；
　　　$m_0$——试样干质量，kg；
　　　$m_5$——试样沸煮 5h 的湿质量，kg。

3）每块试样的饱和系数（$K$）按下式计算。

$$K=\frac{m_{24}-m_0}{m_5-m_0} \qquad 式（11-8）$$

式中　$K$——试样饱和系数；
　　　$m_{24}$——常温水浸泡 24h 试样湿质量，kg。
　　　$m_0$——试样干质量，kg；
　　　$m_5$——试样沸煮 5h 的湿质量，kg。

4）结果评定

吸水率以试样的算术平均值表示；
饱和系数以试样的算术平均值表示。

**9．冻融试验**

(1) 仪器设备

冷冻室或低温冰箱：最低温度能达到 -20℃ 或 -20℃ 以下。
水槽：以保持槽中水温 10～20℃ 为宜。
台秤：分度值不大于 5g。
电热鼓风干燥箱：最高温度 200℃
抗压强度试验设备同本书第 11.2.1 节。

(2) 试验步骤

1) 试验结果以抗压强度表示时，试样数量为10块，5块用于冻融试验，5块用于未冻融强度对比试验。以质量损失率计算，试样数量为5块。

2) 用毛刷清理试样表面，并顺序编号。

3) 将试样放入鼓风干燥箱中在105～110℃下干燥至恒质，称其质量，并检查外观。将缺棱掉角和裂纹做标记。

4) 将试样浸在10～20℃的水中，24h后取出，用湿布拭去表面水分，以大于20mm的间距大面侧向立放于预先降温至－15℃以下的冷冻箱中。

5) 当箱内温度再次降至－15℃时开始计时，在－15～－20℃下冰冻：烧结砖冻3h；非烧结砖5h，然后取出放入10～20℃的水中融化：烧结砖为2h，非烧结砖为3h，如此为一次冻融循环。

6) 每5冻融循环检查一次冻融过程中出现的破坏情况，如冻裂、缺棱、掉角、剥落等。

7) 冻融循环后，检查并记录试样在冻融过程中的冻裂长度，掉角和剥落结果情况。

8) 经冻融循环后试样，放入鼓风干燥箱中，按规定干燥至恒质，称其质量 $m_1$。

9) 若试件在冻融过程中，发现试样呈明显破坏时，应停止本组样品的冻融试验，并记录冻融次数，判定本组样品的冻融试验不合格。

10) 干燥后的试样和未经冻融的强度对比试样按规定进行抗压强度试验。

(3) 结果计算

1) 外观结果：冻融循环结束后，检查并记录在冻融过程中的冻裂长度、缺棱、掉角、剥落等破坏情况。

2) 强度损失率 $P_m$，按下式计算：

$$P_m = \frac{P_0 - P_1}{P_0 \times 100} \qquad 式（11-9）$$

式中 $P_m$——强度损失率，%；
$P_0$——试样冻融前强度，MPa；
$P_1$——试样冻融后强度，MPa。

3) 质量损失率 $G_m$，按下式计算：

$$G_m = \frac{m_0 - m_1}{G_0 \times 100} \qquad 式（11-10）$$

式中 $G_m$——质量损失率，%；
$m_0$——试样冻融前干质量，kg；
$m_1$——试样冻融后干质量，kg。

试验结果以试样冻后抗压强度或抗压强度损失率、冻后外观质量或质量损失率表示与评定。

**10. 石灰爆裂试验**

(1) 仪器设备

蒸煮箱；钢直尺：分度值不大于1mm。

(2) 试样制备

试样为未经雨淋或浸水，且近期生产的外观完整砖样，数量为5块。

(3) 试验步骤

1) 试验前检查每块试样,将不属于石灰爆裂的外观缺陷做标记。

2) 将试样平行侧立于蒸煮箱内的箅子板上,试样间隔不得小于50mm,箱内水面低于箅子板40mm。

3) 加盖蒸6h后取出。

4) 检查每块试样上因石灰爆裂(含试验前已出现的爆裂)而造成的外观缺陷,记录其尺寸(mm)。

(4) 试验数据处理及评定

以每块试样石灰爆裂区域的尺寸最大者表示,精确至1mm。

石灰爆裂试验结果应符合相应条的规定。否则,判不合格。

### 11.2.2 墙用砌块实验

试验目的:本试验检测砌块的各项性能指标,以保证砌块的尺寸、强度等满足工程的要求保证结构的可靠性、准确性和操作的一致性。

编制依据:《普通混凝土小型空心砌块》GB 8239

《轻集料混凝土小型空心砌块》GB/T 15229

《混凝土砌块和砖试验方法》GB/T 4111

《粉煤灰混凝土小型空心砌块》JC 862

**1. 尺寸、外观测量**

(1) 仪器设备

钢直尺、钢卷尺、深度游标卡尺,最小刻度为1mm。

(2) 尺寸测量:长度、高度、宽度分别在两个对应面的端部测量,各量两个尺寸(图11-6),测量值大于规格尺寸的取最大值,测量值小于规格尺寸的取最小值。

(3) 缺棱掉角:缺棱或掉角个数,目测;测量砌块破坏部分对砌块长、宽、高三个方向的投影面积尺寸(图11-7)。

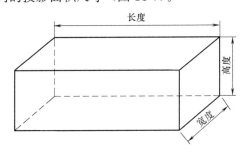

图11-6 尺寸测量示意图

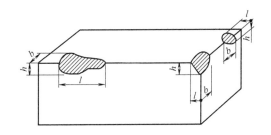

图11-7 缺棱掉角测量示意图

$l$—长度方向的投影尺寸;$h$—高度方向的投影尺寸;$b$—宽度方向的投影尺寸

(4) 裂纹:裂纹条数,目测;长度以所在面最大的投影尺寸为准(图11-8),若裂纹从一个面延伸到其另一面,则以两个面上的投影尺寸之和为准。

(5) 平面弯曲:测量弯曲面的最大缝隙尺寸(图11-9)。

(6) 爆裂、粘膜和损坏深度：将钢直尺平放在砌块表面，用深度游标卡尺垂直于钢直尺，测量其最大深度。

(7) 砌块表面油污、表面疏松、层裂：目测。

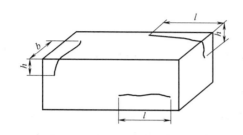

图 11-8　裂纹长度测量示意图

$l$—长度方向的投影尺寸；$h$—高度方向的投影尺寸；
$b$—宽度方向的投影尺寸

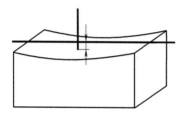 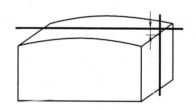

图 11-9　平面弯曲测量示意图

**2. 蒸压加气混凝土砌块性能试验**

(1) 仪器设备

托盘天平或磅秤：称量 2000g 感量 1g；

恒温水槽：水温（15～25）℃；

电热鼓风干燥箱：最高 200℃；

钢板直尺：规格为 300mm，分度值为 0.5mm。

(2) 试件制备

1) 试件的制备，采用机锯和刀锯，锯时不得将试件弄湿。

2) 试件应沿制品发气方向中心部分上、中、下顺序锯取一组，"上"块上表面距离制品顶面 30mm，"中"块在制品正中处，"下"块在下表面离底面 30mm。制品的高度不同，试件间隔略有不同，以高 600mm 的制品方向为例，试件锯取部位如图 11-10 所示。

3) 试件表面必须平整，不得有裂缝或明显缺陷，尺寸允许偏差为 ±2mm；试件应逐块加以编号，并标明锯取部位和发气方向。

4) 试件承压面的不平度应为每 100mm 不超过 0.1mm，试件承压面与相邻面的不垂直度不应超过 ±1mm（受力面必须锉平或磨平）。

5) 试件数量

体积密度：100mm×100mm×100mm 立方体试件一组 3 块；

抗压强度：100mm×100mm×100mm 立方体试件一组 3 块；

含水率：100mm×100mm×100mm 立方体试件一组 3 块；
吸水率：100mm×100mm×100mm 立方体试件一组 3 块。

(3) 干密度和含水率试验步骤

1) 取试件一组 3 块，逐块量取长、宽、高三个方向的轴线尺寸方向，精确至 1mm，并计算试件的体积；并称取试件质量 $M$，精确至 1g。

2) 将试件放入电热鼓风干燥箱内，在 (60±5)℃下保温 24h，然后在 (80±5)℃下保温 24h，再在 (105±5)℃下烘干至恒质 ($M_0$)。恒质，指在烘干过程中间隔 4h，前后两次质量差不超过试件质量的 0.5%。

3) 试验数据处理及判定

① 干密度按下式计算：

$$\gamma_0 = \frac{M_0}{V} \times 10^6 \qquad 式（11-11）$$

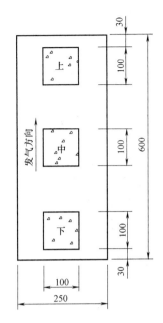

图 11-10 立方体试件锯取示意图 (mm)

式中 $\gamma_0$——干密度 (kg/m³)；
$M_0$——试件烘干后质量 (g)；
$V$——试件体积 (mm³)。

② 含水率按下式计算：

$$W_s = \frac{M - M_0}{M_0} \times 100 \qquad 式（11-12）$$

式中 $W_s$——含水率，%；
$M_0$——试件烘干后质量，g；
$M$——试件烘干前质量，g。

试验结果按 3 块试件试验值的算术平均值进行评定，干密度的计算精确至 1kg/m³，含水率结果精确至 0.1%。

(4) 吸水率试验步骤

1) 取试件一组 3 块，将试件放入电热鼓风干燥箱内，在 (60±5)℃下保温 24h，然后在 (80±5)℃下保温 24h，再在 (105±5)℃下烘干至恒质 ($M_0$)。

2) 试件冷却至室温后，放入水温为 (20±5)℃恒温水槽中，然后加水至试件高度的三分之一，保持 24h，再加水至试件高度的三分之二，经 24h 后，加水面应高出试件 30mm 以上，保持 24h。

3) 将试件从水中取出，用湿布抹去表面水分，立即称量每块质量 ($M_g$) 精确至 1g。

4) 结果计算与评定

吸水率按下式计算：

$$W_R = \frac{M_g - M_0}{M_0} \times 100 \qquad 式（11-13）$$

式中 $W_R$——吸水率，%；
$M_0$——试件烘干后质量，g；

$M_g$——试件吸水后质量，g。

试验结果按 3 块试件试验值的算术平均值进行评定，吸水率结果精确至 0.1%。

(5) 抗压强度试验

1) 试件含水状态

试件含水率在 8%～12% 下进行试验。如果含水率超过上述范围，则在 (60±5)℃ 下烘至所要求的含水率。

2) 仪器设备

材料试验机：精度（示值的相对误差）应不低于±2%，其量程选择应能使试件的预期最大破坏荷载处在全量程的 20%～80% 范围内；

托盘天平或磅秤：称量 2000g，感量 1g；

电热鼓风干燥箱：最高温度 200℃；

钢板直尺：规格为 300mm，分度值为 0.5mm。

3) 试验步骤

① 检查试件外观。

② 用钢直尺测量试件的尺寸，精确至 1mm，并计算受压面积（$A_1$）。

③ 将试件放在材料试验机的下压板的中心位置，试件的受压方向应垂直于制品的发气方向。

④ 以 (2.0±0.5) kN/s 的速度连续而均匀地加荷，直至试件破坏，记录破坏荷载（$P_1$）。

⑤ 将试验后地试件全部或部分立即称取质量，然后在 (105±5)℃ 下烘干至恒质，计算其含水率。

⑥ 结果计算与评定

抗压强度按下式计算：

$$f_{cc} = \frac{p_1}{A_1} \qquad \text{式 (11-14)}$$

式中　$f_{cc}$——试件的抗压强度，MPa；

　　　$p_1$——破坏荷载，N；

　　　$A_1$——试件受压面积，$mm^2$。

抗压强度计算精确至 0.1MPa。

(6) 试验结果判定

1) 尺寸偏差和外观质量检验的 50 块砌块中尺寸允许偏差不符合表 2 优等品规定的砌块数不超过 5 块时，判该批砌块为优等品；不符合合格品规定的砌块数不超过 7 块时，判该批砌块为合格品。

2) 从外观与尺寸偏差检验合格的砌块中，随机抽取砌块，制作 3 组试件进行立方体抗压强度试验，以 3 组平均值与其中 1 组最小值。另制作 3 组试件做干密度试验，以 3 组平均值判定其密度级别和等级。

3) 当强度与密度级别关系符合表 5 规定时，判该批产品符合相应的级别与等级。

4) 当所有项目的检验结果均符合各项技术要求的等级时，判改组砌块符合相应等级，否则判不合格。

**3. 其他砌块尺寸偏差和外观质量试验**

(1) 仪器设备

钢直尺或钢卷尺：分度值 1mm。

(2) 尺寸测量

1) 外形为完整直角六面体的块材，长度在条面的中间、宽度在顶面的中间、高度在顶面的中间测量。每项在对应两面各测一次，取平均值，精确至 1mm。

2) 辅助砌块和异形砌块，长度、宽度和高度应测量块材相应的位置的最大尺寸，精确至 1mm。特殊标注部位的尺寸也应测量，精确至 1mm；块材外形非完全对称时，至少应在块材对立面的两个位置上进行全面的尺寸测量，并草绘或拍下测量位置的图片。

3) 带孔块材的壁、肋厚应在最小部位测量，选两处各测一次，取平均值，精确至 1mm。在测量时不考虑凹槽、刻痕及其他类似结构。

(3) 外观质量

1) 弯曲

将直尺贴靠在坐浆面、铺浆面和条面，测量直尺与试件之间的最大间距见（图 11-11）精确至 1mm。

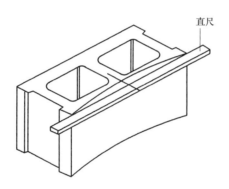

**图 11-11　弯曲测量法**

2) 缺棱掉角

将直尺贴靠棱边，测量缺棱掉角在长、宽、高度三个方向的投影尺寸（图 11-12）精确至 1mm。

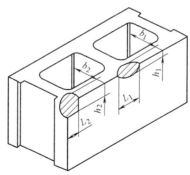

**图 11-12　缺棱掉角尺寸测量法**

$L$—缺棱掉角在长度方向的投影尺寸；$b$—缺棱掉角在宽度方向的投影尺寸；
$h$—缺棱掉角在高度方向的投影尺寸

3）裂纹

用钢直尺测量裂纹在所在面上的最大投影尺寸（如图 11-13 中的 $L_2$ 或 $h_3$），如裂纹由一个面延伸到另一个面时，则累计其延伸的投影尺寸（如图 11-13 中 $b_1+h_1$），精确至 1mm。

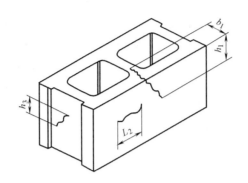

**图 11-13 裂纹长度测量法**

$L$—裂纹在长度方向的投影尺寸；$b$—裂纹在宽度方向的投影尺寸；
$h$—裂纹在高度方向的投影尺寸

4）外观测量数据处理

尺寸偏差以实际测量值与规定尺寸的差值表示，精至 1mm。

弯曲、缺棱掉角和裂纹长度的测量结果以最大测量值表示，精至 1mm。

**4. 块材标准抗压强度试验**

外形为完整直角六面体的块材，可裁切出完整直角六面体的辅助砌块和异型砌块，其抗压强度按块材抗压强度试验进行。

无法裁切出完整直角六面体的异形砌块，根据块形特点，按块材标准抗压强度试验进行。

标识某一块型辅助砌块的抗压强度值时，应将相同配合比和生产工艺、养护龄期相差不超过 48h 的辅助砌块与主块型砌块，分别同时按块材标准抗压强度试验得到取芯试件的强度平均值。

当辅助砌块取芯试件的强度平均值不小于主块型砌块的取芯试件的强度平均值的 80%（以主块型砌块的平均值为基准）时，可以用主块型砌块按块材抗压强度试验方法获得的抗压强度值，来标注辅助砌块的抗压强度值。

水工护坡砌块、异形干垒挡土墙砌块的抗压强度宜按块材标准抗压强度试验进行。

(1) 抗压强度试验

1）仪器设备

材料试验机：材料试验机的示值相对误差不应超过 ±1%，其量程选择应能使试件的预期破坏荷载落在满量程的 20%～80%。在试验机的上下压板应有一端为球铰支座，可随意转动。

当试验机的上压板或下压板支撑面不能完全覆盖试件的承压面时，应在试验机压板与试件之间放置一块钢板作为辅助压板。辅助压板的长度、宽度分别应至少比试件的长度、宽度大 6mm，厚度应不小于 20mm；辅助压板经热处理后的表面硬度应不小于 60HRC，平面度的公差应小于 0.12mm。

试件制备平台应平整、水平，使用前要用水平仪检验找平，其长度方向范围内的平面度应不大于 0.1mm，可用金属或其他材料制作。

玻璃平板：玻璃平板厚度不小于 6mm，面积应比试件承压面大。

水平仪：水平仪规格为 250～500mm。

直角靠尺：直角靠尺应有一端长度不小于 120mm，分度值为 1mm。

钢直尺：分度值为 1mm。

2）找平和粘结材料

如需提前进行抗压强度试验，宜采用高强度石膏粉或快硬水泥。有争议时应采用强度等级 42.5 普通硅酸盐水泥砂浆。

① 水泥砂浆

采用强度等级不低于 42.5 的普通硅酸盐水泥和细砂制备的砂浆，用水量以砂浆稠度控制在 65～75mm 为宜，3d 抗压强度不低于 24.0MPa。

普通硅酸盐水泥应符合《通用硅酸盐水泥》GB 175 规定的技术要求。

细砂应采用天然河砂，最大粒径不大于 0.6mm，含泥量小于 1.0%，泥块含量为 0。

② 高强石膏

按《建筑石膏 力学性能的测定》GB/T 17669.3 的规定进行高强石膏抗压强度检验，2h 龄期的湿强度不低于 24.0MPa。

试验室购入的高强石膏，应在 3 个月内使用；若超出 3 个月贮存期，应重新进行抗压强度检验，合格后方可继续使用。

除缓凝剂外，高强石膏中不应参加其他任何填料和外加剂。高强石膏的供应商需提供缓凝剂掺量及配合比要求。

③ 快硬水泥

应符合《硫铅酸盐水泥》GB 20472 规定的技术要求。

(2) 试件制备

1）试件数量为 5 个。

2）制作试件用试样的处理

① 用于制作试件的试样应尺寸完整。若侧面有突出或不规则的肋，需先做切除处理，以保证制作的抗压强度试件四周侧面平整；块体孔洞四周应被混凝土壁或肋完全封闭。制作出来的抗压强度试件应是由一个或多个孔洞组成的直角六面体，并保证承压面 100% 完整。对于混凝土小型空心砌块，当其端面（砌筑时的竖灰缝位置）带有深度不大于 8mm 的肋或槽时，可不做切除或磨平处理。试件的长度尺寸仍取砌块的实际长度尺寸。

② 试样应在温度（20±5）℃、相对湿度（50±15）% 环境下调至恒重后，方可进行抗压强度试件制作。试样散放在试验室时，可叠层码放，孔应平行于地面，试样之间的间隔应不小于 15mm。如需提前进行抗压强度试验，可使用电风扇以加快试验室内空气流动速度。当试样 2h 后的质量损失不超过前次质量的 0.2%，且在试样表面用肉眼观察见不到有水分或潮湿现象时，可认为试样已恒重。不允许采用烘干箱来干燥试样。

3）试件制作

① 高宽比（$H/B$）的计算

计算试样在实际使用状态下承压高度（$H$）与最小水平尺寸（$B$）之比，即试样的高宽比（$H/B$）。若 $H/B \geqslant 0.6$ 时，可直接进行试件制备；若 $H/B < 0.6$ 时，则需采用叠块法进行试件制备。

② $H/B \geqslant 0.6$ 时的试件制备

a) 在试件制备平台上先薄薄地涂一层机油或铺一层湿纸，将搅拌好的找平材料均匀摊铺在试件制备平台上，找平材料层的长度和宽度应略大于试件的长度和宽度。

b) 选定试样的铺浆面作为承压面，把试样的承压面压入找平材料层，用直角靠尺来调控试样的垂直度。坐浆后的承压面至少与两个相邻侧面成 90°垂直关系。找平材料层厚度应不大于 3mm。

c) 当承压面的水泥砂浆找平材料终凝后 2h 或高强石膏找平材料终凝后 20min，将试样翻身，按上述方法进行另一面的坐浆。试样压入找平材料层后，除坐浆后的承压面至少与两个相邻侧面成 90°垂直关系外，需同时用水平仪调控上表面至水平。

d) 为节省试件制作时间，可在试样承压面处理后立即在向上的一面铺设找平材料，压上事先涂油的玻璃平板，边压边观察试样的上承压面的找平材料层，将气泡全部排除，并用直角靠尺使坐浆后的承压面至少与两个相邻侧面成垂直关系、用水平尺将上承压面调至水平。上、下两层找平材料层的厚度均应不大于 3mm。

③ $H/B < 0.6$ 时的试件制备

a) 将同批次、同规格尺寸、开孔结构相同的两块试样，先用找平材料将它们重叠粘结在一起。粘结时，需用水平仪和直角靠尺进行调控，以保持试件的四个侧面中至少有两个相邻侧面是平整的。粘结后的试件应满足：

——粘结层厚度不大于 3mm；

——两块试样的开孔基本对齐；

——当试样的壁和肋厚度上下不一致时，重叠粘结时应是壁和肋厚度薄的一端，与另一块壁和肋厚度厚的一端相对接。

b) 当粘结两块试样的找平材料终凝 2h 后，再按规定进行试件两个承压面的找平。

④ 试件高度的测量

制作完成的试件，按标准测量试件的高度，若四个读数的极差大于 3mm，试件需重新制备。

(3) 试件养护

将制备好的试件放置在 (20±5)℃、相对湿度 (50±15)% 的实验室内进行养护。找平和粘结材料采用快硬硫铝酸盐水泥砂浆制备的试件，1d 后方可进行抗压强度试验；找平和粘结材料采用高强度石膏粉制备的试件，2h 后可进行抗压强度试验；找平和粘结材料采用普通水泥砂浆制备的试件，3d 后进行抗压强度试验。

(4) 试验步骤

1) 按规定的方法测量每个试件承压面的长度（$L$）和宽度（$B$），分别求出各个方向的平均值，精确至 1mm。

将试件放在试验机下压板上，要尽量保证试件的重心与试验机压板中心重合。除需特意将试件的开孔方向置于水平外，试验时块材开孔方向应与试验机压板加压方向一致。实心块材测试时，摆放的方向需与实际使用时一致。

对于孔型分别对称于长（$L$）和宽（$B$）的中心线的试件，其重心和形心重合；对于不对称孔型的试件，可在试件承压面下垫一根直径10mm、可自由滚动的圆钢条，分别找出长（$L$）和宽（$B$）的平衡轴（重心轴），两轴的交点即为重心。

2）试验机加荷应均匀平稳，不应发生冲击或振动。加荷速度以4～6kN/s为宜，均匀加荷至试件破坏，记录最大破坏荷载$P$。

(5) 结果计算

试件的抗压强度$f$按下式计算，精确至0.01MPa。

$$f = \frac{P}{L \times B} \qquad 式（11-15）$$

式中　$f$——试件的抗压强度，MPa；
　　　$P$——最大破坏荷载，N；
　　　$L$——承压面长度，mm；
　　　$B$——承压面宽度，mm。

以5个试件抗压强度的平均值和单个试件的最小值来表示，精确至0.1MPa。

试件的抗压强度试验值应视为试样的抗压强度。

**5. 试件抹面和找平用水泥砂浆参考配合比**

本方法适用于强度等级不低于42.5的普通硅酸盐水泥配制砂浆，作为混凝土砌块抗压强度试件的抹面和找平材料之用。

(1) 原材料

水泥：符合GB 175标准要求的PO42.5水泥。

细砂：应采用天然河砂，最大粒径不大于0.6mm，含泥量小于1.0%，泥块含量为0。

拌合水：自来水。

外加剂：萘系高效减水剂（UNF），NaCl。

(2) 参考配合比

水泥：砂：水＝1：(1.5～2.0)：(0.4～0.6)

水泥：砂：NaCl：UNF-5：水＝1：(0.5～1)：(0.01～0.02)：0.01：(0.37～0.39)

(3) 砂浆强度

试验室购入原材料后，应参照《水泥胶砂强度检验方法》GB/T 17671进行预配试验，使砂浆试件的3d强度大于24MPa。

(4) 块体密度试验

1) 仪器设备

电子秤，感量精度0.005kg。

水池或水箱，最小容积应能放置一组试件。

水桶：大小应能悬浸一个块材试件。

吊架：见图11-14。

电热鼓风干燥箱，温控精度±2℃。

2) 试件制备

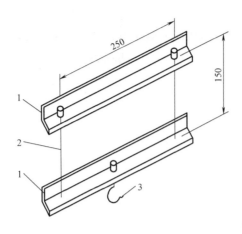

图 11-14 吊架（mm）

1—角钢（30mm×30mm）；2—拉筋；3—钩子（与两端拉筋等距离）

试件数量为三个。

3）试验步骤

① 根据分类，分别前述方法测量完整块材试件的长度、宽度、高度，分别求出各个方向的平均值，分别用 $l$、$b$、$h$ 表示，单位为毫米。

② 将试件浸入 15～25℃ 的水中，水面应高出试件 20mm 以上，24h 后将其分别移到水桶中，称出试件的悬浸质量 $m_1$，精确至 0.005kg。

称取试件的悬浸质量将磅秤置于平稳的支座上，在支座的下方与磅秤中线重合处放置水桶。在磅秤底盘上放置吊架，用铁丝把试件悬挂在吊架上，此时试件应离开水桶的底面且全部浸泡在水中。将磅秤读数减去吊架和铁丝的质量，即为悬浸质量 $m_1$。

③ 将试件从水中取出，放在铁丝网架上滴水 1min 再用拧干的湿布拭去内、外表面的水，立即称其饱和面干状态的质量 $m_2$，精确至 0.005kg。

④ 将试件放入电热鼓风干燥箱内，在（105±5）℃温度下至少干燥 24h，然后每间隔 2h 称量一次，直至两次称量之差不超过后一次称量的 0.2% 为止。

⑤ 待试件在电热鼓风干燥箱内冷却至室温之差不超过 20℃ 后取出，立即称其绝干质量 $m$，精确至 0.005kg。

⑥ 试验数据处理及判定。

每个试件的体积按下式计算。

$$V = l \times b \times h \times 10^{-9} \qquad 式（11-16）$$

式中 $V$——试件的体积，$m^3$；

$l$——试件的长度，mm；

$b$——试件的宽度，mm；

$h$——试件的高度，mm。

每个试件的密度按下式计算精确至 $10kg/m^3$。块体密度以三个试件块体密度的算术平均值表示。精确至 $10kg/m^3$。

$$\gamma = \frac{m}{V} \qquad 式（11-17）$$

式中 $\gamma$——试件的块体密度（kg/m³）；

$m$——试件的绝干质量（kg）；

$V$——试件的体积（m³）。

（5）水工护坡砌块、干垒挡土墙砌块、路面砖和路缘石等非建筑物墙用块材的混凝土密度计算。

按下式计算块材混凝土的实际体积。

$$V=\frac{m_2-m_1}{\rho} \quad \text{式（11-18）}$$

式中 $m_1$——试件的悬浸质量，kg；

$m_2$——试件饱和面干状态的质量，kg；

$V$——试件的体积，m³；

$\rho$——水的密度，1000kg/m³。

(6) 含水率、吸水率

1）设备

电热鼓风干燥箱，温控精度±2℃

电子秤，感量精度 0.005kg。

水池或水箱，最小容积应能放置一组试件。

2）试件数量

试件数量为三个，取样后应立即用塑料袋包装密封。

3）试验步骤

① 试件取样后立即用毛刷清理试件表面及空洞内粉尘，称取其质量 $m_0$。如试件用塑料袋密封运输，则在拆袋前先将试件连同包装袋一起称量，然后减去包装袋的质量（袋内如有试件中析出的水珠，应将水珠擦拭干或用暖风吹干后再称量包装袋的重量），即得试件再取样时的质量 $m_0$，精确至 0.005kg。

② 将试件浸入室温 15～25℃ 的水中，水面应高出试件 20mm 以上。24h 后取出，按规定称量试件饱和面干状态的质量 $m_2$，精确至 0.005kg。

4）将试件烘干至恒重，称取其绝干质量 $m$。

5）试验数据处理及判定

① 每个试件的含水率按下式计算，精确至 0.1%。块材的含水率以三个试件含水率的算术平均值表示，精确至 1%。

$$W_1=\frac{m_0-m}{m}\times 100 \quad \text{式（11-19）}$$

式中 $W_1$——试件的含水率，%；

$m_0$——试件在取样时的质量，kg；

$m$——试件的绝干质量，kg。

② 每个试件的吸水率按下式计算，精确至 0.1%。块材的吸水率以三个试件吸水率的算术平均值表示，精确至 1%。

$$W_2=\frac{m_2-m}{m}\times 100 \quad \text{式（11-20）}$$

式中　$W_2$——试件的吸水率，%；
　　　$m_2$——试件饱和面干状态的质量，kg；
　　　$m$——试件的绝干质量，kg。

(7) 判定规则

尺寸偏差和外观质量检验的 32 块砌块中不合格品数少于 7 块，判定该批产品尺寸偏差和外观质量合格，否则判不合格。

当所有项目的检验结果均符合各项技术要求的等级时，判改组砌块符合相应等级，否则判不合格。

# 第 12 章 防水卷材及防水涂料检测

## 12.1 知识概要

### 12.1.1 定义

防水卷材主要是用于土木工程墙体、屋面，以及隧道、公路、垃圾填埋场等处，起到抵御外界雨水、地下水渗漏的一种可卷曲成卷状的柔性建材产品，作为工程基础与土木工程物之间无渗漏连接，是整个工程防水的第一道屏障，对整个工程起着至关重要的作用。将沥青类或高分子类防水材料浸渍在胎体上，制作成的防水材料产品，以卷材形式提供，称为防水卷材。产品可分为沥青防水材料、高聚物改性防水卷材和合成高分子防水卷材。

防水涂料是由合成高分子聚合物、高分子聚合物与沥青、高分子聚合物与水泥为主要成膜物质；加入各种助剂、改性材料、填充材料等加工制成的溶剂型、水乳型或粉末型的涂料。

### 12.1.2 防水材料的分类

**1. 防水卷材的分类**

防水卷材根据主要组成材料不同，分为沥青防水卷材、高聚物改性沥青防水卷材和合成高分子防水卷材；根据胎体的不同分为无胎体卷材、纸胎卷材、玻璃纤维胎卷材、玻璃布胎卷材和聚乙烯胎卷材。

防水卷材包括：SBS 改性沥青防水卷材、APP（APAO）改性沥青防水卷材、自粘聚合物改性沥青聚酯胎防水卷材、自粘橡胶沥青防水卷材、改性沥青聚乙烯胎防水卷材、沥青防水卷材、沥青复合胎柔性防水卷材、三元乙丙橡胶（EPDM）防水卷材（硫化型）、改性三元乙丙橡胶（TPV）防水卷材、氯化聚乙烯-橡胶共混防水卷材、聚氯乙烯（PVC）防水卷材、氯化聚乙烯（CPE）防水卷材、高密度聚乙烯（HDPE）土工膜、低密度聚乙烯（LDPE）或乙烯-醋酸乙烯（EVA）土工膜、钠基膨润土防水毯。防水卷材常用品种、类型及适用范围见表 12-1。

**2. 防水涂料的分类**

防水涂料按其成膜物可分为沥青类、高聚物改性沥青（亦称橡胶沥青类）、合成高分子类（又可再分为合成树脂类、合成橡胶类）、无机类、聚合物水泥类 5 大类。按其状态与形式大致可分为溶剂型、反应型、乳液型 3 大类。

防水涂料包括：单组分聚氨酯防水涂料（S 型）、多组分聚氨酯防水涂料（M 型）、涂刮型聚脲防水涂料、喷涂型聚脲防水涂料、高渗透改性环氧防水涂料（KH-

2）、丙烯酸酯类防水涂料、硅橡胶防水涂料、水乳型橡胶沥青微乳液防水涂料、水乳型阳离子氯丁橡胶沥青防水涂料、溶剂型 SBS 改性沥青防水涂料、聚合物水泥（JS）防水涂料、水泥基渗透结晶型防水涂料（表 12-2）。

土木工程防水涂料按有害物质含量分为 A 级和 B 级。有害物质限量应符合《建筑防水涂料中有害物质限量》JC 1066—2008 的要求。

防水卷材常用品种、类型及适用范围　　　　　　表 12-1

| 材料品种 | 材料类型 | 适用范围 | | | | 说明 |
|---|---|---|---|---|---|---|
| | | 平屋面 | 地下 | 外墙面 | 厕浴间 | |
| 单组分聚氨酯防水涂料 | 合成高分子防水涂料-反应固化型 | √ | √ | × | √ | 一般屋面时应为非外露 |
| 双组分聚氨酯防水涂料 | | √ | √ | × | △ | |
| 涂刮型聚脲防水涂料 | | √ | √ | △ | √ | 用于外露及非外露 |
| 喷涂型聚脲防水涂料 | | √ | √ | △ | √ | |
| 高渗透改性环氧防水涂料（KH-2） | | △ | √ | △ | √ | 用于屋面防水时不能单独作为一道防水层 |
| 丙烯酸酯类防水涂料 | 合成高分子防水涂料-水乳型（挥发固化型） | √ | △ | √ | √ | 用于外露及非外露工程。用于地下工程防水时耐水性应＞80% |
| 聚合物-水泥（JS）防水涂料 | 有机防水涂料 | √ | √ | √ | √ | 地下防水工程应选用耐水性能＞80%的Ⅱ型产品 |
| 水泥渗透结晶型防水涂料 | 无机粉状防水涂料 | △ | √ | × | √ | 用于屋面防水工程时不能单独作为一道防水涂层 |
| 水乳型橡胶沥青微乳液防水涂料 | 高聚物改性沥青防水涂料-水乳型（挥发固化型） | √ | △ | × | √ | 地下防水工程应选用双组分 |
| 水乳型阳离子氯丁橡胶沥青防水涂料 | | √ | × | × | √ | 不能用于Ⅰ级屋面作防水层 |
| 溶剂型 SBS 改性沥青防水涂料 | 高聚物改性沥青防水涂料-溶剂型（挥发固化型） | √ | √ | × | △ | |

续表

| 材料品种 | 材料类型 | 适用范围 | | | | 说明 |
|---|---|---|---|---|---|---|
| | | 平屋面 | 地下 | 外墙面 | 厕浴间 | |
| 非固化橡化沥青防水材料 | 高聚物改性沥青防水涂料-(无溶剂永不固化型) | √ | √ | × | √ | 用于非外露防水,不能用于Ⅰ级屋面作防水层 |
| 热熔型橡胶改性沥青防水涂料 | 热熔型高聚物改性沥青(热熔型) | √ | √ | × | × | 适用于非外露屋面及地下工程的迎水面作防水层 |

注：① √：为首选；△：为可选；×：为不宜选。
② 防水涂料只适用于平屋面,不宜用于坡屋面。下面各类防水涂料适用范围中的屋面,均指平屋面。
③ 应根据防水涂料的低温柔性和耐热性确定其适用的气候分区。

**防水涂料品种、类型及适用范围**　　　　表 12-2

| 材料品种 | 材料类型 | 适用范围 | | | | 说明 |
|---|---|---|---|---|---|---|
| | | 平屋面 | 地下 | 外墙面 | 厕浴 | |
| 单组分聚氨酯防水涂料 | 合成高分子防水涂料-反应固化型 | √ | √ | × | √ | 一般屋面时应为非外露 |
| 双组分聚氨酯防水涂料 | | √ | √ | × | △ | |
| 涂刮型聚脲防水涂料 | | √ | √ | △ | √ | 用于外露及非外露 |
| 喷涂型聚脲防水涂料 | | √ | √ | △ | √ | |
| 高渗透改性环氧防水涂料(KH-2) | | △ | √ | △ | △ | 用于屋面防水时不能单独作为一道防水层 |
| 丙烯酸酯类防水涂料 | 合成高分子防水涂料-水乳型(挥发固化型) | √ | △ | √ | √ | 用于外露及非外露工程。用于地下工程防水时耐水性应＞80% |
| 聚合物-水泥(JS)防水涂料 | 有机防水涂料 | √ | √ | √ | √ | 地下防水工程应选用耐水性能＞80%的Ⅱ型产品 |
| 水泥渗透结晶型防水涂料 | 无机粉状防水涂料 | △ | √ | × | √ | 用于屋面防水工程时不能单独作为一道防水涂层 |

续表

| 材料品种 | 材料类型 | 适用范围 | | | | 说明 |
|---|---|---|---|---|---|---|
| | | 平屋面 | 地下 | 外墙面 | 厕浴间 | |
| 水乳型橡胶沥青微乳液防水涂料 | 高聚物改性沥青防水涂料-水乳型（挥发固化型） | √ | △ | × | √ | 地下防水工程应选用双组分 |
| 水乳型阳离子氯丁橡胶沥青防水涂料 | | √ | × | × | √ | 不能用于Ⅰ级屋面作防水层 |
| 溶剂型SBS改性沥青防水涂料 | 高聚物改性沥青防水涂料-溶剂型（挥发固化型） | √ | √ | × | △ | |
| 非固化橡化沥青防水材料 | 高聚物改性沥青防水涂料-（无溶剂永不固化型） | √ | √ | × | √ | 用于非外露防水，不能用于Ⅰ级屋面作防水层 |
| 热熔型橡胶改性沥青防水涂料 | 热熔型高聚物改性沥青（热熔型） | √ | √ | × | × | 适用于非外露屋面及地下工程的迎水面作防水层 |

注：① √：为首选；△：为可选；×：为不宜选。
② 防水涂料只适用于平屋面，不宜用于坡屋面。下面各类防水涂料适用范围中的屋面，均指平屋面。
③ 应根据防水涂料的低温柔性和耐热性确定其适用的气候分区。

### 12.1.3 防水卷材技术指标

耐水性：耐水性是指在水的作用下和被水浸润后其性能基本不变，在压力水作用下具有不透水性，常用不透水性、吸水性等指标表示。例如不透水性，在特定的仪器上，按标准规定的水压、时间检测试样是否透水。该指标主要是检测材料的密实性及承受水压的能力。

温度稳定性：温度稳定性指在高温下不流淌、不起泡、不滑动，低温下不脆裂的性能，即在一定温度变化下保持原有性能的能力。常用耐热度、耐热性等指标表示。例如耐热性能，该指标用来表征防水材料对高温的承受力或者是抗热的能力。

机械强度、延伸性和抗断裂性：它指防水卷材承受一定荷载、应力或在一定变形下不断裂的性能，常用拉力、拉伸强度和断裂伸长率等指标表示。例如拉伸性能，包括拉伸强度（拉力）、断裂延伸率。拉伸强度是指单位面积上所能够承受的最大拉力；断裂延伸率指在标距内试样从受拉到最终断裂伸长的长度与原标距的比。这两个指标主要是检测材料抵抗外力破坏的能力，其中断裂延伸率是衡量材料韧性好坏即材料变形能力的指标。

柔韧性：柔韧性指在低温条件下保持柔韧性的性能。它对保证易于施工、不脆裂十分重要，常用柔度、低温弯折性等指标表示。例如低温柔度，按标准规定的温度、时间检测材料在低温状态下材料的变形能力。

大气稳定性：大气稳定性指在阳光、热、臭氧及其他化学侵蚀介质等因素的长期综合作用下抵抗侵蚀的能力，常用耐老化性、热老化保持率的等指标表示。例如固体含量：产品中含有成膜物质的量占总产品重量的百分比，也就是产品中除去溶剂后的重量占总产品重量的百分比。

**1. 改性沥青防水卷材技术指标**

（1）定义

该产品是以聚酯毡或玻纤毡为胎基，SBS改性沥青为浸涂层，两面覆以隔离材料制成具有低温柔性较好的防水卷材，见图12-1。

（2）规格

幅宽：1000mm；厚度：3mm和4mm；长度：10m和7.5m。

适用于屋面（Ⅰ型、Ⅱ型）和地下（Ⅱ型）工程等作防水层。

（3）适用范围

适用于屋面（Ⅰ型、Ⅱ型）和地下（Ⅱ型）工程等作防水层。

依据《弹性体改性沥青防水卷材》GB 18242—2008标准，按物理力学性能分为Ⅰ型和Ⅱ型。按胎基分为聚酯毡（PY）、玻纤毡（G）、玻纤毡增强聚酯毡（PYG）；按上表面隔离材料分为聚乙烯膜（PE）、细砂（S）、矿物粒料（M）；按下表面隔离材料分为细砂（S）、聚乙烯膜（PE）。

图12-1 改性沥青防水卷材

（4）其主要物理力学性能指标应符合表12-3的规定。

弹性体改性沥青防水卷材主要物理力学性能　　　　表12-3

| 项目 | | 指标 | | | | |
|---|---|---|---|---|---|---|
| | | Ⅰ型 | | Ⅱ型 | | |
| | | PY | G | PY | G | PYG |
| 可溶物含量 (g/m²)≥ | 3mm | 2100 | | | | — |
| | 4mm | 2900 | | | | — |
| | 5mm | 3500 | | | | |
| | 试验现象 | — | 胎基不燃 | — | 胎基不燃 | — |
| 耐热性 | ℃ | 90 | | 105 | | |
| | ≤mm | 2 | | | | |
| | 试验现象 | 无流淌、滴落 | | | | |
| 低温柔性/℃ | | −20 | | −25 | | |
| | | 无裂缝 | | | | |
| 不透水性 30min | | 0.3MPa | 0.2MPa | 0.3MPa | | |

续表

| 项目 | | 指标 | | | | |
|---|---|---|---|---|---|---|
| | | Ⅰ型 | | Ⅱ型 | | |
| | | PY | G | PY | G | PYG |
| 拉力 | 最大峰拉力(N/50mm)≥ | 500 | 350 | 800 | 500 | 900 |
| | 次高大峰拉力(N/50mm)≥ | — | — | — | — | 800 |
| | 试验现象 | 拉伸过程中,试样中部无沥青涂盖层开裂或胎基分离现象 | | | | |
| 延伸率 | 最大峰时延伸率(%)≥ | 30 | — | 40 | — | — |
| | 第二峰时延伸率(%)≥ | — | — | — | — | 15 |
| 浸水后质量增加/%≤ | PE、S | 1.0 | | | | |
| | M | 2.0 | | | | |
| 热老化 | 拉力保持率/%≥ | 90 | | | | |
| | 延伸率保持率/%≥ | 80 | | | | |
| | 低温柔性/℃ | −15 | | −20 | | |
| | 尺寸变化率/%≤ | 无裂缝 | | | | |
| | 质量损失/% | 0.7 | — | 0.7 | — | 0.3 |

### 2. APP（APAO）改性沥青防水卷材

（1）定义

该产品是以聚酯毡或玻纤毡为胎基，APP改性沥青为浸涂层，两面覆以隔离材料制成具有耐热度较高的防水卷材，见图12-2。

图12-2 APP（APAO）改性沥青防水卷材

（2）规格

幅宽：1000mm；厚度：3mm和4mm；长度10m和7.5m。

（3）适用范围

适用于屋面（Ⅰ型、Ⅱ型）和地下（Ⅱ型）工程作防水层。

(4) 依据《塑性体改性沥青防水卷材》GB 18243—2008 标准，按物理力学性能分为Ⅰ型和Ⅱ型。其主要物理力学性能指标应符合表 12-4 的规定。

APP（APAO）改性沥青防水卷材主要物理力学性能　　　　表 12-4

| 项目 | | 聚酯毡胎 | | 玻纤毡胎 | |
|---|---|---|---|---|---|
| | | Ⅰ型 | Ⅱ型 | Ⅰ型 | Ⅱ型 |
| 可溶物含量(g/m²)≥ | 3mm 厚 | 2100 | | | |
| | 4mm 厚 | 2900 | | | |
| 不透水性≥ | 压力(MPa) | 0.3 | | 0.2 | 0.3 |
| | 保持时间(min) | 30 | | | |
| 耐热度(℃) | | 110 | 130 | 110 | 130 |
| | | 无滑动、流淌、滴落 | | | |
| 拉力(N/50mm)≥ | 纵向 | 450 | 800 | 350 | 500 |
| | 横向 | | | 250 | 300 |
| 最大拉力时延伸率(%)≥ | 纵向 | 25 | 40 | — | |
| | 横向 | | | | |
| 低温柔度(℃) | | −5 | −15 | −5 | −15 |
| | | 无裂纹 | | | |

**3. 沥青防水卷材**

（1）定义

该产品是以低软化点石油沥青浸渍原纸，然后用高软化点石油沥青涂盖油纸两面，再涂隔离材料制成的防水卷材，见图 12-3。

（2）分类及规格

卷材按卷重和物理性能分为Ⅰ型、Ⅱ型、Ⅲ型。

卷材幅宽为 1000mm，其他规格可由供需双方商定。

（3）适用范围

沥青防水卷材仅适用于防水等级为Ⅲ级、Ⅳ级的屋面作"三毡四油"或"两毡三油"防水屋。

图 12-3　沥青防水卷材

（4）依据《石油沥青纸胎油毡》GB 326—2007 标准，其主要物理力学性能指标应符合表 12-5 的规定。

沥青防水卷材主要物理力学性能　　　　表 12-5

| 项目 | | 指标 | | |
|---|---|---|---|---|
| | | Ⅰ型 | Ⅱ型 | Ⅲ型 |
| 单位面积浸涂材料总量/g/m²≥ | | 600 | 750 | 1000 |
| 不透水性 | 压力/MPa≥ | 0.02 | 0.02 | 0.1 |
| | 保持时间/min≥ | 20 | 30 | 30 |

续表

| 项目 | 指标 | | |
|---|---|---|---|
| | Ⅰ型 | Ⅱ型 | Ⅲ型 |
| 吸水率/%≤ | 3.0 | 2.0 | 1.0 |
| 耐热度 | (85±2)℃,2h涂盖层无滑动、流淌和集中性气泡 | | |
| 拉力/纵向 N/50mm≥ | 240 | 270 | 340 |
| 柔度 | (18±2)℃,绕φ20mm棒或弯板无裂纹 | | |

### 4. 三元乙丙橡胶（EPDM）防水卷材（硫化型）

（1）定义

图12-4 三元乙丙橡胶（EPDM）防水卷材

该产品是以三元乙丙橡胶为主剂，掺入适量的丁基橡胶和多种化学助剂，经密炼、过滤、挤出成型和硫化等工序加工制成的高弹性防水卷材，见图12-4。

（2）规格

幅宽：1000mm、1200mm 和 3000mm 等；厚度：1.2mm、1.5mm 和 2.0mm 等；长度：20m 以上。

（3）适用范围

该产品适用于耐久性、耐腐蚀性和对抗变形要求高，防水等级为Ⅰ、Ⅱ级的屋面和地下工程作防水层。

（4）依据《高分子防水材料 第一部分：片材》GB 18173.1—2012 标准，其主要物理力学性能应符合表12-6的要求。

三元乙丙橡胶防水卷材（硫化型）主要物理力学性能　　　表12-6

| 项目 | | 性能指标 |
|---|---|---|
| 拉伸强度(MPa)≥ | 常温(23℃)≥ | 7.5 |
| | 高温(60℃)≥ | |
| 扯断伸长率(%)≥ | 常温(23℃) | 450 |
| | 低温(−20℃) | 200 |
| 撕裂强度/(kN/m)≥ | | 25 |
| 不透水性(30min) | | 0.3MPa 无渗漏 |
| 低温弯折(℃) | | −40℃ 无裂纹 |
| 加热伸缩量(mm) | | 延伸≤2,收缩≤4 |
| 热空气老化(80℃×168h) | 拉伸强度保持率(%)≥ | 80 |
| | 拉断伸长率保持率(%)≥ | 70 |
| 耐碱性[饱和Ca(OH)₂溶液 23℃×168h] | 拉伸强度保持率(%)≥ | 80 |
| | 拉断伸长率保持率(%)≥ | |
| 人工气候老化 | 拉伸强度保持率(%)≥ | 80 |
| | 拉断伸长率保持率(%)≥ | 70 |

续表

| 项目 | | 性能指标 |
|---|---|---|
| 臭氧老化(40℃×168h) | 伸长率40%,500×10⁻⁸ | 无裂纹 |
| | 伸长率20%,200×10⁻⁸ | — |
| | 伸长率20%,100×10⁻⁸ | — |
| 粘结剥离强度<br>(片材与片材) | 标准试验条件/(N/mm)≥ | 1.5 |
| | 浸水保持率(23℃×168h)/%≥ | 70 |

**5. 聚氯乙烯（PVC）防水卷材**

(1) 定义

该产品以聚氯乙烯树脂为主要原料，掺入多种化学助剂，经混炼、挤出或压延等工序加工制成的防水卷材，它包括均质的聚氯乙烯防水卷材（H），带纤维背衬的聚氯乙烯防水卷材（L），植物内增强的聚氯乙烯防水卷材（P），玻璃纤维内增强的聚氯乙烯防水卷材（G），玻璃纤维内增强带纤维背衬的聚氯乙烯防水卷材（GL），见图12-5。

图 12-5 聚氯乙烯（PVC）防水卷材

(2) 规格

幅宽：1000mm、1500mm 和 2000mm；厚度：1.2mm、1.5mm 和 2.0mm；长度：20m 以上。

(3) 适用范围

一般的 N 类和 L 类 PVC 卷材适用于非外露屋面和地下工程作防水层，W 类且采用柔性高分子聚合物改性的 PVC 卷材适用于外露屋面和地下工程作防水层。

(4) 依据《聚氯乙烯（PVC）防水卷材》GB 12952—2011 标准，按物理力学性能分为Ⅰ型和Ⅱ型，其主要性能指标应符合表 12-7 的规定。

**6. 改性沥青聚乙烯胎防水卷材**

(1) 定义

该产品是以改性沥青为基料，以高密度聚乙烯膜为胎体，以聚乙烯膜或铝箔为上表面覆盖材料，经辊压、水冷成型制成的防水卷材。

(2) 规格

面积：11m²；幅宽：1100mm；厚度：3mm 和 4mm；长度：10m。

(3) 品种

改性沥青聚乙烯胎防水卷材按产品的施工工艺分为热熔型（T）和自粘型（S）两种。

热熔型产品按改性的成分分为改性氧化沥青防水卷材（O）、丁苯橡胶改性氧化沥青防水卷材（M）、高聚物改性沥青防水卷材（P）、高聚物改性沥青耐根穿刺防水卷材（R）四类。

聚氯乙烯防水卷材主要性能指标　　　　表 12-7

| 序号 | 项目 | | 指标 | | | | |
|---|---|---|---|---|---|---|---|
| | | | H | L | P | G | GL |
| 1 | 中间胎基上面树脂层厚度/mm | 最大拉力/(N/cm) ≥ | — | | 0.40 | | |
| 2 | 拉伸性能 | 拉伸强度/MPa ≥ | — | 120 | 250 | — | 120 |
| | | 最大拉力时伸长率/% ≥ | 10.0 | — | — | 10.0 | — |
| | | 断裂伸长率/% ≥ | — | | 15 | | — |
| 3 | 热处理尺寸变化率/% ≤ | | 2.0 | 1.0 | 0.5 | 0.1 | 0.1 |
| 4 | 低温弯折性 | | −25℃无裂纹 | | | | |
| 5 | 不透水性 | | 0.3MPa,2h 不透水 | | | | |
| 6 | 抗冲击性能 | | 0.5kg·m,不渗水 | | | | |
| 7 | 抗静态荷载 | | — | — | 20kg 不渗水 | | |
| 8 | 接缝剥离强度/(N/mm) | | 4.0 或卷材破坏 | | 3.0 | | |
| 9 | 直角撕裂强度 | | 50 | — | — | 50 | — |
| 10 | 梯形撕裂强度/N | | — | 150 | 250 | — | 220 |
| 11 | 吸水率(70℃,168h)/% | 浸水后 ≤ | 4.0 | | | | |
| | | 晾置后 ≥ | −0.40 | | | | |
| 12 | 热老化(80℃) | 时间/h | 672 | | | | |
| | | 外观 | 无起泡、裂纹、分层、粘结和孔洞 | | | | |
| | | 最大力保持率/% ≥ | — | 85 | 85 | — | 85 |
| | | 拉伸强度保持率/% ≥ | 85 | — | — | 85 | — |
| | | 最大力时伸长率保持率/% ≥ | | | | 80 | |
| | | 断裂伸长率保持率/% ≥ | 80 | 80 | | 80 | 80 |
| | | 低温弯折性 | −20℃无裂纹 | | | | |
| 13 | 耐化学性 | 外观 | 无起泡、裂纹、分层、粘结和孔洞 | | | | |
| | | 最大力保持率/% ≥ | | 85 | 85 | | 85 |
| | | 拉伸强度保持率/% ≥ | 85 | — | — | 85 | — |
| | | 最大力时伸长率保持率/% ≥ | | | | 80 | |
| | | 断裂伸长率保持率/% ≥ | 80 | 80 | | 80 | 80 |
| | | 低温弯折性 | −20℃无裂纹 | | | | |

续表

| 序号 | 项目 | | 指标 | | | | |
|---|---|---|---|---|---|---|---|
| | | | H | L | P | G | GL |
| 14 | 人工气候加速老化 | 时间/h | 1500 | | | | |
| | | 外观 | 无起泡、裂纹、分层、粘结和孔洞 | | | | |
| | | 最大力保持率/% ≥ | — | 85 | 85 | — | 85 |
| | | 拉伸强度保持率/% ≥ | 85 | — | — | 85 | — |
| | | 最大力时伸长率保持率/% ≥ | — | — | 80 | — | — |
| | | 断裂伸长率保持率/% ≥ | 80 | 80 | — | 80 | 80 |
| | | 低温弯折性 | −20℃无裂纹 | | | | |

图 12-6　改性沥青聚乙烯胎防水卷材

（4）适用范围

该产品适用于工业与民用土木工程的防水工程，上表面覆盖聚乙烯膜的卷材仅适用于非外露防水工程；上表面覆盖铝箔的卷材适用于外露防水工程，见图 12-6。

（5）依据《改性沥青聚乙烯胎防水卷材》GB 18967—2009 标准。

改性沥青聚乙烯胎防水卷材主要物理力学性能指标应符合表 12-8 的规定。

改性沥青聚乙烯胎防水卷材主要物理力学性能　　　　表 12-8

| 序号 | 项目 | | | 技术指标 | | | | |
|---|---|---|---|---|---|---|---|---|
| | | | | T | | | S | |
| | | | | O | M | P | R | M |
| 1 | 不透水 | | | 0.4MPa,30min 不透水 | | | | |
| 2 | 耐热性/℃ | | | 90 | | | 70 | |
| | | | | 无流淌,无起泡 | | | 无流淌,无起泡 | |
| 3 | 低温柔性/℃ | | | −5 | −10 | −20 | −20 | −20 |
| | | | | 无裂纹 | | | | |
| 4 | 拉伸性能 | 拉力/(N/50mm)≥ | 纵向 | 200 | | | 400 | 200 |
| | | | 横向 | | | | | |
| | | 断裂延伸率/%≥ | 纵向 | 120 | | | | |
| | | | 横向 | | | | | |

续表

| 序号 | 项目 | | 技术指标 | | | | |
|---|---|---|---|---|---|---|---|
| | | | T | | | | S |
| | | | O | M | P | R | M |
| 5 | 尺寸稳定性 | ℃ | 90 | | | | 70 |
| | | % ≤ | 2.5 | | | | |
| 6 | 卷材下表面沥青涂盖层≥ | | 1 | | | | — |
| 7 | 剥离强度(N/mm)≥ | 卷材与卷材 | — | | | | 1.0 |
| | | 卷材与铝板 | | | | | 1.5 |
| 8 | 钉杆水密性 | | — | | | | 通过 |
| 9 | 持黏性/min≥ | | | | | | 15 |
| 10 | 自粘沥青再剥离强度(与铝板)/(N/mm)≥ | | | | | | 1.5 |
| 11 | 热空气老化 | 纵向拉力/(N/50mm)≥ | 200 | | 400 | | 200 |
| | | 纵向断裂延伸率/%≥ | 120 | | | | |
| | | 低温柔性/℃ | 5 | 0 | −10 | −10 | −10 |
| | | | 无裂纹 | | | | |

### 7. 改性三元乙丙橡胶（TPV）防水卷材

（1）定义

图 12-7　改性沥青聚乙烯胎防水卷材

以三元乙丙橡胶为主体，掺入适量的聚丙烯树脂，采用动态全硫化的生产技术进行改性，制成热塑性全交联的弹性体为原料，经挤出压延工艺加工制成的卷材称为改性三元乙丙橡胶（TPV）防水卷材（以下简称 TPV 防水卷材），见图 12-7。

（2）规格

幅宽：1500mm、2000mm 和 3000mm；厚度：1.2mm、1.5mm 和 2.0mm；长度：20m。

（3）适用范围

该产品适用于耐久性、耐腐蚀性、耐根穿刺性和对抗变形要求高，防水等级为Ⅰ、Ⅱ级的屋面和地下工程作防水层。

（4）现尚无国家标准或行业标准，其主要性能指标应符合表 12-9 的规定。

TPV 防水卷材的主要性能指标　　表 12-9

| 项目 | 性能指标 |
|---|---|
| 断裂拉伸强度(MPa)≥ | 8.0 |
| 扯断伸长率(%)≥ | 500 |
| 撕裂强度(kN/m)≥ | 30 |
| 不透水性(0.3MPa,30min) | 不透水 |

续表

| 项目 | | 性能指标 |
|---|---|---|
| 低温弯折(℃)≤ | | −40 |
| 加热伸缩量(mm) | 延伸< | 1.5 |
| | 收缩< | 3 |
| 热空气老化(80℃×168h) | 断裂拉伸强度保持率(%)≥ | 90 |
| | 断裂伸长率保持率(%)≥ | 90 |
| 粘合性能 | 无处理 | 自基准线的偏移及剥离长度在5mm以下,且无有害偏移及异状点 |
| | 热处理 | |
| | 碱处理 | |

**8. 氯化聚乙烯（CPE）防水卷材**

（1）定义

该产品以氯化聚乙烯树脂为主要原料,掺入多种化学助剂,经混炼、挤出或压延等工序加工制成的防水卷材,它包括无复合层的（N类）、纤维单面复合的（L类）及织物内增强的（W类）氯化聚乙烯防水卷材,见图12-8。

（2）规格

幅宽：1000mm、1100mm和1200mm；厚度：1.2mm、1.5mm和2.0mm；长度：10m、15m和20m。

（3）适用范围

该类卷材适用于一般土木工程的非外露屋面和地下工程作防水层。

图 12-8 氯化聚乙烯（CPE）防水卷材

（4）依据《氯化聚乙烯防水卷材》GB 12953—2003标准,其主要理化性能应符合表12-10的规定。

当外露使用时,应考核卷材人工气候加速老化性能指标,见表12-11。

**氯化聚乙烯防水卷材主要理化性能** 表 12-10

| 项目 | 性能指标 | | | |
|---|---|---|---|---|
| | N 类卷材 | | L 类及 W 类卷材 | |
| 类型 | Ⅰ型 | Ⅱ型 | Ⅰ型 | Ⅱ型 |
| 拉伸强度(MPa)≥ | 5.0 | 8.0 | — | — |
| 拉力(N/cm)≥ | — | — | 70 | 120 |
| 断裂伸长率(%)≥ | 200 | 300 | 125 | 250 |
| 热处理尺寸变化率(%)≤ | 3.0 | 纵向2.0 横向1.5 | 1.0 | |
| 低温弯折性(无裂纹) | −20℃ | −25℃ | −20℃ | −25℃ |
| 抗穿孔性 | 不渗水 | | | |
| 不透水性(0.3MPa×2h) | 不透水 | | | |

续表

| 项目 | 性能指标 | |
|---|---|---|
| | N类卷材 | L类及W类卷材 |
| 剪切状态下的黏合性(N/mm)≥ | N类和L类卷材为3.0或卷材破坏 | |
| | W类卷材为6.0或卷材破坏 | |
| 参考价(1.5mm厚)(元/m²) | 26～28　　30～32 | 30～33　　33～35 |

**卷材人工气候加速老化性能**　　　　　表12-11

| 项目 | N类卷材 | | L类及W类卷材 | |
|---|---|---|---|---|
| | Ⅰ型 | Ⅱ型 | Ⅰ型 | Ⅱ型 |
| 拉伸强度变化率(%) | +50、-20 | ±20 | — | — |
| 拉力(N/cm)≥ | — | — | 55 | 100 |
| 断裂伸长变化率(%) | +50、-20 | ±20 | — | — |
| 断裂伸长率(%)≥ | — | — | 100 | 200 |
| 低温弯折性(无裂纹) | -15℃ | -20℃ | -15℃ | -20℃ |

## 12.1.4　防水涂料技术指标

**1. 聚氨酯防水涂料**

（1）定义：该产品由二异氰酸酯、聚醚等经加成聚合反应而成的含异氰酸酯基的预聚体，配以催化剂、无水助剂、无水填充剂、溶剂等经混合等工序加工制造而成的单组分聚氨酯防水涂料；由两个组分或多个组分组成多组分聚氨酯防水涂料，见图12-9。

图12-9　单组分聚氨酯防水涂料（S型）

（2）分类

产品按组分分为单组分（S）和多组分（M）两种；按基本性能分为Ⅰ型、Ⅱ型和Ⅲ型；按是否暴露使用分为外露（E）和非外露（N）；按有害物质限量分为A类和B类。

（3）适用范围：单组分聚氨酯防水涂料适用于防水等级为Ⅲ、Ⅳ级的非外露屋面防水工程；防水等级为Ⅰ、Ⅱ级的屋面多道防水设防中的一道非外露防水层；地下工程防水设防中防水等级为Ⅰ、Ⅱ、Ⅲ级工程的一道防水层以及厕浴间防水。

多组分聚氨酯防水涂料适用于防水等级为Ⅰ、Ⅱ级的屋面多道防水设防中的一道非外露防水层；防水等级为Ⅲ、Ⅳ级的非外露屋面防水设防；地下防水工程中防水等级为Ⅰ、Ⅱ级的多道防水设防中的一道防水层；厕浴间防水。

（4）依据《聚氨酯防水涂料》GB/T 19250—2013标准，其主要技术性能应符合表12-12的规定。

聚氨酯防水涂料主要技术性能　　　　表 12-12

| 序号 | 项目 | | 技术指标 | | |
|---|---|---|---|---|---|
| | | | Ⅰ | Ⅱ | Ⅲ |
| 1 | 固体含量/% ≥ | 单组分 | 85.0 | | |
| | | 多组分 | 92.0 | | |
| 2 | 表干时间/h ≤ | | 12 | | |
| 3 | 实干时间/h ≤ | | 24 | | |
| 4 | 流平性 | | 20min 时，无明显齿痕 | | |
| 5 | 拉伸强度/MPa ≥ | | 2.00 | 6.00 | 2.0 |
| 6 | 断裂伸长率/% ≥ | | 500 | 450 | 50 |
| 7 | 撕裂强度/(N/mm)≥ | | 15 | 30 | 0 |
| 8 | 低温弯折性 | | −35℃，无裂纹 | | |
| 9 | 不透水性 | | 0.3MPa,120min,不透水 | | |
| 10 | 加热伸缩率/% | | −4.0～+1.0 | | |
| 11 | 粘结强度/MPa ≥ | | 1.0 | | |
| 12 | 吸水率/% ≤ | | 5.0 | | |
| 13 | 定伸时老化 | 加热老化 | 无裂纹及变形 | | |
| | | 人工气候老化 | 无裂纹及变形 | | |
| 14 | 热处理(80℃,168h) | 拉伸强度保持率/% | 80～150 | | |
| | | 断裂伸长率/% ≥ | 450 | 400 | 200 |
| | | 低温弯折性 | −30℃,无裂纹 | | |
| 15 | 碱处理<br>[0.1%NaOH+饱和<br>Ca(OH)$_2$ 溶液,168h] | 拉伸强度保持率/% | 80～150 | | |
| | | 断裂伸长率/% ≥ | 450 | 400 | 200 |
| | | 低温弯折性 | −30℃,无裂纹 | | |
| 16 | 酸处理<br>(2%H$_2$SO$_3$ 溶液,168h) | 拉伸强度保持率/% | 80～150 | | |
| | | 断裂伸长率/% ≥ | 450 | 400 | 200 |
| | | 低温弯折性 | −30℃,无裂纹 | | |
| 17 | 人工气候老化(1000h) | 拉伸强度保持率/% | 80～150 | | |
| | | 断裂伸长率/% ≥ | 450 | 400 | 200 |
| | | 低温弯折性 | −30℃,无裂纹 | | |
| 18 | 燃烧性能 | | B$_2$—E(点火 15s,燃烧 20s,Fs≤150mm,无燃烧滴落物引燃滤纸) | | |

**2. 涂刮型聚脲防水涂料**

（1）定义

该涂料是一种新型的单组分或多组分（甲组分、乙组分、丙组分）的防水材料。

（2）按主要物理性能指标分类：可分为多种型号，形成系列产品、分别适应不同工程需要；多种颜色。

(3) 依据

刮涂型聚脲防水涂料尚无国家标准或行业标准，其主要技术性能指标应符合表 12-13 的要求。

刮涂型聚脲防水涂料主要技术性能　　　　表 12-13

| 项目 | 要求 |
|---|---|
| 拉伸强度（MPa）≥ | 5.0 |
| 断裂伸长率（%）≥ | 450 |
| 撕裂强度（N/mm）≥ | 20 |
| 低温弯折性（℃）≤ | −40 |
| 不透水性（0.3MPa,30min） | 不渗漏 |
| 固体含量（%）≥ | 99 |
| 凝固时间（min） | 30 |
| 可上人时间（h）≥ | 4 |
| 潮湿基面粘结强度（MPa）≥（仅在地下潮湿基面时要求） | 0.50 |

注：当用于地下工程防水时，尚应符合地下工程用防水涂料有机防水涂料性能的要求。

**3. 喷涂聚脲防水涂料**

(1) 定义

以异氰酸酯类化合物为甲组分、胺类化合物为乙组分，采用喷涂施工工艺使两组分混合，反应生成的弹性防水涂料。属反应固化型防水涂料。

分类：喷涂聚脲防水涂料按物理性能分为Ⅰ型和Ⅱ型；多种颜色。

(2) 依据《喷涂聚脲防水涂料》GB/T 23446 标准。

1) 喷涂聚脲防水涂料的基本性能应符合表 12-14 的规定。

喷涂聚脲防水涂料基本性能　　　　表 12-14

| 项目 | | 要求 | |
|---|---|---|---|
| | | Ⅰ型 | Ⅱ型 |
| 固体含量（%）≥ | | 96 | 98 |
| 凝胶时间（s）≤ | | 45 | |
| 表干时间（s）≤ | | 120 | |
| 拉伸强度（MPa）≥ | | 10.0 | 16.0 |
| 断裂伸长率（%）≥ | | 300 | 450 |
| 撕裂强度（N/mm）≥ | | 40 | 50 |
| 低温弯折性（℃）≤ | | −35 | −40 |
| 不透水性 | | 0.4MPa,2h 不透水 | |
| 加热伸缩率（%） | 伸长≤ | 1.0 | |
| | 收缩≤ | 1.0 | |
| 粘结强度（MPa）≥ | | 2.0 | 2.5 |
| 吸水率（%）≤ | | 5.0 | |

2) 喷涂聚脲防水涂料的耐久性能应符合表 12-15 的规定。

喷涂聚脲防水涂料耐久性能  表 12-15

| 项目 | | 要求 | |
|---|---|---|---|
| | | Ⅰ型 | Ⅱ型 |
| 定伸时老化 | 加热老化 | 无裂纹及变形 | |
| | 人工气候老化 | 无裂纹及变形 | |
| 热处理 | 拉伸强度保持率(%) | 80~150 | |
| | 断裂伸长率(%)≥ | 250 | 400 |
| | 低温弯折性(℃)≤ | −30 | −35 |
| 碱处理 | 拉伸强度保持率(%) | 80~150 | |
| | 断裂伸长率(%)≥ | 250 | 400 |
| | 低温弯折性(℃)≤ | −30 | −35 |
| 酸处理 | 拉伸强度保持率(%) | 80~150 | |
| | 断裂伸长率(%)≥ | 250 | 400 |
| | 低温弯折性(℃)≤ | −30 | −35 |
| 盐处理 | 拉伸强度保持率(%) | 80~150 | |
| | 断裂伸长率(%)≥ | 250 | 400 |
| | 低温弯折性(℃)≤ | −30 | −35 |
| 人工气候老化 | 拉伸强度保持率(%) | 80~150 | |
| | 断裂伸长率(%)≥ | 250 | 400 |
| | 低温弯折性(℃)≤ | −30 | −35 |

3) 喷涂聚脲防水涂料的特殊性能应符合表 12-16 的规定。特殊性能根据产品特殊用途需要时或供需双方商定需要时测定,指标也可由供需双方另行商定。

喷涂聚脲防水涂料特殊性能  表 12-16

| 项目 | 要求 | |
|---|---|---|
| | Ⅰ型 | Ⅱ型 |
| 硬度(邵 A)≥ | 70 | 80 |
| 耐磨性(750g/500r)(mg)≤ | 40 | 30 |
| 耐冲击性(kg·m)≥ | 0.6 | 1.0 |

**4. 聚合物乳液防水涂料**

(1) 定义

聚合物乳液防水涂料是以聚合物乳液为主要原料,加入其他添加剂而制得的单组分水乳型防水涂料。代表有高弹厚质丙烯酸酯防水涂料,它是以改性丙烯酸酯多元共聚物高分子乳液为基料,添加多种助剂、填充剂经科学加工而成的一种厚质单组分水性高分子防水涂膜材料,见图 12-10。

图 12-10 丙烯酸酯类防水涂料

(2) 适用范围

丙烯酸酯防水涂料适用于防水等级为Ⅰ、Ⅱ级的屋面多道防水设防中的一道防水层；防水等级为Ⅲ、Ⅳ级的屋面防水设防；外墙防水、装饰工程和厕浴间防水工程。不宜用于地下防水工程。

(3) 依据《聚合物乳液建筑防水涂料》JC/T 864—2008标准；主要物理力学性能见表12-17。

聚合物乳液建筑防水涂料主要技术性能　　　　表12-17

| 项目 | | 性能指标 | |
|---|---|---|---|
| | | Ⅰ | Ⅱ |
| 拉伸强度(MPa)≥ | | 1.0 | 1.5 |
| 断裂伸长率(%)≥ | | 300 | |
| 低温柔度($\phi$10mm 棒弯180°) | | −10℃,无裂纹 | −20℃,无裂纹 |
| 不透水性(0.3MPa,30min) | | 不透水 | |
| 表干时间(h)≤ | | 4 | |
| 固体含量,%≥ | | 65 | |
| 干燥时间,h | 表干时间≤ | 4 | |
| | 实干时间≤ | 8 | |
| 处理后的拉伸强度保持率,% | 加热处理≥ | 80 | |
| | 碱处理≥ | 60 | |
| | 酸处理≥ | 40 | |
| | 人工气候老化处理 | — | 80～150 |
| 处理后的断裂延伸率,% | 加热处理≥ | 200 | |
| | 碱处理≥ | | |
| | 酸处理≥ | | |
| | 人工气候老化处理 | — | 200 |
| 加热伸缩率(%) | 伸长 | 1.0 | |
| | 缩短 | 1.0 | |

图12-11　硅橡胶防水涂料

**5. 硅橡胶防水涂料**

(1) 定义

该产品是以硅橡胶为主要成膜物，并配以多种助剂以及填料等配制而成的单组分挥发固化型防水涂料，见图12-11。

(2) 适用范围

适用于屋面、厕浴间以及地下防水工程，当用于地下防水工程时，其耐水性等指标还必须满足要求；还适用于迎水面及背水面防水施工。

(3) 依据《聚合物乳液建筑防水涂料》JC/T 864标准，其主要技术性能见表12-18。

**硅橡胶防水涂料主要技术性能** 表 12-18

| 项目 | 性能指标 |
|---|---|
| 拉伸强度(MPa)⩾ | 1.0 |
| 断裂伸长率(%)⩾ | 300 |
| 低温柔性($\phi$10mm,2h)(℃) | −10 |
| 耐热性(℃)⩾ | 80 |
| 不透水性(0.3MPa,0.5h) | 不透水 |
| 固体含量(%)⩾ | 65 |
| 加热伸缩率(%) | 0.3 |

**6. 水乳型橡胶沥青微乳液防水涂料**

(1) 定义

该产品以沥青微乳液为主要成分并加入助剂等混配而成稳定的水乳型橡胶沥青微乳液防水涂料，见图 12-12。

(2) 适用范围

适用于防水等级Ⅲ级、Ⅳ的屋面防水。也可用作Ⅰ、Ⅱ级屋面以及桥梁、高速公路防水工程中的一道防水设防；双组分水乳型橡胶沥青微乳液防水适用于地下工程的迎水面作防水层。

图 12-12 水乳型橡胶沥青微乳液防水涂料

(3) 依据《道桥用防水涂料》JC/T 975（水性冷施工L型Ⅰ类），其主要技术性能指标见表 12-19。

**水乳型橡胶沥青微乳液防水涂料主要技术性能指标** 表 12-19

| 项目 | 性能指标 |
|---|---|
| 固体含量(%)⩾ | 45 |
| 耐热度(℃) | 140,无流淌、滑移、滴落 |
| 不透水性(0.3MPa,30min) | 不透水 |
| 低温柔度(℃) | −15℃无裂纹 |
| 拉伸强度(MPa)⩾ | 0.50 |
| 断裂延伸率⩾ | 800 |

### 7. 水乳型阳离子氯丁橡胶沥青防水涂料

（1）定义

该产品是以沥青乳液为主要成分并加入阳离子氯丁橡胶乳液以及助剂等混配而成稳定的单组分防水涂料，见图 12-13。

图 12-13　水乳型阳离子氯丁橡胶沥青防水涂料

（2）类型

产品按性能分为 L 型和 H 型。

（3）适用范围

适用于防水等级Ⅲ、Ⅳ级的屋面防水。也可用作防水等级为Ⅱ级屋面防水工程中的一道防水设防及厕浴间防水；并且适用于迎水面防水施工。

（4）依据《水乳型沥青防水涂料》JC/T 408 标准，主要技术性能指标见表 12-20。

水乳型阳离子氯丁橡胶沥青防水涂料主要技术性能　　　表 12-20

| 项目 | 性能指标 | |
|---|---|---|
| | L | H |
| 固体含量(%)≥ | 45 | |
| 耐热度(℃) | 80±2 | 110±2 |
| | 无流淌、滑移、滴落 | |
| 不透水性(0.10MPa,30min) | 不渗水 | |
| 粘结强度(MPa)≥ | 0.30 | |
| 低温柔度(℃) | −15 | 0 |
| 断裂伸长率(%)≥ | 600 | |

### 8. 水泥基渗透结晶型防水涂料

图 12-14　水泥基渗透结晶型防水涂料

（1）定义

该产品以水泥、石英砂等为主要基材，并掺入多种活性化学物质的粉状材料，经与水拌合调配而成的有渗透功能的无机型防水涂料，见图 12-14。

（2）适用范围

适用于防水等级为Ⅰ、Ⅱ级的混凝土结构屋面多道防水设防中的一道防水层；也可用于防水等级为Ⅰ、Ⅱ级屋面的防水混凝土表面起增强防水和抗渗作用，但不作为一道防水涂层。

（3）依据《水泥基渗透结晶型防水涂料》GB 18445 标准，其主要技术性能见表 12-21。

**水泥基渗透结晶型防水涂料主要技术性能** 表 12-21

| 序号 | 试验项目 | | 性能指标 |
|---|---|---|---|
| 1 | 外观 | | 均匀、无结块 |
| 2 | 含水率/％ ≤ | | 1.5 |
| 3 | 细度,0.63mm 筛余/％ ≤ | | 5 |
| 4 | 氯离子含量/％ ≤ | | 0.1 |
| 5 | 施工性 | 加水拌合后 | 刮涂无障碍 |
|   |   | 20min | 刮涂无障碍 |
| 6 | 抗折强度/MPa,28d ≥ | | 2.8 |
| 7 | 抗压强度/MPa,28d ≥ | | 15.0 |
| 8 | 湿基面粘结强度/MPa,28d ≥ | | 1.0 |
| 9 | 砂浆抗渗性能 | 带涂层砂浆的抗渗压力/MPa,28d | 报告实测值 |
|   |   | 抗渗压力比（带涂层）/％,28d | 250 |
|   |   | 去除涂层砂浆的抗渗压力/MPa,28d | 报告实测值 |
|   |   | 抗渗压力比（去除涂层）/％,28d | 175 |
| 10 | 混凝土抗渗性能 | 带涂层砂浆的抗渗压力/MPa,28d | 报告实测值 |
|   |   | 抗渗压力比（带涂层）/％,28d | 250 |
|   |   | 去除涂层砂浆的抗渗压力/MPa,28d | 报告实测值 |
|   |   | 抗渗压力比（去除涂层）/％,28d | 175 |
|   |   | 带涂层混凝土的第二次抗渗压力/MPa,56d ≥ | 0.8 |

**9. 高渗透改性环氧防水涂料**

（1）定义

以改性环氧为主体材料并加入多种助剂制成的具有优异的高渗透能力和可灌性的双组分防水涂料。

（2）分类

反应固化型渗透性防水涂料；颜色为透明暗黄色。

（3）尚无国家标准或行业标准，其主要技术性能应符合表 12-22 的要求。

**高渗透改性环氧防水涂料主要技术性能** 表 12-22

| 项目 | 要求 |
|---|---|
| 胶砂体的抗压强度（MPa）≥ | 60 |
| 粘结强度（干、湿）（MPa）≥ | 干 5.6 湿 4.7 |
| 抗渗系数（CM/S） | $10^{12} \sim 10^{13}$ |
| 透水压力比（％）≥ | 300 |
| 涂层耐酸碱、耐水性能（重量变化率％）≤ | 1 |
| 冻融循环重量变化率（％）≤ | 1 |
| 甲组分：乙组分＝1000：50 | |

**10. 非固化橡化沥青防水涂料**

（1）定义

以优质沥青、废橡胶轮胎胶粉和特种添加剂为主体材料，制成的弹性胶状体是含固量≥99%的黏弹性胶状体涂层材料，与空气长期接触不固化的防水涂料，属无溶剂型橡胶改性沥青类防水涂料。

（2）主要组成

优质沥青、特种添加剂和废橡胶轮胎胶粉；颜色：黑色黏弹性体。

（3）尚无国家标准和行业标准，其主要技术性能指标应符合表12-23的要求。

**非固化橡化沥青防水涂料主要技术性能指标**　　　表12-23

| 项目 | | 要求 |
| --- | --- | --- |
| 含固量(%)≥ | | 99 |
| 不透水性(0.1MPa,30min) | | 不透水 |
| 粘结强度(MPa)≥ | | 0.30 |
| 耐热性80℃ | | 无流淌、滑动、滴落 |
| 低温柔度℃ | | −15～−20 |
| 延伸性(mm) | 无处理 | 25 |

**11. 热熔型橡胶改性沥青防水涂料**

（1）定义：以优质沥青和高聚物为主体材料，并添加其他改性添加剂，制成的含固量100%、经热熔法施工的橡胶改性沥青防水涂料。

（2）执行标准和主要技术性能

尚无国家标准和行业标准，其主要技术性能指标应符合表12-24的要求。

**热熔型橡胶改性沥青防水涂料主要性能**　　　表12-24

| 项目 | | 类型（Ⅰ）要求 |
| --- | --- | --- |
| 外观 | | 黑色均匀块状物，无杂质、无气泡、不流淌 |
| 柔韧性(30mim) | | −25℃无裂纹、无断裂 |
| 耐热性(70℃,5h) | | 无流淌、起泡、滑动 |
| 粘结性(MPa)(50mm/min) | | ＞0.20 |
| 不透水性(0.2MPa30min) | | 不渗水 |
| 断裂伸长率% | 无处理≥ | 800 |
| | 碱处理≥ | 500 |
| | 酸处理≥ | 500 |

## 12.1.5 防水材料取样频率

防水材料取样频率见表12-25。

## 防水材料取样频率

表 12-25

| 项目 | 检验依据 | 验收依据 | 检测内容 | 取样 |
|---|---|---|---|---|
| 防水材料 | （1）沥青防水卷材<br>GB/T 328.8<br>GB/T 328.11<br>GB/T 328.14<br>GB/T 328.10<br>① 石油沥青纸胎油毡 GB 326<br>② 铝箔面石油沥青防水卷材 JC/T 504 | 屋面工程质量验收规范 GB 50207<br>地下防水工程质量验收规范 GB 50208 | 必试：拉力<br>耐热度<br>柔度<br>不透水性 | （1）以同一生产厂的同一品种、同一等级的产品，不足 $100m^2$ 的抽样 1 卷；$1000\sim2500m^2$ 的抽样 2 卷；$2500\sim5000m^2$ 的抽样 3 卷；$5000m^2$ 以上的抽样 4 卷。<br>（2）将试样卷材切除距外层卷头 2500mm 顺纵向截取 600mm 的 2 块全幅卷材送试 |
| | （2）高聚物改性沥青防水卷材<br>① 改性沥青乙烯胎防水卷材 GB 18967<br>② 弹性体改性沥青防水卷材 GB 18242<br>③ 塑性体改性沥青防水卷材 GB 18243 | 屋面工程质量验收规范 GB 50207<br>地下防水工程质量验收规范 GB 50208 | 必试：拉力<br>断裂延伸率<br>不透水性<br>柔度<br>耐热度 | （1）以同一类型、同规格 $1000m^2$ 为一批，不足 $1000m^2$ 亦可作为一批。<br>（2）每批产品中随机抽取五卷进行卷重、面积、厚度及外观检查。<br>（3）将试样卷材切除距外层卷头 2500mm 后，顺纵向切取 1000mm 的全幅卷材试样 2 块。一块作物理性能检验用，另一块备用 |
| | （3）合成高分子防水卷材（片材）<br>① 三元乙丙橡胶<br>② 聚氯乙烯（PVC）防水卷材 GB 12952<br>③ 氯化聚乙烯防水卷材 GB 12953 | 屋面工程质量验收规范 GB 50207<br>地下防水工程质量验收规范 GB 50208<br>高分子防水卷材 第 1 部分：片材 GB 18173.1<br>高分子防水卷材 第 2 部分：止水带 GB 18173.2 | 必试：断裂拉伸强度<br>扯断伸长率<br>不透水性<br>低温弯折性<br>其他：粘结性能 | （1）以连续生产的同品种、同规格的 $5000m^2$ 片材为一批（不足 $5000m^2$ 时，以连续生产的同品种、同规格的片材量为一批，日产量超过 $8000m^2$ 则以 $8000m^2$ 为一批），随机抽取 3 卷进行规格尺寸和外观质量检验，在上述检验合格的样品中再随机抽取足够的试样进行物理性能检验。<br>（2）将试样卷材切除距外层卷头 300mm 后顺纵向切取 1500mm 的全幅卷材 2 块，一块作物理性能检验用，另一块备用 |
| | （4）防水涂料<br>① 聚氨酯防水涂料 GB/T 19250 | 屋面工程质量验收规范 GB 50207<br>地下防水工程质量验收规范 GB 50208<br>色漆、清漆和色漆与清漆用原材料取样 GB/T 3186 | 必试：固体含量<br>拉伸强度<br>断裂伸长率<br>不透水性<br>低温柔度<br>耐热度（屋面用） | （1）同一类型 15t 为一验收批，不足 15t 也按一批计算。（多组分产品按组分配套组批）。<br>（2）在每一验收批中随机抽取两组样品，一组样品用于检验，另一组样品封存备用。每组至少 5kg（多组分产品按组比抽取），抽样前产品应搅拌均匀。若采用喷涂方式取样量根据需要抽取 |

续表

| 项目 | 检验依据 | 验收依据 | 检测内容 | 取样 |
|---|---|---|---|---|
| 防水材料 | ②聚合物乳液建筑防水涂料 JC/T 864 | 屋面工程质量验收规范 GB 50207 地下防水工程质量验收规范 GB 50208 色漆、清漆和色漆与清漆用原材料取样 GB/T 3186 | 必试:固体含量 断裂延伸率 拉伸强度 低温柔性 不透水性 其他:加热伸缩率 干燥时间 | (1)对同一原料、配方、连续生产的产品,出产检验以每5t为一批,不足5t亦可按一批计。 (2)产品抽样按GB/T 3186进行。出厂检验和型式检验产品取样时,总共取4kg样品用于检验 |
| | ③聚合物水泥防水涂料 GB/T 23445 | | 必试:同上 其他:抗渗性(背水面) 干燥时间 潮湿基面粘结强度 | (1)同一生产厂、同一类型的产品,每10t为一验收批,不足10t也按一批计。 (2)产品的液体组分按GB/T 3186进行,配套固体组分抽样按GB/T 12573 2008中袋装水泥的规定进行,两组分共取5kg样品 |
| | (5)密封材料 ①建筑石油沥青 GB/T 494 | | 必试:软化点 针入度 延度 其他:溶解度 蒸发损失 蒸发后针入度 | (1)以同一产地、同一品种、同一标号,每20t为一验收批,不足20t也按一批计。每一验收批取样2kg。 (2)在料堆上取样时,取样部位应均匀分布,同时应不少于五处,每处取洁净的等量试样共2kg作为检验和留样用 |
| | ②聚氨酯建筑密封胶 JC/T 482 | | 必试:拉伸粘结性 低温柔性 其他:密度 恢复率 | (1)同一生品种、同一类型的产品每5t为批进行检,不足5t按一批计。 (2)单组分支装产品由该批产品中随机抽取3件包装箱,从每件包装箱中随机抽取2~3支样品,共取6~9支。 (3)多组分桶装产品的抽样方法及数量按照GB3186的规定执行,样品总量为4kg,取样后应立即密封包装 |
| | ③聚硫建筑密封胶 JC/T 483 | | 必试:拉伸粘结性 低温柔性 其他:密度 恢复率 | (1)以同一品种、同一类型产品每10t为一验收批,不足10t也按一批计。 (2)抽样方法及数量按照GB3186的规定执行,样品总量为4kg,取样后应立即密封包装 |
| | ④丙烯酸酯建筑密封胶 JC/T 484 | | | (1)以同一品种、同一类型产品每10t为一验收批,不足10t也按一批计。 (2)产品由该批产品中随机抽取三件包装箱,从每件包装箱中随机抽取2~3支样品,共取6~9支,散装产品约取4kg |

续表

| 项目 | 检验依据 | 验收依据 | 检测内容 | 取样 |
|---|---|---|---|---|
| 防水材料 | ⑤聚氯乙烯建筑防水接缝材料 JC/T 798 | 屋面工程质量验收规范 GB 50207 地下防水工程质量验收规范 GB 50208 色漆、清漆和色漆与清漆用原材料取样 GB/T 3186 | 必试：拉伸粘结性 低温柔性 其他：密度 恢复率 | 以同一类型、同一型号的产品，每20t为一验收批，不足20t也按一批计。每一验收批取3个试样（每个试样1kg）其中2个备用 |
| | ⑥建筑防水沥青嵌缝油膏 JC/T 207 | | 必试：耐热性 低温柔性 拉伸粘结性 施工性 | (1)以同一生产厂、同一标号的产品每20t为一验收批，不足20t也按一批计。 (2)每批随机抽取3件产品，离表皮大约50mm处各取样1kg，装于密封容器内，一份做试验用，另两份留作备用 |
| | ⑦建筑用硅酮结构密封胶 GB 16776 | | 必试：拉伸粘结性 表干时间 邵氏硬度 其他：下垂度 热老化 | (1)以同一生产厂、同一类型、同一品种的产品，每5t为一验收批，不足5t也按一批计。 (2)随机抽样，抽取量应满足检验需用量（约0.5kg）。从原包装双组分结构胶中抽样后，应立即另行密封包装 |
| | ⑧硅酮和改性硅酮建筑密封胶 GB/T 14683 | 色漆、清漆和色漆与清漆用原材料取样 GB/T 3186 建筑密封材料试验方法 GB/T 13477 | 必试：挤出性 适用期 表干时间 流动性 拉伸粘结性 其他：密度 低温柔性 热-水循环后拉伸粘结性 浸水光照后拉伸粘结性 拉伸-压缩循环性能 恢复率 | (1)单组分产品以同一等级、同一类型的3000支产品为一批，不足3000支产品也作一批。双组分产品以同一等级、同一类型的200桶产品为一批，不足200桶产品也作一批。 (2)抽样数量见下表：<br><br>| 品种 | 批量 | 第一次抽样数 | 第二次抽样数 |<br>|---|---|---|---|<br>| 单组分 | ≤1200支 | 3支 | 3支 |<br>| | 1201～3000支 | 5支 | 5支 |<br>| 双组分 | ≤200桶 | 3桶 | 5桶 |<br><br>注：双组分产品抽样方法按照GB 3186的规定执行。每组试样数量不少于1.0kg |
| | ⑨建筑窗用弹性密封胶 JC/T 485 | 建筑密封材料试验方法 GB/T 13477 | 必试：挤出性 适用期 表干时间 下垂度 拉伸粘结性能 其他：密度 低温柔性 热-水循环后粘结性能、拉伸-压缩循环性能 恢复率等 | 注：因本标准适用于硅酮、改性硅酮、聚硫、聚氨酯、丙烯酸、丁基、丁苯、氯丁等合成高分子材料为基础的弹性密封剂。所以，组批、抽样规则按各系列产品的相应规定执行 |

续表

| 项目 | 检验依据 | 验收依据 | 检测内容 | 取样 |
|---|---|---|---|---|
| 防水材料 | (6)高分子防水卷材胶粘剂 JC/T 863 | 建筑胶粘剂试验方法 第1部分:陶瓷砖胶粘剂试验方法 GB/T 2954.1 | 必试:剥离强度<br>其他:黏度 适用期剪切状态下的粘结性 | (1)同一生产厂、同一类型、同一品种的产品,每5t为一验收批,不足5t也按一批计。<br>(2)每批产品按下表随机抽样,抽取2kg样品,充分混匀。将样品分为两份,一份检验,另一份备用。<br>(容器个数) 抽取个数(最小值)<br>2~8     2<br>9~27     3<br>28~64     4<br>65~125     5<br>126~216     6<br>217~343     7<br>344~512     8<br>513~729     9<br>730~1000    10<br>注:试样和试验材料使用前,在试验条件下放置时间应不少于12h<br>注:试样和试验材料使用前,在试验条件下放置时间应不少于12h |
| | (7)高分子防水材料第2部分:止水带 GB 18173.2 | | 必试:拉伸强度、扯断伸长率 橡胶与金属粘合(用于有钢边的止水带)<br>其他:防霉性能 | (1)B类、S类止水带以同标记、连续生产的5000m为一批,从外观质量和尺寸公差检验合格的样品中随机抽取足够的试样,进行橡胶材料的物理性能检验。<br>(2)J类止水带以每100m制品所需要的胶料为一批,抽取足够胶料单独制样进行橡胶材料的物理性能检验 |
| | (8)水泥基渗透结晶型防水材料 GB 18445 | | 必试:<br>(1)受检涂料的性能:凝结时间、强度(抗折、抗压)湿基面粘结强度、抗渗压力<br>(2)掺防水剂混凝土的性能:抗压强度比、凝结时间差 渗透压力比、泌水率比<br>其他:— | (1)连续生产,同一配料工艺条件制得的同一类型产品50t为一批,不足50t亦按一批计。<br>(2)每批产品随机抽样,抽取10kg样品,充分混匀。取样后,将样品一分为二。一份检验,另一份留样备用 |

续表

| 项目 | 检验依据 | 验收依据 | 检测内容 | 取样 |
|---|---|---|---|---|
| 防水材料 | （9）玻纤胎沥青瓦 GB/T 20474 | | 必试：耐热度 柔度 拉力 其他：— | （1）以同一类型、同一规格、20000m³或每一班产量为一批，不足20000m³亦作为一批。<br>（2）矿物料粘附性以同一类型、同一规格每月为一批量检验一次。<br>（3）在每批产品中随机抽取5包进行质量、规格尺寸、外观质量。<br>（4）在上述检查合格后，从5包中，每包抽取同样数量的沥青瓦片数1～4片并标注编号，抽取量满足试验要求 |
| 防水材料 | （10）混凝土瓦 JC/T 746 | | 必试：吸水率、抗渗性能、承载力 其他：抗冻性能 | （1）试样应随机抽取，所抽取的试样应具有代表性，试样应在成品堆场抽取，其养护龄期不少于28d。在抽样单上应标明是素瓦还是彩瓦，瓦脊高度及遮盖宽度。<br>（2）试样数量见下表： |

| 检验项目 | 检验批量，块 | | | |
|---|---|---|---|---|
| | 2000～50000 | 50001～100000 | 100001～150000 | ＞150000 |
| | 试样数量 | | | |
| 承载力 | 7 | 7 | 9 | 11 |
| 吸水率 | — | — | — | — |
| 抗渗性 | 3 | 3 | 5 | 7 |

## 12.2 防水材料试验检测

### 12.2.1 卷材吸水性性能检测

**1. 试验目的**

通过对改性沥青和合成高分子防水卷材的吸水性的性能检测，判定其是否满足工程需要。

**2. 编制依据**

本试验依据《建筑防水卷材试验方法 第27部分：沥青和高分子防水卷材 吸水性》GB/T 328.27制定。

**3. 取样要求**

在送来规定的样品，先将试样在温度（23±2）℃和相对湿度（50±10）%的条件下放置至少24h后进行截取，每组试样在卷材宽度方向均匀分布裁样，避开卷材边缘100mm以上。把要试验的材料用壁纸刀裁剪成100mm×100mm试样共3块。

**4. 使用仪器设备**

分析天平：精度0.001g，称量范围不小于100g；

毛刷；

容器：用于浸泡试件；

试件架：用于放置试件，避免相互之间表面接触，可用金属丝制成。

**5. 试验步骤**

(1) 第一种方法

1）在使用前对试验材料应遵守有关该材料的试验标准，把要试验的材料用壁纸刀裁剪成100mm×100mm试样共3块，用毛刷将试件表面的隔离材料刷除干净将试件烘干后备用。

2）将干燥后的试件进行称重做好记录。

3）使用时首先将玻璃真空器擦干、将瓶盖、旋塞等部位擦洗干净，再用真空脂均匀涂抹，放入试样后盖严，把吸水管放入盛水的容器内。

4）打开抽气阀，再打开开关，真空泵开始抽气，当抽到要求的负压（-0.06MPa）后关闭抽气阀和真空泵开关。

5）十分钟后打开进水阀，向真空瓶内吸水，当瓶内的水面浸没试件20～30mm后，关闭进水阀停止进水。

6）五分钟后打开进气阀，向瓶内充气，充满气后就可以打开瓶盖取出试件。最后倒出真空瓶内的水准备下一次试验。

7）每六个月应往真空泵内加一次真空油。

(2) 第二种方法

1）取三块试件，用毛刷将试件表面的隔离材料刷除干净，然后进行称量（$W_1$）。

2）将试件浸入（23±2）℃的水中，试件放在试件架上相互隔开，避免表面相互接触，水面高出试件上端20～30mm。若试件上浮，可用合适的重物压下，但不应对试件带来损伤和变形。

3）浸泡4h后取出试件用纸巾吸干表面的水分，至试件表面没有水渍为度，立即称量试件质量（$W_2$）。为避免浸水后试件中水分蒸发，试件从水中取出至称量完毕的时间不应超过2min。

**6. 数据处理**

吸水率按下式计算：

$$H = \frac{W_2 - W_1}{W_1} \times 100 \qquad 式（12-1）$$

式中 　$H$——吸水率,%；

　　　　$W_1$——浸水前试件质量，单位为（g）；

　　　　$W_2$——浸水后试件质量，单位为（g）。

吸水率取三块试件的算数平均值表示，计算精确到 0.1%。

### 12.2.2　卷材撕裂强度检测

**1. 试验原理**

通过用钉刺穿试件试验测量需要的力，用与钉杆成垂直的力进行撕裂。

**2. 编制依据**

本试验依据《建筑防水卷材试验方法　第 18 部分：沥青防水卷材　撕裂性能（钉杆法）》GB/T 328.18 和《建筑防水卷材试验方法　第 19 部分：高分子防水卷材　撕裂性能》GB/T 328.19 制定。

**3. 仪器设备**

拉伸试验机：应具有连续记录力和对应距离的装置，能够按以下规定速度分离夹具。拉伸试验机有足够的荷载能力（至少 2000N），和足够的夹具分离距离，夹具拉伸速度为（100±10）mm/min，夹持宽度不少于 100mm。

U 形装置：一端通过连接件连在拉伸试验机夹具上，另一端有两个臂支撑试件。

**4. 沥青防水卷材撕裂性能（钉杆法）**

(1) 试件准备

1) 试件需距卷材边缘 100mm 以上在试样上纵向截取 5 个 200mm×100mm 矩形试件。试件表面的非持久层应去除。

2) 试验前试件应在（23±2）℃和相对湿度 30%～70% 的条件下放置至少 20h。

(2) 试验步骤

1) 试件放入打开的 U 形头的两臂中，用一直径（2.5±0.1）mm 的尖钉穿过 U 形头的孔位置，同时钉杆位置在试件的中心线上，距 U 形头中的试件一端（50±5）mm，钉杆距上夹具的距离是（100±5）mm。

2) 把该装置试件一端的夹具和另一端的 U 形头放入拉伸试验机，开动试验机使穿过材料面的钉杆直到材料的末端。拉伸速度（100±10）mm/min。

(3) 结果表示

试件撕裂性能是记录试验的最大力。每个试件分别列出拉力值，计算平均值，精确到 5N，记录试验方向。

**5. 高分子防水卷材撕裂性能**

(1) 试件形状和尺寸见图 12-15。

卷材纵向和横向分别用模板截取 5 个带缺口或割口的试件。

在每个试件上得夹持线位置做好标记。

试验前试件应在（23±2）℃和相对湿度（50±5）% 的条件下放置至少 20h。

(2) 试验步骤

1) 试件应紧紧地夹在拉伸试验机的夹具中，注意使夹持线沿着夹具的边缘。

2) 试件试验温度为（23±2）℃，拉伸速度为（100±10）mm/min。

（3）结果表示

1）记录每个试件的最大拉力。

2）舍去试件从拉伸试验机夹具中滑移超过规定值的结果，用备用件重新试验。

3）计算每个方向的拉力算数平均值，结果精确到1N。

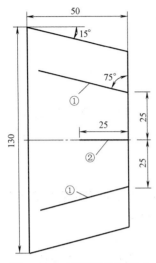

图 12-15 试件形状和尺寸
①—夹持线；②—缺口或割口

### 12.2.3 卷材低温柔性性能检测

**1. 试验目的**

通过对改性沥青和合成高分子防水卷材的低温柔性的性能检测，判定其是否满足工程需要。

**2. 试验原理**

从试件裁取试件，上表面和下表面分别绕浸在冷冻液中的机械弯曲装置上弯曲180°，弯曲后，检查试件涂盖层存在的裂纹。

**3. 编制依据**

本试验依据《建筑防水卷材试验方法 第14部分：沥青防水卷材 低温柔性》GB/T 328.14 制定。

**4. 取样要求**

在送来规定的样品，先将试样在温度（23±2）℃放置24h后进行裁取，每组试样在卷材宽度方向均匀分布裁样，避开卷材边缘150mm以上，试件应从卷材的一边开始做连续的记号，同时标记卷材的上表面和下表面。把要试验的材料用壁纸刀裁剪成（150±1）×（25±1）mm 的样品。

**5. 仪器设备**

型号为DWR—2的低温柔度试验仪｛该装置由：两个直径（20±0.1）mm 不旋转的圆筒，一个直径（30±0.1）mm 的圆筒或半圆筒弯曲轴组成｝，低温冰箱。

小型常用工具：壁纸刀，30cm钢尺，冷冻液，放大镜，袖珍带光源读数显微镜。

**6. 试验步骤**

（1）试验前准备工作

1）在开始所有试验前，两个圆筒的距离应按试件厚度调节，即弯曲轴直径＋2mm＋两倍试件厚度。然后装置才可以放入已冷却的液体中，并在圆筒上端在冷冻液面下约10mm，弯曲轴在下面的位置。

弯曲轴直径根据产品不同可以为20mm、30mm、50mm。

2）试验条件

冷冻液达到规定的试验温度，误差不超过0.5℃，试件放于支撑装置上，且在圆筒上端，保证冷冻液完全浸没试件。试件放入冷冻液达到规定温度后，开始保持在该温度1h±5min。半导体温度计的位置靠近试件，检查冷冻液温度，然后开始试验。

（2）低温柔性试验

两组各5个试件，全部试件进行温度处理后，一组是上表面试验，另一组是下表面试验，试验按下述进行。

试件放置在圆筒和弯曲轴之间，试验面朝上，然后设置弯曲轴以（360±40）mm/

min 速度顶着试件向上移动，试件同时绕轴弯曲。轴移动的终点在圆筒上面（30±1mm）处。试件的表面明显露出冷冻液，同时液面也因此下降。

在完成弯曲过程 10s 内，在适宜的光源下用肉眼检查试件有无裂纹，用辅助光学装置帮组。假如有一条或更多的裂纹从涂盖层深入到胎体层，或完全贯穿无增强卷材，即存在裂缝。一组 5 个试件应分别试验检查。假若装置的尺寸满足，可以同时试验几组试件。

**7. 冷弯温度规定**

假若沥青卷材的冷弯温度要测定，按 6 和下面的步骤进行试验。

冷弯温度的范围（未知）最初测定，从期望的冷弯温度开始，每隔 6℃试验每个试件，因此每个试验温度都是 6℃的倍数（如－12℃、如－18℃、如－24℃等）。从开始导致破坏的最低温度开始，每隔 2℃分别试验每组 5 个试件的上表面和下表面。连续的每次 2℃的改变温度，直到每组 5 个试件分别试验后至少有 4 个无裂纹，这个温度记录为试件的冷弯温度。

**8. 试验结果判定**

(1) 规定温度的柔度结果

一个试验面 5 个试件在规定温度至少 4 个无裂纹为通过，上表面和下表面的试验结果要分别记录。

(2) 冷弯温度测定结果

测定冷弯温度时，要求试验得到的温度应 5 个试件中至少 4 个通过，这冷弯温度是该卷材试验面的，上表面和下表面的结果应分别记录（卷材的上表面和下表面可能有不同的冷弯温度）。

### 12.2.4 卷材耐热性性能检测

**1. 试验目的**

通过对改性沥青和合成高分子防水卷材的吸水性的性能检测，判定其是否满足工程需要。

**2. 试验原理**

方法 A：从试样截取的试件，在规定温度分别垂直挂在烘箱中。在规定的时间后测量试件两面涂盖层相对于胎体的位移。平均位移超过 2.0mm 为不合格。耐热性极限是通过在两个温度结果间插值测定。

方法 B：从试样截取的试件，在规定温度分别垂直挂在烘箱中。在规定的时间后测量试件两面涂盖层相对于胎体的位移及流淌、滴落。

**3. 编制依据**

本试验依据《建筑防水卷材试验方法 第 11 部分：沥青防水卷材 耐热性》GB/T 328.11 制定。

**4. 试件制备**

矩形试件尺寸（115±1）mm×(100±1) mm，试件均匀的在试样宽度方向裁取，长度是卷材的纵向。试件应距卷材边缘 150mm 以上，试件从卷材的一边开始连续编号，卷材上表面和下表面应标记。去除任何非持久保护层，在试件纵向的横断面一边，上表面和下表面大约 15mm 一条的涂盖层去除直至胎体。试件在试验前至少在（23±2）℃的平面上 2h，相互之间不要接触或粘住，有必要时，将试件分别在硅纸上防止粘结。

**5. 仪器设备**

(1) 方法 A

1) 鼓风干燥箱（不提供新鲜空气）在试验范围内最大温度波动±2℃。当门打开 30s，恢复温度到工作温度的时间不超过 5min。

2) 热电偶：连接到外面的电子温度计，在规定范围内能测量到±1℃。

3) 悬挂装置（如夹子）至少 100mm 宽，能夹住试件的整个宽度在一条线，并被悬挂在试验区域。

4) 光学测量装置：（如读数放大镜）刻度至少 0.1mm。

5) 金属圆插销的插入装置—内径约 4mm。

6) 画线装置：画直的标记线，墨水记号—线的宽度不超过 0.5mm，白色耐水墨水硅纸。

(2) 方法 B

1) 鼓风干燥箱：（不提供新鲜空气）在试验范围内最大温度波动±2℃。当门打开 30s，恢复温度到工作温度的时间不超过 5min。

2) 热电偶：连接到外面的电子温度计，在规定范围内能测量到±1℃。悬挂装置—洁净无锈的铁丝或回形针、硅纸。

**6. 试验步骤**

方法 A：

烘箱预热到规定试验温度，温度通过与试件中心同一位置的热电偶控制。整个试验期间，试验区域的温度波动不超过±2℃。

(1) 一组三个试件露出的胎体处用悬挂装置夹住。必要时，用如硅纸的不粘层包住两面，便于在试验结束时除去夹子。

(2) 制备好的试件垂直悬挂在烘箱的相同高度，间隔至少 30mm。此时烘箱的温度不能下降太多，开关烘箱门放入试件的试件不超过 30s。放入试件后加热时间为（120±2) min。

(3) 加热周期一结束，试件和悬挂装置一起从烘箱中取出，相互间不要接触，在（23±2)℃自由悬挂冷却至少 2h。然后除去悬挂装置，在试件两面画第二个标记，用光学测量装置在每个试件的两面测量两个标记底部间最大距离 $\Delta L$，精确到 0.1mm。

(4) 结果判定

计算卷材每个面 3 个试件的滑动值的平均值，精确到 0.1m。

耐热性试验，在此温度卷材上表面和下表面的滑动平均值不超过 2.0mm 认为合格。

方法 B：

(1) 按规定制备一组三个试件，分别在距试件短边一端 10mm 处的中心打一小孔，用细铁丝或回形针穿过，垂直悬挂试件在规定温度烘箱的相同高度，间隔至少 30mm。此时烘箱的温度不能下降太多，开关烘箱门放入试件的试件不超过 30s。放入试件后加热时间为（120±2）min。

(2) 加热周期一结束，试件从烘箱中取出，相互间不要接触，目测观察并记录试件表面的涂盖层有无滑动、流淌、滴落、集中性密集气泡。

(3) 结果判定。

(4) 试件任一端涂盖层不应与胎基发生位移，试件下端的涂盖层表不应超过胎基，无流淌、滴落、集中性气泡，为规定温度下耐热性符合要求。

一组三试件都应符合要求。

### 12.2.5 卷材不透水性性能检测

**1. 试验目的**

通过对改性沥青和合成高分子防水卷材的不透水性的性能检测，判定其是否满足工程需要。

**2. 取样要求**

在送来规定的样品，先将试样在温度（23±2）℃放置24h后进行裁取，每组试样在卷材宽度方向均匀分布裁样，避开卷材边缘100mm以上。把要试验的材料用壁纸刀裁剪成150mm×150mm（3个直径130mm的圆形）。

**3. 使用仪器设备**

具有三个透水盘的型号为DTS—4型油毡不透水仪，透水盘底座内径92mm，透水盘金属压盖上有7个均匀分布的直径25mm透水孔。压力表测量范围为0～0.6MPa，精度2.5级。小型常用工具：常见一字螺丝刀，内六角扳手，壁纸刀，30cm钢尺。

试验在（23±5）℃进行，产生争议时，在（23±2）℃相对湿度（50±5）%下进行。

**4. 试验前准备工作**

(1) 在使用前根据试件的试验要求把压力表调整好。调节的方法是：压力表的中间有调节旋钮，它的上限、下限调节定值，需要借助一字螺丝刀。把上限指针拧到试验规定的压力数的位置，下限指针拧到比上限小0.05MPa的位置，这样在工作时当压力达到要求时（上限值）自动停止加压。当渗漏或透水使压力下降到一定数值（下限值）气泵又自动起动补充压力。

(2) 实验前检查检查透水盘出水是否畅通：先用内六角扳手把三个透水盘的压圈松开卸下，把注水口的盖拧开，再把放水阀关严，从注水口慢慢注入清水，至容器的2/3处，分别拧开阀门"1""2""3"（0为放水阀）中间的进水孔冒出水来，溢满透水盘为止，然后把注水口盖拧紧。

(3) 把要试验的材料剪成150mm×150mm（3个直径130mm的圆形）待用。

**5. 试验步骤**

(1) 把被测试件的上表面朝下放置透水盘环形胶圈上，再把盖上规定的开缝盘（或7孔圆盘），其中一个缝的方向与卷材纵向平行，放上封盖，慢慢夹紧直到试件夹紧在盘上，用布或压缩空气干燥试件的非迎水面，慢慢加压到规定的压力。达到规定压力后，保持压力（24±1）h〔7孔盘保持规定压力（30±2）min〕。

(2) 根据试验要求设定时间拨码，设定时间值。

(3) 插上电源插头，打开启动开关，气泵开始往容器内注入压力气体，此时加压指示灯亮。

(4) 到压力上限时自动停止加压，此时恒压指示灯亮，按规定时间试验完成后，拧开放水阀，把水放出卸掉压力，再松开压圈取下试件，试验完毕。

**6. 试验结果判定**

所有试件在规定的时间不透水性认为不透水性试验通过。

### 12.2.6 卷材耐热度检测

**1. 仪器与材料**

电热恒温箱：带有热风循环装置。温度计：0～150℃，最小刻度0.5℃；

干燥器：$\varphi$250～300mm；

表面皿：$\varphi$60～80mm；

天平：感量0.001g；

试件挂钩：洁净无锈的细铁丝或回形针。

**2. 试验步骤**

（1）在每块试件距短边一端1cm处的中心打一小孔。

（2）将试件用细铁丝或回形针穿挂好试件小孔，放下已定温至标准规定温度的电热恒温箱内。试件的位置与箱壁距离不应小于50mm，试件间应留一定距离，不致粘结在一起，试件的中心与温度计的水银球应在同一水平位置上，距每块试件下端10mm处，各放一表面皿用以接收沥青物质。

（3）需用加热损耗的试件，将表面隔离材料尽量刷净，进行称量（$G_1$），存放一段时期的油毡其试件应在干燥器中干燥24h后称量。试件打孔带钩后，再将带钩试件进行称量（$G_2$）。加热后带钩试件放入干燥器内，冷却0.5～1h进行称量（$G_3$）。

**3. 试验结果及计算**

（1）结果：在规定温度下加热2h后，取出试件及时观察并记录试件表面有无涂盖层滑动和集中性气泡。集中性气泡系指破坏油毡涂盖层原形的密集气泡。

（2）需作加热损耗时，以加热损耗百分比的平均值表示。

加热损耗百分比按下式计算：

$$L(\%) = \frac{G_2 - G_3}{G_1} \times 100 \qquad 式（12-2）$$

式中 $G_1$——试件原重量；

$G_2$——加热前带钩试件重量；

$G_3$——加热后带钩试件重量。

### 12.2.7 卷材拉力检测

**1. 试验原理**

试件以恒定的速度拉伸至断裂。连续记录试验中拉力和对应的长度变化，特别记录最大拉力。

**2. 编制依据**

本试验依据《建筑防水卷材试验方法 第9部分：高分子防水卷材 拉伸性能》GB/T 328.9和《高分子防水材料：第一部分：片材》GB 18173.1编制。

**3. 仪器设备**

拉力试验机：测量范围0～2000N，最小分度值不大于5N 夹具夹持宽度不小于 50mm；

厚度计：接触面直径为 6mm。

**4. 试件制备**

除非有其他规定，整个拉伸试验应准备两组试件，一组纵向试件，一组横向 5 个试件。

试件在距试样边缘（100±10）mm 以上裁取，用模板，或用裁刀，尺寸如下：

方法 A：矩形试件为（50±0.5）mm×200mm。

方法 B：哑铃型试件为（6±0.4）mm×115mm。

表面的非持久层应去除。

试件中的网格、织物层。衬垫或层合增强层在长度或宽度方向应裁一样的经纬数，避免切断筋。试件在试验前在（23±2）℃和相对湿度（50±5）%的条件下放置 20h。

**5. 试验步骤**

将试件紧紧地夹在拉伸试验机的夹具中，注意试件长度方向的中线与试验机夹具中心在一条线上。为防止试件产生任何松弛推荐加载不超过 5N 的力。

试验在（23±2）℃进行，夹具的恒定速度为方法 A（100±10）mm/min，方法 B（500±50）mm/min。

连续记录拉力和对应的夹具（或引伸计）间的分开距离，直至试件断裂。

试件破坏形式记录。

对于有增强层的卷材，在应力应变图上有两个或更多的峰值，应记录两个最大峰值的拉力和延伸率及断裂延伸率。

**6. 数据处理**

依据《高分子防水材料 第一部分：片材》GB18173.1，复合片的数据处理与结果判定，拉伸强度按下式计算：

$$TS_b = \frac{F_b}{Wt} \qquad 式（12-3）$$

式中 $TS_b$——试件拉伸强度，MPa；

$F_b$——最大拉力，N；

$W$——哑铃试片狭小平行部分宽度，mm；

$t$——试验长度部分的厚度，mm。

$$E_b = \frac{(L_b - L_0)}{L_0} \times 100\% \qquad 式（12-4）$$

式中 $E_b$——常温（23℃）试样拉断伸长率，%；

$L_b$——试件断裂时的标距，mm；

$L_0$——试件长度部分的厚度，mm。

分别记录每个方向 5 个试件的值，计算算术平均值和标准偏差，方法 A 的结果精确至 N/50mm，方法 B 的结果精确至 MPa（N/mm$^2$）。

## 12.2.8 高分子防水卷材尺寸稳定性检测

**1. 试验原理**

试验原理是测定试件起始纵向和横向尺寸，在规定的温度加热试件到规定的时间，再测量试件纵向和横向尺寸，记录并计算尺寸变化。

**2. 编制依据**

本试验依据《建筑防水卷材试验方法 第13部分：高分子防水卷材尺寸稳定性》GB/T 328.13 编制。

**3. 仪器设备**

鼓风烘箱、游标卡尺、机械或光学测量装置。

**4. 试件准备**

1）取至少三个正方形试件大约 250mm×250mm（或根据不同产品标准要求），在整个卷材宽度方向均匀分布，最外一个距卷材边缘 100mm。

2）在试件纵向和横向的中间作永久标记。

3）试验前试件在（23±2）℃，相对湿度（50±5）%标准条件下至少放置 20h。

**5. 试验步骤**

1）测量试件起始的纵向和横向尺寸（$L_0$ 和 $T_0$），精确到 0.1mm。

2）试件在（80±2）℃（或根据不同产品标准要求）处理 6h±15min。

3）从烘箱中取出试件，在（23±2）℃，相对湿度（50±5）%条件下恢复至少 60min。按第1）步再测量试件纵向和横向尺寸（$L_1$ 和 $T_1$），精确到 0.1mm。

**6. 结果计算**

对每个试件，按公式计算和取尺寸变化（$\Delta L$）和（$\Delta T$），以起始尺寸的百分率表示，见式（12-5）和式（12-6）。

$$\Delta L = \frac{L_1 - L_0}{L_0} \times 100 \qquad 式（12-5）$$

$$\Delta T = \frac{T_1 - T_0}{T_0} \times 100 \qquad 式（12-6）$$

式中　$L_0$ 和 $T_0$——起始尺寸，单位 mm，测量精度 0.1mm；

$L_1$ 和 $T_1$——加热处理后的尺寸，单位 mm，测量精度 0.1mm；

$\Delta L$ 和 $\Delta T$——可能＋或－，修约到 0.1%。

$\Delta L$ 和 $\Delta T$ 的平均值分别作为样品试验的结果。

### 12.2.9 卷材吸水性检测

**1. 原理**

吸水性是将沥青和高分子防水卷材浸入水中规定的时间，测定质量的增加。

**2. 编制依据**

本试验依据《建筑防水卷材试验方法 第27部分：沥青和高分子防水卷材 吸水性》GB/T 328.27 编制。

**3. 仪器设备**

分析天平：精度 0.001g，称量范围不小于 100g。

容器：用于浸泡试件

试件架用于放置试件，避免相互之间表面接触，可用金属丝制成。

**4. 试件准备**

试件尺寸 100mm×100mm，共 3 块试件，从卷材表面均匀分布截取。试验前，试件在（23±2）℃和相对湿度（50±10）%条件下放置 24h。

**5. 试验步骤**

取 3 块试件，用毛刷将试件表面的隔离材料刷除干净，然后进行称量（$W_1$），将试件进入（23±2）℃的水中，试件放在试件架上相互隔开，避免表面相互接触，水面高出试件上端 20～30mm。若试件上浮，可用合适的重物压下，但不应对试件带来损伤和变形。浸泡 4h 后取出试件用纸巾吸干表面的水分，至试件表面没有水渍为度，立即称量试件质量（$W_2$）。为避免浸水后试件中水分蒸发，试件从水中取出至称量完毕的时间不应超过 2min。

**6. 结果计算**

吸水率按下式计算

$$H=\frac{W_2-W_1}{W_1}\times 100 \qquad 式（12-7）$$

式中　$H$——吸水率，%；

　　　$W_1$——浸水前试件质量，g；

　　　$W_2$——浸水后试件质量，g。

吸水率取三块试件的算术平均值表示，精确到 0.1%。

## 12.2.10　高分子防水卷材厚度、单位面积质量

**1. 编制依据**

本试验依据《建筑防水卷材试验方法　第 5 部分：高分子防水卷材　厚度、单位面积质量》GB/T 328.5 编制。

**2. 防水卷材厚度测定**

(1) 试验原理

用机械装置测定厚度，若有表面结构或背衬影响，采用光学测量装置。

(2) 仪器设备

测量装置：能测量厚度精确到 0.01mm，测量面平整，直径 10mm，施加在卷材表面的压力为 20kPa。

光学装置：（用于表面结构或背衬卷材）能测量厚度，精确到 0.01mm。

(3) 防水卷材厚度测定试件制备

试件为正方形或圆形，面积（10000±100）m²。从试样上沿卷材整个宽度方向截取 $x$ 个试件，最外边的试件距卷材边缘（100±10）mm（$x$ 至少为 3 个试件，$x$ 个试件在卷材宽度方向相互之间隔不超过 500mm）。

(4) 防水卷材厚度测定步骤

1) 试件制备

测量前试件在（23±2）℃和相对湿度（50±5）%条件下至少放 2h，试验在（23±2）℃进行。

试验卷材表面和测量装置的测量面洁净。

记录每个试件的相关厚度,精确到 0.01mm。计算所有试件测量结果的平均值和标准偏差。

2)机械测量法

① 开始测量前检查测量装置的零点,在所有测量结束后再检查一次。

② 在测量厚度时,测量装置下足应避免材料变形。

3)光学测量法

任何有表面结构或背衬的卷材用光学法测量厚度。

4)防水卷材厚度测定结果表示

卷材的全厚度取所有试件的平均值。

卷材有效厚度取所有试件去除表面结构或背衬厚的平均值。

记录所有卷材厚度的结果和标准偏差,精确至 0.01mm。

**3. 单位面积质量测定**

(1)原理

称量已知面积的时间进行单位面积质量测定(可用已用于测定厚度的同样试件)。

(2)单位面积质量测定仪器设备

天平,能称量试件,精确到 0.01g。

(3)试件制备

正方形或圆形试件,面积(10000±100)mm$^2$。

在卷材宽度方向上均匀裁取 $x$ 个试件,最外端的试件距卷材边缘(100±10)mm。($x$ 至少为三个试件,$x$ 个试件在卷材宽度方向相互间隔不超过 500mm)。

(4)步骤

称量前试件在(23±2)℃和相对湿度(50±5)%条件下放 20h,试验在(23±2)℃进行。

称量试件精确到 0.01g,计算单位面积质量,单位 g/m$^2$。

(5)结果表示

单位面积质量取计算的平均值,单位 g/m$^2$,修约至 5g/m$^2$。

### 12.2.11 高分子防水卷材长度、宽度、平直度和平整度

**1. 编制依据**

本试验依据《建筑防水卷材试验方法 第 7 部分:高分子防水卷材 长度、宽度、平直度和平整度》GB/T 328.7 编制。

**2. 长度测定**

(1)仪器设备

平面如工作台或地板,至少 10m 长,宽度与被测卷材至少相同,同时纵向距平面两边 1m 处有标尺。至少在长度一边的该位置,特别是平面的边上,标尺应有至少分度 1mm 的刻度用来测量卷材,在规定温度下的准确性为±5mm。

(2)步骤

如必要在卷材端处做标记,并与卷材长度方向垂直,标记对卷材的影响应尽可能小。

卷材端处的标记与平面的零点对齐,在(23±5)℃不受张力条件下沿平面展开卷材,在达到平面的另一端后,在卷材的背面用合适的方法标记,和已知长度的两端对齐。再从已测量的该位置展开,放平,下一处没有测量的长度像前面一样从边缘标记处开始测量,重复这样过程,直到卷材全部展开,标记。与前面一样测量最终长度,精确至5mm。

(3) 结果表示

报告卷材长度,单位 m,所有得到的结果修约到10mm。

**3. 宽度测定**

(1) 仪器设备

平面如工作台或地板,长度不小于10m,宽度至少与被测卷材一样。

测量的尺寸或直尺比测量的卷材宽度长,在规定的温度下测量精确度1mm。

(2) 步骤

卷材不受张力的情况下在平面上展开,用测量器具,在(23±5)℃时每间隔10m测量并记录,卷材宽度精确到1mm。保证所有的宽度在与卷材纵向垂直的方向上测量。

(3) 结果表示

计算宽度记录结果的平均值,作为平均宽度报告,报告宽度的最小值,精确到1mm。

**4. 平直度和平整度测定**

(1) 测定要求

平面如工作台或地板,长度不小于10m,宽度至少与被测卷材一样。

测量装置在规定温度下能测量距离 $g$ 和 $p$,准确到1mm。

(2) 步骤

卷材在(23±5)℃不受张力的情况下沿平面展开至少第一个10m,在(30±5) min 后,在卷材两端 $AB$ (10m)直线处测量平直度的最大距离 $g$,单位 mm。

在卷材波浪边的顶点与平面间测量平整度的最大值平,单位 mm。

(3) 结果表示

将距离 ($g$—100mm) 和 $p$ 报告为卷材的平整度和平直度,单位 mm,修约到10mm。

### 12.2.12 防水涂料固体含量测定

**1. 编制依据**

本试验依据《建筑防水涂料试验方法》GB/T 16777 和《聚合物水泥防水涂料》GB/T 23445 制定。

**2. 仪器设备**

天平:感量0.001g。

电热鼓风烘箱:控温精度±2℃。

干燥器:内放变色硅胶或无水氯化钙。

培养皿:直径60~75mm。

**3. 制样准备**

聚合物水泥防水涂料检测的实验室标准试验条件为:温度(23±2)℃,相对湿度45%~70%。检测前样品及所用器具均应在标准条件下放置至少24h。

首先进行外观检查，即用玻璃棒将液体组分和固体组分分别搅拌后目测。液体组分应为无杂质、无凝胶的均匀乳液；固体组分应为无杂质、无结块的粉末。

**4. 试验步骤**

将聚合物水泥防水涂料样品搅拌均匀后，称取（6±1）g 的试样（足以保证最后度样的干固量）置于已称量的培养皿中并铺平底部，立即称量（$m_1$）。然后放入干燥箱内在（105±2）℃的温度下干燥 3h 后取出，放入干燥器中冷却 2h，然后称量。然后再将培养皿放入干燥箱内，干燥 30min 后，再放入干燥器中冷却至室温后称量（$m_2$）。重复上述操作，直至前后两次称量差不大于 0.01g 为止（全部称量精确至 0.01g）。

**5. 试验结果计算**

固体含量按下式计算：

$$X = \frac{m_2 - m}{m_1 - m} \times 100 \qquad 式（12-8）$$

式中  $X$——固体含量，%；
  $m$——培养皿质量，g；
  $m_1$——干燥前试样和培养皿质量，g；
  $m_2$——干燥后试样和培养皿质量，g。

试验结果取两次平行试验的平均值，每个试样的试验结果计算精确到 1%。

## 12.2.13 防水涂料干燥时间测定

**1. 编制依据**

本试验依据《建筑防水涂料试验方法》GB/T 16777 和《聚合物水泥防水涂料》GB/T 23445 制定。

**2. 仪器设备**

计时器：分度至少 1min

铝板：规格［120×50×(1~3)］mm

线棒涂布器：200μm

**3. 制样准备**

将在标准试验条件下放置一段时间后的聚合物水泥防水涂料样品按生产厂指定的比例分别称取适量液体组分和固体组分，混合后机械搅拌 5min，然后按产品要求涂刷于铝板上制备涂膜，不允许有空白。涂料用量为（8±1）g，并记录涂刷结束的时间。铝板规格为 50mm×150mm×1mm。

**4. 试验条件**

干燥时间的测定项目包括表干时间的测定和实干时间的测定两项。试验条件为温度（23±2）℃，相对湿度为（50±5）%。

**5. 试验步骤**

（1）表干时间

试验前铝板、工具、涂料应在标准试验条件下放置 24h 以上。

在标准试验条件下，用线棒涂布器将按生产厂的要求混合搅拌均匀的样品涂布在铝板上制备涂膜，涂布面积为（100×50）mm²，记录涂布结束时间，对于多组分涂料从混合开始记录时间。

静置一段时间后,用无水乙醇擦干净手指,在距试件边缘不小于10mm范围内用手指轻触涂膜表面,若无涂料粘附在手指上即为表干,记录时间,试验开始到结束的时间即为表干时间。

(2) 实干时间

试件静置一段时间后,用刀片在距试件边缘不小于10mm范围内切割涂膜,若底层及膜内均无粘附在手指现象则为实干,记录时间,试验开始到结束的时间即为实干时间。

**6. 结果评定**

平行试验两次,以两次结果的平均值作为最终结果,有效数字应精确到实际时间的10%。

### 12.2.14 防水涂料拉伸性能的测定

**1. 编制依据**

本试验依据《建筑防水涂料试验方法》GB/T 16777和《聚合物水泥防水涂料》GB/T 23445制定。

拉伸性能的测定包括拉伸强度和断裂伸长率的测定。

**2. 仪器设备**

(1) 拉伸试验机其测量范围为0~500N,拉伸速度为0~500mm/min,标尺最小分度值为1mm。

(2) 切片机应使用符合《硫化橡胶或热塑性橡胶 拉伸应力应变性能的测定》GB/T 528规定的哑铃状Ⅰ型裁刀。

(3) 厚度计压重(100±10)g,测量面直径(10±0.1)mm,最小分度值0.01mm。

(4) 电热鼓风干燥箱控温精度为±2℃。

(5) 紫外线老化箱500W直形高压汞灯,灯管与箱底平行,箱体尺寸为600mm×500mm×800mm。

(6) 人工加速气候老化箱光源为4.5~6.5kW管状氙弧灯,样板与光源(中心)距离为250~400mm。

**3. 试样的制备**

将在标准条件下放置一段时间后的聚合物水泥防水涂料样品按照生产厂指定的比例,分别称取适量液体组分和固体组分,混合后机械搅拌5min,倒入涂膜模具中涂覆,注意勿混入气泡。为了方便脱模,模具表面可用硅油或石蜡进行处理。试样在制备时,应分两次或三次涂覆,后道涂覆应在前道涂层实干后进行,两道间隔时间为(12~24)h,使试样厚度达到(1.5±0.2)mm。将最后一道涂覆试样的表面刮平后,于标准条件下静置96h,然后脱模。将脱模后的试样反面向上在(40±2)℃干燥箱中处理48h,取出后置于干燥器中冷却至室温。用切片机将试样冲切成拉伸试验所需试件数量和形状。

**4. 拉伸性能的测定**

包括无处理拉伸性能的测定、热处理后拉伸性能的测定、碱处理后拉伸性能的测定、紫外线处理后拉伸性能的测定4项。

(1) 无处理拉伸性能的测定将试件在标准条件下放置2h,然后用直尺在试件上划好两条间距为 25mm 的平行标线，并用厚度计测出试件标线中间和两端三点的厚度，取其算术平均值为试件的试验长度部分平均厚度（$d$）；将试件装在拉伸试验机夹具之间，夹具间标距为 70mm，以 200mm/min 的拉伸速度拉伸试件至断裂，记录试件断裂时的最大荷载（$F$）；并量取此时试件标线间距离（$L_1$），精确至 0.1mm；测试 5 个试件，若有试件断裂在标线处，则其试验结果无效，应采用备用件补做。

（2）热处理后拉伸性能的测定 按照无处理拉伸性能的测定方法在试件上划好标线，然后将试件平放在釉面砖上，再一起放入电热鼓风干燥箱内；试件与箱壁间距不得少于 50mm；试件的中心应与温度计水银球在同一水平位置上；于（80±2）℃下恒温（168±1）h 后取出，再按照无处理拉伸性能的测定方法进行试验。

（3）碱处理后拉伸性能的测定 温度为（23±2）℃时，在《化学试剂 氢氧化钠》GB/T 629 规定的化学纯 0.1%NaOH 溶液中，加入氢氧化钙试剂，使之达到饱和状态。在 600mL 的该溶液之中放入试样，其液面应高出试样表在 10mm 以上；连续浸泡 168h 后取出，用水充分冲洗，擦干后放入（50±2）℃的干燥箱中烘 4h；取出后冷却至室温，用切片同切成哑铃形试件，再按无处拉伸性能的测定方法进行试验。

（4）紫外线处理后拉伸性能的测定 将划好标线的试件平放在釉面砖上，放入紫外线箱内，距试件表面 50mm 左右的空间温度为（45±2）℃，恒温照射 240h。取出后在标准试验条件下放置 4h，然后按无处理拉伸性能的测定方法进行试验。

**5. 试验结果计算**

（1）拉伸强度按式（12-9）计算

$$T_L = \frac{P}{B \times D} \qquad \text{式（12-9）}$$

式中　$T_L$——拉伸强度，MPa；
　　　$P$——最大拉力，N；
　　　$B$——试件中间部位宽度，mm；
　　　$D$——试验厚度，mm。

拉伸强度试验结果以 5 个试件的算术平均值表示，精确至 0.1MPa。

（2）断裂伸长率按式（12-10）计算

$$E = \frac{L_1 - L_0}{L_0} \times 100 \qquad \text{式（12-10）}$$

式中　$E$——试件断裂时的伸长率，%；
　　　$L_0$——试件起始标线距离 25mm；
　　　$L_1$——试件断裂时标线间距离，mm。

断裂伸长率试验结果以 5 个试件的算术平均值表示，精确至 1%。

（3）拉伸强度保持率按式（12-11）计算

$$R_t = \frac{T_1}{T} \times 100 \qquad \text{式（12-11）}$$

式中　$R_t$——样品处理后的拉伸强度保持率，%；
　　　$T$——样品处理前的平均拉伸强度，MPa；
　　　$T_1$——样品处理后的平均拉伸强度，MPa。

拉伸强度保持率的计算结果精确于1%。

**6. 试验结果判定**

试验结取 3 位有效数字，并以 5 个试件的算术平均值表示。

### 12.2.15 防水涂料低温柔性的测定

**1. 编制依据**

本试验依据《建筑防水涂料试验方法》GB/T 16777 制定。

**2. 仪器设备**

低温冰柜：控温精度±2℃。

圆棒或弯板：直径 10mm、20mm、30mm。

**3. 试验步骤**

按照拉伸性测定中有关试样的制备方法制备涂膜试样。脱模后切取 100mm×25mm 的试件 3 块。将试件和 $\varphi$10mm 圆棒或弯板一起放入已调节到规定温度的低温冰柜冷冻液中，在规定温度下保持 1h，然后再冷冻液中将试件绕圆棒或弯板在 3s 内弯曲 180°，弯曲三个试件立即取出观察试件表面有裂纹、断裂现象。

**4. 试验结果判定**

应记录试件表面弯曲处有无裂纹或开裂现象。

### 12.2.16 防水涂料不透水性的测定

**1. 编制依据**

本试验依据《建筑防水涂料试验方法》GB/T 16777 制定。

**2. 仪器设备**

不透水仪：符合 GB/T 328.10 2007 中 5.2 的要求。

金属网：孔径为 0.2mm。

**3. 试验步骤**

（1）试样的制备按照拉伸性能测定中有关试样的制备方法制备涂膜试样。脱模后切取 150mm×150mm 的试件 3 块。在标准试验条件下放置 2h，试验在（23±5）℃进行，将装置中冲水直到满出，彻底排除装置中空气。

（2）将试件放置在透水盘上，再在试件上加一相同尺寸的金属网，盖上 7 孔圆盘，慢慢夹紧直到试件加紧在盘上，用布或压缩空气干燥试件的非迎水面，慢慢加压到规定的压力。

（3）达到规定压力后，保持压力（30±2）min。试验时观察试件的透水情况。

**4. 试验结果判定**

应记录每一个试件有无渗水现象。

### 12.2.17 高分子防水涂料潮湿基面粘结强度

**1. 编制依据**

本试验依据《建筑防水涂料试验方法》GB/T 16777 制定。

**2. 仪器设备**

(1) 拉力试验机：测量值在量程的（15～85）%，示值精度不低于1%，拉伸强度（5±1）mm/min。

(2) 8字形金属模具。

(3) 粘结基材：8字形水泥砂浆块。采用强度等级42.5的普通硅酸盐水泥，将水泥、中砂按照质量比1:1加入砂浆搅拌机中搅拌，加水量以砂浆稠度（70～90）mm为准，倒入模框中振实抹平，然后移入养护室，1d后脱模，水中养护10d后再在（50±2）℃的烘箱中干燥（24±0.5）h，取出在标准条件下放置备用，同样制备五对砂浆试块。

(4) 电热鼓风烘箱：控温精度±2℃。

(5) 精度为0.1mm的游标卡尺。

**3. 试验步骤**

试验前制备好的砂浆块、工具、涂料应在标准试验条件下放置24h以上。

对五对砂浆块用2号砂纸清楚表面浮浆，必要时先将涂料稀释后在砂浆块的断面上打底，干燥后按生产厂要求的比例将样品混合后搅拌5min涂抹在成型面上，将两个砂浆块断面对接，压紧，砂浆块间涂料的厚度不超过0.5mm。然后将制成得的试件按要求养护，不需要脱模，制备五个试件。

将试件安装在试验机上，保持试件表面垂直方向的中线与试验机夹具中心在同一条线上，以（5±1）mm/min的速度拉伸至试件破坏，记录试件的最大拉力。

**4. 试验结果计算**

粘接强度按式（12-12）计算：

$$\sigma = \frac{F}{a \times b} \qquad 式（12-12）$$

式中 $\sigma$——试件的粘结强度，MPa；

$F$——试件破坏时的拉力值，N；

$a$——试件粘结面的长度，mm；

$b$——试件粘结面的宽度，mm。

去除表面未被粘住面积超过20%的试件，粘接强度以剩下的不少于3个试件的算术平均值表示，不足三个试件应重新试验，结果精确到0.01MPa。

### 12.2.18 防水涂料抗渗性测定

**1. 主要实验器具**

(1) 砂浆渗透试验仪：SS15型。

(2) 水泥标准养护箱（室）：控制范围（20±1）℃，相对湿度不小于90%。

(3) 金属试模：截锥带底圆模，上口直径为70mm，下口直径80mm，高30mm。

(4) 捣棒：直径10mm，长350mm，端部磨圆。

**2. 试件的制备**

(1) 砂浆试件的制备按照规定确定砂浆的配比和用量，并以砂浆试件在0.3～0.4MPa压力下透水为准，确定水灰比。每组制备3个试件，脱模后放入（20±2）℃的水中养护7d。取出待表面干燥后，用密封材料密封装入渗透仪中进行砂浆试件的抗渗试验。

水压从 0.2MPa 开始，恒压 2h 后增至 0.3MPa，以后每隔 1h 增加 0.1MPa，直至 3 个试件全部透水。

（2）涂膜抗渗试件的制备 从渗透仪上取下已透水的砂浆试件，擦干试件上口表在水渍，将待测涂料品按生产厂指定的比例分别称取适量的液体组分和固体组分，混合后机械搅拌 5min。在 3 个试件的上口表面（背水面）均匀涂抹混合好的试样，第一道 0.5～0.6mm 厚，待涂膜表在干燥后再含沙射影第二道，使涂膜总厚度为 1.0～1.2mm。待第二道涂膜表干后，将制备好的抗渗试件放入水泥标准养护箱（室）中放置 168h，养护条件为：温度（20±1）℃，相对湿度不小于 90%。

**3. 抗渗性的测定**

将抗渗试件从水泥标准养护箱（室）中取出，在标准条件下放置，待表面干燥后装入渗透仪，按砂装试件制备中所述的加压程序进行涂膜抗渗试件的抗渗试验。当 3 个抗渗试件中有两个试件上表面出现透水现象时，即可停止该组试验，记录下当时的水压。当抗渗试件加压至 1.5MPa，恒压 1h 还未透水，应停止试验。

**4. 试验结果报告**

涂膜抗渗性试验结果应报告 3 个试件中两个未出现透水时的最大水压。